La Philosophie à l'épreuve des nanotechnosciences

This book is part of the Peter Lang Regional Studies list.
Every volume is peer reviewed and meets
the highest quality standards for content and production.

PETER LANG
New York • Bern • Frankfurt • Berlin
Brussels • Vienna • Oxford • Warsaw

Thierno Guèye

La Philosophie à l'épreuve des nanotechvnosciences

Préface de Serge Robert

PETER LANG
New York • Bern • Frankfurt • Berlin
Brussels • Vienna • Oxford • Warsaw

Library of Congress Cataloging-in-Publication Data

Names: Guèye, Thierno, author.
Title: La philosophie à l'épreuve des nanotechnosciences / Thierno Guèye.
Description: New York: Peter Lang, 2020. | In French. |
Includes bibliographical references and index.
Identifiers: LCCN 2018061221 | ISBN 978-1-4331-5900-8 (hardback)
ISBN 978-1-4331-6682-2 (ebook pdf) | ISBN 978-1-4331-6683-9 (epub)
ISBN 978-1-4331-6684-6 (mobi)
Subjects: LCSH: Nanostructured materials. | Science—Philosophy.
Classification: LCC TA418.9.N35 G84275 | DDC 620/.5—dc23
LC record available at https://lccn.loc.gov/2018061221
DOI 10.3726/b15316

Bibliographic information published by **Die Deutsche Nationalbibliothek**.
Die Deutsche Nationalbibliothek lists this publication in the "Deutsche Nationalbibliografie"; detailed bibliographic data are available on the Internet at http://dnb.d-nb.de/.

80 Broad Street, 5th floor, New York, NY 10004
www.peterlang.com

À tata Andrée-Marie Diagne-Bonané et tonton Mamoussé Diagne
À mon épouse Mame Diarra Olivia Guèye et à mon fils Moumar Guèye
À ma mère, Fatoumata Sène
À mes parents, mes sœurs et mes frères, tous les Guèye de naissance et d'adoption
À mes beaux-parents, Catherine Baudet et Joël Bonfils
À Jean-Charlemagne et Pierrette Delaporte
À Linda Denis et Germain Pelletier
À tonton Alfred Coly
À mes étudiant.e.s et à mes collègues de l'Institut de Technologie Agroalimentaire (ITA) de Saint-Hyacinthe de 2012 à 2018
À mes étudiant.e.s et à mes collègues de l'Université Cheikh Anta Diop de Dakar (U.CAD) depuis 2018
À mes collègues de l'Institut de Philosophie de Grenoble (IPhiG) – ED Philosophie
À mes anciens collègues de l'UQÀM de 2008 à 2014 et à mes maîtres
À mes maîtres de l'Université Cheikh Anta Diop de Dakar (U.CAD)

Remerciements

Sans prétendre à une exhaustivité quelconque, je tiens à remercier ici ma mère Fatoumata Sène (plus connue sous le nom de Ndèye Fall), mon père, Moumar Guèye, ma chère et tendre épouse Olivia Diarra Guèye, mon fils, le futur champion petit Moumar Guèye, mes tantes Aïssatou Kébé, Ndèye Maguette Sy, Adja Ndour et Khadidiatou Mandiang, mes frères, sœurs (les trois dernières en particulier : Betty, Astou et Mame Diarra) et cousin.e.s, mes beaux-parents Catherine Baudet et Joël Bonfils, leurs ami.e.s devenus les nôtres Jean-Charlemagne (mon fidèle relecteur) et Pierrette Delaporte, mes ami.e.s Germain Pelletier, Linda Denis, Pape Goumalo Dione, Marie-Claude Fiset, Cheikh Sadibou Fall, Aby Dièye Fall, Cheikh Sène, Thierno Djiba, Oumar Saw, Oumar Dia, Habib Ampa Dieng, Abdoulaye Niang, Abdou Fall, Alioune Badara Dieng, Boubacar Dabo, Aly Mar, Francis Proulx, Constant Say, Félix Bamseck-Bamseck, Louis Chartrand, Maxime Sainte-Marie, les professeurs.es Denis Vernant, Sophie Roux, Jean-Yves Goffi, Bernadette Bensaude-Vincent, Anouk Barberousse, Jean-Christophe Malaterre, Serge Robert, Pierre Poirier, Denis Fisette, Christine Straehle, Yves Gingras, Céline Lafontaine, mes collègues de l'Institut de Technologie Agroalimentaire, Josée Brunet, Sylvie Laramée, Estelle Baldonne Nguongang, Serge Godin, François Laliberté, Josée Bourbonnière, Michel Roy, Pierre-Luc Bélanger, Marie-Josée Lacharité, Julie Marquette, Germain Nyada, Mélanie Kerridge, Ibrahim Issoufou,

Jean-Robert Gardère, Patrick Fafard, Alexandre Bakaras, Michel Lapierre, Pierre Lamarche, Benoît Daviau, Julie Fréchette, Sandra Dagenais, Mostafa Benfares, Claudia Beaudry, Guyaine Sauvé, Sylvie Poirier, Stéphane Rousseau, Kevin Richard, Julie Pivin, Louis Bastien, Patrick Leblanc, Simon Leclair, Martin St-Pierre, Alain Therrien, François Vézina, Annie Vigneau, Yves Hada Kognowa, Audrey Guévin, Christian Dubé, Guy Raymond, Marc Bérard, René Tardif, Karin Meyerhans, Nicolas Durand et tous les autres que je n'arriverai pas à citer ici, à mes collègues de la Faculté des Sciences et Technologies de l'Éducation et de la Formation (FASTEF) de l'Université Cheikh Anta Diop de Dakar (U.CAD), Mamadou Kabirou Gano, Mouhamadou El Hady Ba, Mouhamadou Lamine Sall et Aminatou Anna Sène Fall, mes professeurs Souleymane Bachir Diagne, Mamoussé Diagne, Charles Bowao, Gnagna Cissé, Malick Ndiaye, Ousseynou Kane, Mamadou Mdodj, Serigne Mor Mbaye, Massaer Diallo, Bado Ndoye, Danielle Cabanis, feu Aminata Diaw Cissé, feu Sémou Pathé Gueye, feu Pierre Sarr, feu Pape Amadou Ndiaye, mon parrain Boubacar Boris Diop, Isabelle Joncour, ainsi que tous les collègues et amis qui m'ont honoré de leur amitié. Ils se reconnaîtront ! Veuillez agréer ici, l'expression de ma gratitude infinie.

Table des Matières

Liste des Figures

Liste des Sigles et Acronymes

A.C.F.A.S. :	Association Canadienne Française pour l'Avancement de la Science
AFM :	Atomic Force Microscopy
CIRADE :	Centre Interdisciplinaire de la Recherche sur l'Apprentissage et le Développement en Éducation
IBM :	International Business Machines
LSE :	London School of Economics
MIT :	Massachussets Institute of Technology
NBIC :	Nanotechnology Biotechnology Information Cognition
NDBP :	Note de bas de page
NSF :	National Science Foundation
OGM :	Organisme Génétiquement Modifié
R&D :	Recherche et Développement
R&DNTS :	Recherche & Développement Nanotechnoscientifique
STM :	Scanning Tunneling Microscopy
STS :	Science Technology and Society
UQÀM :	Université du Québec à Montréal

Préface

J'ai connu Thierno Guèye alors que j'enseignais au Collège des Écoles doctorales de l'université Joseph Fourier de Grenoble, au début des années 2000. Il était alors étudiant au cours de philosophie des sciences que j'y donnais. Il fut rapidement passionné par ce domaine de recherche et décida de poursuivre son doctorat en cotutelle, sous la codirection de mon collègue Denis Vernant (Université Pierre Mendès France, Grenoble) et de moi-même (Université du Québec à Montréal). Ce passage par la philosophie des sciences donna à sa thèse une part importante de son originalité. Alors que la plupart des travaux de recherche en sciences humaines sur les nanotechnologies portent sur leurs dimensions sociales, éthiques, politiques ou économiques, la thèse de Guèye a une orientation fortement épistémologique. L'essai qu'il présente ici à la communauté scientifique est issu de cette thèse et fait précisément un lien qui nous manquait entre la littérature en philosophie des sciences et le développement des nanotechnologies. Dès lors, l'angle d'approche du phénomène nano est ainsi d'entrée de jeu original.

Cet ouvrage est, en fait, le deuxième essai qui découle de la thèse en question. Or, deux idées qui sont développées dans la première partie de la thèse et dans le premier essai sont importantes pour introduire les thèses épistémologiques du second essai. La première idée est que le phénomène en question est qualifié par Guèye comme nanotechnoscience, au sens où la frontière traditionnelle entre science et technologie n'existerait plus au sein de l'activité nano. La deuxième idée est, qu'alors que l'on qualifie habituellement les interventions nanotechnoscientifiques comme étant de l'ordre de la miniaturisation, Guèye insiste sur une deuxième dimension de ces pratiques, à savoir, la monumentalisation, c'est-à-dire qu'on y retrouve des pratiques qui créent de nouvelles réalités, de nouveaux objets technoscientifiques monumentaux. Ces deux thèses relatives à la nanotechnoscience et à la monumentalisation sont importantes pour comprendre comment l'auteur abordera les questions épistémologiques dans le second et présent ouvrage.

Son cheminement épistémologique va d'abord du côté de Thomas Kuhn, ce qui se justifie pleinement dans la mesure où la tradition anglo-saxonne en philosophie des sciences avant lui traitait de la science comme d'une entreprise fondamentalement théorique de représentation du monde, alors que Kuhn insiste sur la place de la pratique et du développement technologique comme déterminants de la science. Cette perspective est aussi liée à l'importance que Kuhn attribue au contexte de la découverte et non seulement au contexte de justification. Ces deux idées distinguent Kuhn de la tradition des empiristes logiques ou de Karl Popper, qui ne traitaient la science que comme une recherche théorique de la meilleure représentation possible du monde, ce qui les amenait à réduire les enjeux de la philosophie des sciences à une entreprise de justification de la valeur cognitive de la science. Pour Guèye, quand Kuhn valorise la pratique, le développement technologique et la découverte, il ouvre une porte fertile pour aller vers une épistémologie adéquate pour comprendre les nanotechnosciences. Cependant l'œuvre de Kuhn est inachevée et laisse place à quelques ambiguïtés importantes, comme les suivantes : les paradigmes sont incommensurables et pourtant, selon lui, la science progresse d'un paradigme à l'autre; ou encore, les paradigmes sont tous profondément différents les uns des autres et, pourtant, ils partagent tous les mêmes caractéristiques qui en font des paradigmes. En somme, Kuhn navigue entre un rationalisme épistémologique et un relativisme, sans un positionnement très clair entre ces deux pôles.

Ces ambiguïtés kuhniennes ont donné naissance aux travaux d'Imre Lakatos, deuxième philosophe des sciences mis en scène par Guèye. L'auteur nous montre alors comment Lakatos a tenté par sa théorie des programmes de recherche scientifiques à dépasser l'opposition entre Popper et Kuhn, à intégrer dans un tout cohérent les contextes de découverte et de justification. Nos propres travaux s'inscrivent dans la suite de la tentative de synthèse de Lakatos et nous sommes le troisième philosophe des sciences que Guèye interpelle. Il présente alors la théorie correctionniste de la science de Robert comme un dépassement du falsificationnisme sophistiqué de Lakatos. Mais, l'important pour Guèye est que, malgré l'intérêt épistémologique des thèses de Lakatos et de Robert pour mieux comprendre la science, l'une et l'autre théorie sont trop centrées sur la dimension théorique de la science comme ensemble de thèses pour viser à se représenter adéquatement le fonctionnement du monde.

C'est alors que Guèye se tourne vers les travaux d'Ian Hacking. Ce dernier s'appuie sur la tradition pragmatiste que John Austin avait élaborée en philosophie du langage, dans son célèbre ouvrage *How to Do Things with Words,* où contre la seule dimension représentationnelle du langage, il mettait en évidence sa dimension pragmatique, selon laquelle parler, c'est aussi faire des choses (comme s'engager, se marier, se parjurer, etc.). Hacking, à partir de là, montre comment la science, c'est non seulement se représenter le monde, mais c'est aussi le transformer. Ce recours au pragmatisme d'Hacking sert de postulat de base pour permettre à Guèye d'élaborer des éléments qui devraient servir à construire une nouvelle philosophie systématique adaptée à la nouvelle réalité nanotechnoscientifique, où il y aurait de moins en moins de distinction de nature entre science et technologie et où l'intervention a de plus en plus sa place tout autant que la représentation. Cet essai de Thierno Guèye est, dans cette perspective, un ouvrage qui contribue à insuffler un vent nouveau dans notre compréhension de la nature de la technoscience et qui est prometteur pour mieux comprendre les développements actuels de nos sociétés, comme les récentes avancées de l'informatique et de l'intelligence artificielle, tout autant que ceux des nanotechnosciences. Nous entrons dans un nouveau monde technoscientifique et l'ouvrage de Thierno Guèye nous aide à comprendre le virage épistémologique qu'il opère.

Serge Robert
Professeur titulaire
Université du Québec à Montréal

Serge Robert, Ph.D. en philosophie (épistémologie), est professeur titulaire au département de philosophie de l'Université du Québec à Montréal (UQAM). Il y enseigne la logique, la philosophie des sciences, la théorie de la connaissance et les sciences cognitives. Il est lauréat du Prix d'excellence en enseignement de l'UQAM (2010) et du prix d'excellence en enseignement de la Faculté des sciences humaines (2009). Il a été Président de la *Canadian Philosophical Association*/Association Canadienne de Philosophie (1996–1997). Il fut vice-président de *Canadian Philosophical Association*/Association Canadienne de Philosophie (1995–1996) et vice-président de la Société de Philosophie du Québec (1980–1982). Il est codirecteur du Laboratoire d'Analyse Cognitive et d'Information LANCI et directeur du laboratoire Compétence Logique, Inférences et Cognition (CLIC). Il compte à son actif trois ouvrages, plus de 44 articles scientifiques et chapitres de livres, en plus d'au moins 277 conférences scientifiques en français, en anglais ou en espagnol dans différents pays.

Introduction

« Bépp làkk rafet na
Buy tudd ci jaam ngor la
Buy leeral ci nit xel ma »
Seriñ Muusaa Ka (1883-1967)

« Est belle toute langue
Qui à l'esclave rappelle sa noblesse
Et qui, en l'humain, éveille la sagesse »
Serigne Moussa KÂ (1883-1967)

Parmi les nombreuses questions que pose l'intrusion des « nanotechnosciences », communément appelées nanotechnologies, dans la géographie de notre connaissance, celles auxquelles nous allons tenter d'apporter des réponses dans le présent ouvrage sont relatives, à la capacité des philosophies des sciences contemporaines à répondre aux attentes épistémologiques et philosophiques suscitées par celles-ci. Autrement dit, les philosophes et historiens des sciences comme Thomas Samuel Kuhn, Imre Lakatos, Serge Robert et Ian Hacking ont-ils conçu des systèmes philosophiques en mesure de prendre en charge les problématiques spécifiques propres à la nature hybride des nanotechnosciences ?

Il semble, en effet, que les nanotechnologies soient porteuses de changements et de nouveautés tellement inouïes qu'elles ont surpris les scientifiques les plus avertis. Les premiers à avoir trouvé cette science émergente « révolutionnaire » sont des scientifiques et ingénieurs américains comme Éric Drexler qui, après l'invention du microscope à effet tunnel (1981) par des ingénieurs d'IBM, est passé de l'étalage de merveilleuses promesses inspirées par la découverte du nanoscope à celui des conséquences désastreuses qui pourraient résulter de la perte de contrôle de l'échelle nanométrique ou de son mauvais usage par l'humain (Drexler, 1986). Dans cette même veine, d'autres scientifiques et auteurs de fictions ont pu développer des *scénarios* plus audacieux les uns que les autres. Par ce fait, ils ont contribué à la construction de toutes sortes de fantasmes autour des nanotechnologies, des plus alarmistes (Michael Crichton, 2002) aux plus utopistes (Roco et Bainbridge, 2003). C'est dans ce contexte particulier de l'avènement d'une activité scientifico-technologique à la croisée des sciences existantes irréductibles à l'une d'entre elles qu'émergent toutes sortes de questionnements sur les nanotechnologies. Quelle est leur nature ? Qu'apportent-elles à la société ? Il convient de noter que cette bulle qui s'est formée autour des nanotechnologies a été nourrie par l'histoire des sciences contemporaines, du nucléaire aux organismes génétiquement modifiés (OGM) en passant par les désastres de l'amiante. Autant dire que les opinions publiques mondiales n'ont pas retenu que les bons côtés des « progrès » scientifiques du début du XXe siècle et que l'avènement des nanotechnologies a servi de catalyseur à l'expression d'une conscience scientifique, voire antiscientifique. Le citoyen ne se contente plus d'être le consommateur passif de la science à travers les explications et les découvertes de celle-ci, mais il s'arroge le droit de lui demander des comptes sur ses activités, ses résultats ainsi que sur ses projets. C'est cet engagement que reflète la prolifération d'organisations bénévoles et non gouvernementales de plus en plus nombreuses.

Depuis l'avènement des nanotechnologies, énormément de choses se sont passées tant d'un point de vue scientifico-technologique qu'aux plans politique, économique et social. On a rarement vu auparavant une telle effervescence autour d'une « science » qui, à défaut de faire l'unanimité, joue un rôle de catalyseur pour la plupart des disciplines scientifiques de notre époque. Elle met d'accord autant ses partisans que ses détracteurs sur le fait que le vingt-et-unième siècle se construira autour d'elle et avec elle, nonobstant l'opinion que l'on pourrait s'en faire. C'est la compréhension des enjeux que recèlent les nanotechnologies qui pousse les acteurs politiques, les industriels et les financiers à investir massivement dans tout programme de recherche affublé du préfixe « nano ». Comme nous l'avons vu dans notre *Critique des nanotechnologies*, la course aux nanotechnologies est officiellement lancée en 2001 par le gouvernement de Bill Clinton.

Dans ce contexte officiellement « nanophile », voire « nanophage », l'essentiel des sujets abordés par les philosophes qui travaillent sur les nanotechnologies porte davantage sur les questions éthiques ou sociétales que sur les aspects épistémologiques. Il faut reconnaître tout de même qu'en France, par exemple, des groupes de recherche se sont formés, autour de Bensaude-Vincent notamment. Ceux-ci s'organisent afin de prendre à bras le corps les questions philosophiques relatives à cette nouvelle discipline qui se constitue sous nos yeux et dont nous sommes les témoins privilégiés de son développement. À travers Nano2e dont les deux « e » sont mis pour « éthique » et « épistémologie », Bensaude-Vincent et ses collègues se proposent de combiner réflexion éthique et étude des objets « *nano* » en se focalisant sur leur mode de production en laboratoire. Leur objectif est, selon les termes mêmes de leur programme, « d'étayer le travail normatif sur une compréhension détaillée des pratiques matérielles – c'est-à-dire de proposer une réflexion éthique arrimée à une analyse épistémologique[1]. » Le livre de Xavier Guchet (2014), intitulé *Philosophie des nanotechnologies*, s'inscrit dans cette optique. Cependant, force est de constater que c'est en Chine d'abord, puis aux États-Unis que l'on trouve la plus grande diversité de publications philosophiques sur les nanotechnologies (Nordmann (2012, 2006, 2004), Schummer et Baird (*editors*) (2006), Baird (2010, 2002a, 2002b), Radder, Hans et al. (2003)), même si l'effervescence autour des questions touchant le sujet est planétaire (Kastenhofer et Schmidt, (2011), Dupuy (avril 2004), Dupuy et Roure (2004), etc.).

À la fin du dernier chapitre de son ouvrage, *Du discours à l'action,* Denis Vernant (1997, p. 172), reprenant Wittgenstein qui lui-même reprenait Goethe, terminait son propos en affirmant de façon péremptoire : « Au commencement était l'action. » Nous allons voir qu'une certaine vision épistémologique des nanotechnologies pourrait nous autoriser à paraphraser cette assertion de Vernant dans un registre différent du sien : « aujourd'hui est l'action. » Peut-être en a-t-il toujours été ainsi. L'avènement des « nanotechnologies » a provoqué des changements importants dans l'univers des sciences et des technologies (ou est sur le point de le faire) et a ouvert des débats d'envergure dans la société (débats publics mouvementés en France du 15 octobre 2009 au 24 février 2010[2], par exemple) et dans les cercles des spécialistes scientifiques en général, mais particulièrement, dans les sciences humaines, notamment en philosophie et en sociologie des sciences. Notre point dans ce livre peut être entendu de la manière suivante : de tels bouleversements rendent inévitable la question de la nature de cette nouveauté dont on n'a pas encore fini de ressentir les impacts dans nos sociétés. En effet, elle semble être porteuse de dimensions nouvelles qui, tout en paraissant familières aux philosophes, ne semblent pas cadrer parfaitement avec des philosophies des sciences telles que celles de Kuhn, Lakatos, Robert et Hacking, en particulier à cause de la dimension technologique intrinsèque aux nanotechnosciences. Bien entendu, ces théories philosophiques n'ont pas été choisies au hasard, mais à cause de leur conception moins puriste de la science que celle d'autres philosophes comme Karl Popper, par exemple. Mais encore, parce que, vues sous leurs œillères, les « nanotechnologies » semblent correspondre à un moment particulier dans l'histoire des sciences, celui que Kuhn a identifié sous le nom de « changement de paradigme » et que Lakatos et Robert décrivent en termes de « programme de recherche » ou de « correctionnisme ». Quant à Haking, Hans Radder (2003) considère qu'il a été l'initiateur de ce qu'il appelle la « philosophie de l'expérimentation scientifique[3] » qui, après lui, a perdu beaucoup de son élan au cours de ces deux dernières décennies. Ce sont précisément ces débats qui nous semblent relancés de façon plus pressante avec l'avènement des « nanotechnologies ».

Charles Bazerman, dans son ouvrage *Shaping Written Knowledge: The Genre and Activity of the Experimental Article in Science,* considérait Toulmin, Kuhn, Popper, Lakatos, Hacking ainsi que Fleck comme les philosophes les plus pertinents pour sa propre compréhension des disciplines scientifiques et des changements disciplinaires (Bazerman, 1988, p. 4). Dans cet examen qui s'intéresse à la disciplinarité des nanotechnologies ainsi qu'aux changements impliqués par leur caractère présumé atypique, nous comptons nous inscrire dans le même sillage que Bazerman afin de confronter principalement Kuhn, Lakatos, Robert et Hacking avec cette discipline émergente. Du coup, la diversité, voire les divergences entre ces différentes théories, représente pour nous un atout plutôt qu'un problème pour la mise à l'épreuve à laquelle nous comptons les soumettre. Nous espérons ainsi comprendre la scientificité des nanotechnologies si les critères de nos spécialistes le permettent ou alors percer à jour, à tout le moins, leur non-scientificité au sens strict afin de mieux les classer. Ainsi, dans notre ouvrage consacré plus amplement à cette question spécifique (*Critique des nanotechnologies*), nous nous sommes attelés, à défaut de circonscrire de façon péremptoire le concept de nanotechnologie, à essayer de mieux en comprendre les enjeux afin de mieux en circonscrire le concept, quitte à le refondre.

Ce sont ces considérations qui nous ont amenés à tenir les philosophes que nous avons invités à l'examen du problème posé par les derniers développements de l'instrumentation comme faisant partie des plus à même de nous aider à esquisser les réponses que nous cherchons. Nous projetons ici d'examiner la pertinence de celles-ci avant de suggérer une nouvelle voie que nous comptons emprunter à la philosophie du langage, comme Kuhn l'avait déjà fait auparavant en introduisant le concept d'« incommensurabilité ». Bien entendu, les analyses de philosophes, comme Alfred Nordmann (2004, 2008), Davis Baird (2002, 2004), Hans Radder (2003), Xavier Guchet (2014), Joachim Schummer & Baird (2006), nous serons d'une grande utilité dans le dialogue que nous comptons établir sur la façon la plus appropriée d'appréhender les « nanotechnologies » ainsi que pour la construction de l'alternative épistémologique dont nous comptons, au terme de cette étude, poser les jalons.

Dans cette optique, nous entendons la « technologie » comme tout dispositif technique matériel plus ou moins complexe pouvant être scientifiquement ou sociopolitiquement orienté. Lorsqu'elle est orientée vers l'activité scientifique, la technologie peut être destinée à l'observation, à la mesure, aux tests ou à des expérimentations de toutes sortes. Elle peut ainsi être au service d'une théorie préalable tout comme elle peut inspirer ou être à l'origine d'une nouvelle théorie qui peut se construire à partir d'elle, autour d'elle ou avec elle. Quand elle est sociopolitiquement orientée, elle peut avoir des implications sociétales, politiques, économiques et/ou militaires plus évidentes. D'où la popularité de ce dernier sens qui, bien souvent, occulte le premier pourtant tout aussi fondamental. C'est conscient de cette diversité des déclinaisons du concept de « technologie » et de ses implications que Loeve (2009), dont la thèse porte précisément sur « le concept de technologie à l'échelle des molécules-machines », distingue le point de vue épistémologique du culturel[4]. Il soutient ainsi, qu'alors que d'un point de vue épistémologique, le concept de « technologie » dans « nanotechnologies » désigne une gamme de pratiques de *design* pas toujours utilitaires et concomitamment une activité cognitive non essentiellement théorique, produisant ainsi à l'échelle nanométrique des connaissances traversant plusieurs champs disciplinaires sans s'atteler directement à la résolution de problèmes théoriques posés par un paradigme scientifique préalable ; d'un point de vue culturel, la technologie se localise au cœur de l'activité scientifique sans se subsumer ni à la science ni à ses significations sociales.

Dans un tel contexte dominé par la polysémie, il ne serait pas fortuit pour nous de préciser que nous entendons par « technologie » ce sens englobant qui en fait à la fois une dimension de la théorie et de la praxis. Lorsque nous recourons à ce concept dans le cadre de cet ouvrage, c'est à ce sens que nous référons principalement. À cet égard, nous nous reconnaissons dans ce que Serge Latouche (2004, p. 38) appelle « l'aspect purement technique de la technique » qu'il attribue à la conception des économistes en général, qui est assez proche du sens adopté par le dictionnaire *Larousse* qui la définit notamment comme « ensemble des procédés et des méthodes d'un art, d'un métier, d'une industrie. » Cependant, Latouche considère cette façon d'entendre la technique comme comportant trois limites au moins, que nous assumons aussi, et particulièrement la troisième dont il dit qu'elle « limite la technique au seul domaine de la production conçue comme production d'objets (matériels). » (Latouche, 2004, p. 35). Dans cette optique, « la technique se réduit à l'outil, à l'instrument, à la machine qui sert de médiateur dans l'opération de fabrication. » (Latouche, 2004, p. 35). Le but est pour nous d'insister sur cette dimension matérielle qui est une constituante essentielle des nanotechnosciences. Et ce, d'autant plus que celle-ci semble concorder avec l'idée d'« épistémologie matérielle » défendue par Davis Baird (2004) dans son ouvrage au titre évocateur : *Thing Knowledge: A Philosophy of Scientific Instruments*. Ce dernier considère que la « *thing knowledge* » est dans les choses, non dans les esprits, dans les instruments et non dans les croyances qui portent ce type de connaissance. Ces choses tout en étant matérielles fonctionnent comme des théories (Baird[5], 2003, p. 45). Et, à notre sens, c'est cet aspect de la science, à la fois *theory laden* (Hanson, 1958) et *technology laden*, qui a été, non pas forcément occulté par la plupart des philosophes des sciences depuis Hanson lui-même et bien avant lui, mais négligé ou « accessorisé » au point que leurs philosophies ne sont pas en mesure de prendre en charge sérieusement une activité aussi manifestement hybride que les nanotechnosciences. Ces dernières, en effet, flirtent à la fois avec la représentation et l'intervention au point de rendre nos idées traditionnelles sur les frontières entre science et technique totalement artificielles et surfaites, les faisant tomber en désuétude pour le coup.

Cependant, ce qui pourrait apparaître comme un « flou » aux yeux des tenants de l'ordre classique ayant consacré la dichotomie entre science et technologie est en réalité la manière d'être de l'activité nanotechnoscientifique telle que nous l'entendons ici. À cet égard, ce bouleversement dans l'ordre de nos repères cognitifs et épistémologiques n'est pas sans rappeler la controverse autour de la nature de la lumière qui a longtemps été considérée comme étant corpusculaire par les newtoniens d'un côté, alors que les huygensiens en défendaient le caractère ondulatoire. Ce n'est finalement qu'avec les développements de la mécanique quantique qu'un compromis assez proche de celui auquel nous référons à propos des nanos a été trouvé puis validé par Louis de Broglie et Erwin Schrödinger qui ont conçu la théorie de la dualité onde-particule ayant permis de concilier ces deux positions naguère antagonistes.

Bien entendu, notre plus grande familiarité avec les philosophes des sciences a déterminé notre manière d'aborder la question qui, pour nous, revient à se demander si l'avènement des nanotechnologies ne relève pas de quelque impensé en philosophie des sciences. Cette remarque et ses conséquences attendues nous amènent à envisager, en dernière instance, la question de la caractérisation des nanotechnologies sous un angle analogue à celui qui consacra la remise en question du formalisme de la philosophie analytique initiée par Austin (1962). Cet angle d'attaque était le discours naturel pour des philosophes analytiques comme Strawson (1952) ou des pragmatistes comme Austin (1962 pour la 1ère éd. / 1970 pour la traduction française), le nôtre sera les nanotechnologies, ou plutôt les « nanotechnosciences », comme dynamique nouvelle de la science structurée comme un discours performatif au sens où Austin entend cette expression, c'est-à-dire à la fois discours et acte ou « discours-acte ». À l'instar des philosophes du discours ordinaire, notre objectif sera de tenter de reconnaître l'enchevêtrement entre science et technologie illustrée par les nanotechnologies après avoir confronté quelques-unes des épistémologies qui ont relativisé la vision éthérée de la science (mais pas assez, présumons-nous) qui fonda l'épistémologie normativiste de Karl Popper, par exemple. Ce choix de la confrontation participe d'une intention méthodologique de mise en exergue de la puissance explicative et des limites des philosophies des sciences de Kuhn, Lakatos, Robert et Hacking principalement. Il est en même temps une démarche qui doit nous amener à nous interroger sur la nécessité d'une certaine reconsidération de l'action ou, par analogie, du technologique et à sa prise en compte par les épistémologues dans l'appréhension de cet événement nouveau que constituent ce que l'on nomme communément les nanotechnologies en tant que science ou technologie hybrides.

Nous avons conscience que l'issue de notre analyse pourrait servir la chapelle de la science tout comme elle pourrait révéler la primauté de la technologie. Toutefois, elle nous offre l'occasion de faire la synthèse des problèmes qui limitent la portée de la philosophie des sciences dès qu'il s'agit des nanotechnosciences afin d'envisager sérieusement les conditions de possibilité d'une « nanophilosophie ». Cette partie de notre analyse sera donc l'occasion de poser les bases de ce qu'une philosophie des nanotechnosciences ne saurait manquer de prendre en considération.

À notre avis, il ne serait pas fortuit de donner une place plus centrale à la technologie dans l'analyse philosophique de la science, et ce, d'autant plus que l'une des caractéristiques innovantes des nanotechnosciences est l'omniprésence des ingénieurs en plus des biologistes et des informaticiens. À ce propos William Sims Bainbridge et Mihail Roco (2007) de la *National Science Foundation* (*NSF*) donnent bien le ton sur le caractère inédit de la tournure donnée à la science par les nouveaux moyens introduits par les « nanotechnologies ». Il y a, en plus, la nouvelle impulsion impliquant un renouvellement total des instruments, des méthodologies et des paradigmes scientifiques. Elle indique aux sciences et aux technologies la voie vers la convergence qui permet un contrôle total du processus de découverte et de conception qui mène du bas vers le haut, du nano au macro (Roco et Bainbridge, 2007). On pourrait dire que c'est le début de la monumentalisation en marche !

Sachant qu'au-delà des nanotechnosciences actuelles d'autres niveaux de l'infiniment petit restent encore à explorer (on parle déjà de picotechnologies (10^{-12}m) et de théorie des cordes (environ 10^{-33}m), nous ne voyons pas comment la philosophie des sciences actuelle pourrait échapper à sa propre exigence de questionnement au vu des nouvelles dimensions que prennent à la fois nos savoirs et nos savoir-faire. À la vitesse où les changements se produisent dans le champ scientifico-technologique actuel, adopter l'attitude hégélienne, qui consistait pour la philosophie à faire comme la chouette de Minerve et à attendre le crépuscule pour prendre son envol, n'est tout simplement plus envisageable. Cette remarque justifie la reformulation de notre interrogation sur la pertinence d'une révolution, non pas de la science, mais dans la philosophie des sciences. Une telle idée est inspirée par les bouleversements dans les technologies de l'infiniment petit qui n'épargnent ni la science ni les disciplines qui se la donnent comme objet de réflexion ou d'étude, autrement dit, les « métasciences ». C'est en réponse à cette situation inédite dans l'histoire des sciences qu'intervient la question de l'invention d'une philosophie des sciences de rupture, voire d'une « nanophilosophie » capable d'assumer les nouvelles questions que posent nos progrès technoscientifiques les plus récents. La portée de celle-ci dépasserait tout ce que nous avons connu jusque-là. Aussi, à défaut de se réinventer, la philosophie des sciences doit, au moins, faire siennes les interrogations philosophiques propres à l'exploration de « l'infiniment petit » dont les microtechnologies ont certes ouvert la voie, mais les nanotechnosciences en sont devenues à la fois les catalyseurs et les réinventeurs.

Notes

1. http://nano2e.org/?page_id=39 (accédé le 08/01/2011).
2. Voir à ce propos le site officiel du débat public sur les nanotechnologies en France : http://www.debatpublic-nano.org/ (accédé le 8/01/2011).
3. Selon Radder en effet : « The development of the philosophy of scientific experimentation over the past twenty years has two main features. After a rapid start in the 1980s (see Hacking 1989a), it seems to have lost much of this momentum during the next decade. At the very least, the expectation that the study of experiment would become a major issue within received traditions in philosophy of science has not been fulfilled. » Hans Radder, *The Philosophy of Scientific Experimentation*, University of Pittsburgh Press, 1st edition (February 23, 2003), p. 1.
4. Voici ce que dit précisément Loeve (2009, p. 9) à ce sujet : « D'un point de vue épistémologique, le concept de « technologie » dans « nanotechnologies » désigne une gamme de pratiques de *design* pas nécessairement utilitaires et, indissociablement, une activité cognitive non prioritairement théorique. La technologie à l'échelle nano produit des connaissances traversant les champs disciplinaires de la chimie, de la biologie et de la physique, mais elles ne sont pas directement au service de la résolution de problèmes théoriques posés dans le cadre d'un paradigme scientifique donné. Les nano-objets ne sont ni de purs faits naturels, ni de purs artéfacts, mais des machines épistémiques inséparables des dispositifs mis en œuvre pour les individualiser. D'un point de vue culturel, la technologie niche au cœur de l'activité scientifique mais ne se réduit ni à la science ni à ses significations sociales. »

5. Texte de Davis Baird qui a précédé son ouvrage éponyme, « Thing Knowledge: Outline of a Materialist Theory of Knowledge », In *Philosophy of Scientific experimentation*, ed. H. Radder, 39–68. Pittsburgh, PA: University of Pittburgh Press, 2003. Texte accessible sur le lien suivant : http://lemida.biu.ac.il/pluginfile.php/183261/mod_resource/content/2/Baird%202003.pdf.

Références

Austin (1970). *Quand dire, c'est faire*, Paris : Seuil, (Traduction française) [Version originale (1962). *How to do things with words?*, Oxford University Press].

Baird, Davis (2002). « Detached Thing Knowledge, » *Technological Knowledge: Philosophical Reflections*, Boxmeer, The Netherlands, Conférence, 14 June.

Baird, Davis (2002a). « Thing Knowledge: Function and Truth » *Techné: Journal of the Society for Philosophy and Technology*, http://scholar.lib.vt.edu/ejournals/SPT/v6n2/baird.html. 6(2), p. 13–27.

Baird, Davis (2002b). « Detached Thing Knowledge », *in* Jutta Schickore and Friedrich Steinle, eds., *Revisiting Discovery and Justification*, Max-Planck-Institut für Wissenschaftsgeschichte, Preprint 211, p. 163–173.

Baird, Davis (2003). « Thing Knowledge: Outline of a Materialist Theory of Knowledge », In *Philosophy of Scientific experimentation*, ed. H. Radder, 39–68. Pittsburgh, PA: University of Pittburgh Press. Texte accessible sur le lien suivant: http://lemida.biu.ac.il/pluginfile.php/183261/mod_resource/content/2/Baird%202003.pdf

Baird, Davis (2010). « Engineering Realities », *Spontaneous Generations: A Journal for the History and Philosophy of Science*, Vol. 4, No. 1, p. 94–110.

Baird, Davis, Alfred Nordmann et Joachim Schummer (2004). *Discovering the Nanoscale*, Amsterdam: IOS Scientific Publishers. Disponible en ligne sur : http://cms.ifs.tu-darmstadt.de/fileadmin/phil/nano/nano.html

Bazerman, Charles, *Shaping Written Knowledge: The Genre and Activity of the Experimental Article in Science* (2000). Madison WAC Clearinghouse Landmark Publications in Writing Studies, (première publication en 1988) [Ouvrage téléchargeable sur: http://wac.colostate.edu/books/bazerman_shaping/, Originally Published in Print (1988) by University of Wisconsin Press, Madison, Wisconsin].

Crichton, Michael (2003). *La proie*, Paris: Éditions Robert Laffont, Coll. Pocket [1ère édition (2002) Michael Crichton].

Daston, Lorraine et Peter Galison (2012). *Objectivité*, Les Presses du Réel, avec une préface de Bruno Latour [1ère édition Daston et Galison (2007) sous le titre *Objectivity*, Urzone Inc.].

Drexler, Eric-K (2005). *Engins de création : L'avènement des nanotechnologies*, Paris : Vuibert [paru en anglais pour la première fois en 1986 sous le titre : *Engines of Création – The Coming Era of Nanotechnology*, puis republié en 1990].

Dupuy, Jean-Pierre (avril 2004). « Ethics Beyond Prudence. Towards a Normative Assessment of Nanotechnology », of European Workshop on Social and Economic issues of *Nanotechnologies and Nanosciences*, Brussels: European Commission, p. 14–15.

Dupuy, Jean-Pierre ; Roure, Françoise (2004). *Les nanotechnologies : éthique et prospective industrielle* (Tome 1), Paris : Conseil Général des Mines, Conseil Général des Technologies de l'Information http://www.ladocumentationfrancaise.fr/rapports-publics/054000313/index.shtml

Hacking, Ian (1983) *Representing and Intervening*, Cambridge : Cambridge University Press.

Hanson, N. R. (1965). *Patterns of Discovery*, Cambridge : Cambridge University, [1st ed. 1958].

Kastenhofer, Karen et Schmidt, Jan C. (2011). « Technoscientia est Potentia? Contemplative, interventionist, constructionist and creationist idea(l)s in (techno)science », *Poiesis Praxis*, N° 8, p. 125–149.

Latouche, Serge (2004). *La Mégamachine : Raison technoscientifique, raison économique et mythe du progrès*, Paris : Éditions La Découverte.

Loeve, Sacha (2009). *Le concept de technologie à l'échelle des molécules-machines : Philosophie des techniques à l'usage des citoyens du nanomonde*, Thèse de doctorat, Paris, Université Paris-Ouest.

Nano2e – « Éthique et Épistémologie des nanotechnologies » http://nano2e.org/?page_id=39 [Il faut plutôt se rendre sur le site http://www.nano2e.com/ (http://www.nano2e.com/wp-content/uploads/downloads/2010/07/LE-PROGRAMME-NANO2E.pdf), le site nano2e.org n'étant plus accessible.]

Nordmann, Alfred (2004). « Molecular disjunctions : Staking claims at the nanoscale », In *Discovering the Nanoscale*, eds. D. Baird, A. Nordmann, and J. Schummer, p. 51–62. Amsterdam: IOS Press.

Nordmann, Alfred (2006). « Collapse of distance: Epistemic strategies of science and technoscience », *Danish Yearbook of Philosophy*, 41, p. 7–34.

Nordmann, Alfred (2008). « No future for nanotechnology? Historical development vs. global expansion », *Emerging Conceptual, Ethical and Policy Issues in Bionanotechnology*. Springer Netherlands, p. 43–63.

Nordmann, Alfred (2012). « Object lessons: towards an epistemology of technoscience », *Scientiæ Studia*, São Paulo, v. 10, special issue, p. 11–31.

Radder, Hans et al. (2003). *The Philosophy of Scientific Experimentation*, Pittsburgh : University of Pittsburgh Press.

Robert, Serge (1993). *Les mécanismes de la découverte scientifique : une épistémologie interactionniste*, Ottawa : Presses de l'Université d'Ottawa.

Robert, Serge (2009). « Logique de la découverte et naturalisation de la connaissance : L'épistémologie historique d'Imre Lakatos », *in* Nadeau, Robert (sous la dir. de), *Philosophies de la connaissance*, Québec et Paris, Presses de l'Université Laval et Librairie Philosophique J. Vrin, coll. Mercure du Nord.

Roco et Bainbridge (2003). *Converging Technologies for Improving Human Performance*, Dordrecht/Boston/London: Kluwer Academic Publishers.

Schummer, Joachim et Baird, Davis (editors) (2006). *Nanotechnology Challenges: Implications for philosophy and society*, World Scientific Publishing.

Strawson, P.L. (1952). *Introduction to Logical Theory*, London: Methuen.

Vernant, Denis (1997). *Du discours à l'action, études pragmatiques*, Paris : Presses Universitaires de France.

1

Théorie des Paradigmes et Nanotechnosciences

Au vu de ce qui précède, se questionner sur la compatibilité d'une épistémologie donnée avec une pratique sociale quelconque revient à s'interroger sur la scientificité de cette pratique. En effet, les philosophies de Kuhn, Lakatos, Robert et Hacking que nous allons examiner portent toutes sur la science. L'on peut même dire que ce sont des théories des sciences. Or, si ce sont des réflexions sur ces dernières, il ne sera pertinent de leur soumettre les nanotechnologies que si celles-ci sont une science ou tout au moins en présentent les caractéristiques. Mais nous avons vu, qu'à moins de souscrire à l'abus de langage généralisé qui pousse certains experts et dilettantes à nommer « nanotechnologie » au singulier ou au pluriel tout ce qui touche d'une façon ou d'une autre le nanomètre, ce terme désigne en fait toute activité scientificotechnologique se déroulant au cœur de l'échelle nanométrique par le truchement du microscope à effet tunnel ou de tout autre nanoscope à performances égales ou supérieures. Ainsi, si ce n'est l'activité désignée par le terme « nanotechnologie » qui est impropre, c'est tout au moins le concept lui-même qui évoque dans les esprits la technologie à l'échelle nanométrique sans la recouvrir pleinement. C'est pourquoi nous avons préféré le néologisme « nanotechnoscience » à celui de « nanotechnologie », habituellement utilisé, et que nous destinons à un autre usage plus conforme à l'intuition et au parallélisme des formes que nous avons essayé de respecter dans la reconstruction conceptuelle à laquelle nous nous sommes livrés.

En conséquence, notre tentative ici, après la présentation-rappel de la théorie des paradigmes de Kuhn, consistera à déterminer la place de la technologie dans sa conception paradigmatique afin de voir si, en l'appliquant au concept technoscientifique de ce que nous appelons nanotechnoscience, un compromis est possible. Rappelons cependant, comme nous l'avons annoncé dans l'introduction, que le sens que nous donnons ici au concept de technologie n'est pas conventionnel. Il vise à englober les différents usages que son activité rend possibles, qu'ils soient théoriques ou pratiques. Pour nous, les réalisations dites technologiques sont des moyens qui peuvent servir autant le développement scientifique que celui de la société. Celles-ci peuvent se décliner sous les noms d'instruments, d'appareils, d'outils, ou même de dispositifs techniques ou technologiques et opérer à différents niveaux de l'activité scientifique ou socio-politico-économique. Nous nous référons donc ici à la nature « technologiquement chargée » des instruments, sachant que ceux-ci peuvent être immatériels, seule leur matérialité retiendra notre attention dans les prochains chapitres. Ainsi, à défaut d'une association raisonnable entre le théorique et le technologique qui permettrait d'envisager la philosophie des sciences de Kuhn comme une philosophie de la nanotechnoscience, nous devrons prendre en considération les alternatives portées par les philosophes des sciences comme Lakatos, Robert et Hacking que nous ferons intervenir dans ce débat après lui. Dans cette optique, nous projetons d'examiner la théorie des paradigmes de Kuhn dans ses plus subtils méandres, considérant qu'elle est complexifiée par la difficulté de celui-ci à assigner une place appropriée au technologique. Puis nous ferons suivre cette présentation par sa mise à l'épreuve de la technoscience, avant de révéler les limites de cette approche paradigmatique face aux nanotechnosciences.

1.1. La théorie des paradigmes de Kuhn

Si l'on en croit Kuhn lui-même, la meilleure entrée par laquelle on doit examiner la question des paradigmes est la notion de communauté scientifique. Ainsi, par souci de fidélité à cette recommandation de Thomas Samuel Kuhn qui dit que « les communautés scientifiques peuvent et doivent être isolées sans recours préalable à des paradigmes : ceux-ci peuvent être découverts ensuite à l'examen détaillé du comportement des membres d'une communauté donnée. » (Kuhn, 1983, Postface 1969, p. 240). C'est donc la communauté scientifique qui doit permettre de définir le paradigme et non l'inverse. Celle-ci, selon Kuhn :

> (…) se compose de ceux qui pratiquent une certaine spécialité scientifique. Tout (*sic*) ont eu une formation et une initiation professionnelle semblables, à un degré inégalé dans la plupart des autres disciplines. Ce faisant, ils ont assimilé la même littérature technique et en ont rétiré (*sic*) dans l'ensemble le même enseignement. Les limites de cette littérature standard marquent habituellement les limites d'un domaine scientifique, et chaque communauté a d'ordinaire son domaine propre. (Kuhn, 1983, p. 241)

C'est donc l'activité même de la communauté scientifique qui permet de circonscrire un paradigme donné. Cette recommandation de Kuhn donne bon espoir quant à notre volonté de circonscrire le paradigme nanotechnoscientifique afin de lui trouver une place dans la théorie des communautés scientifiques du philosophe des sciences. Mais auparavant, intéressons-nous à la période préparadigmatique. Que se passe-t-il avant le paradigme? Rappelons-nous ces propos de Kuhn sur lesquels nous reviendrons :

> Une fois qu'on a trouvé un premier paradigme au travers duquel considérer la nature, il n'est plus question d'effectuer une recherche en l'absence de tout paradigme. Rejeter un paradigme sans lui en substituer simultanément un autre, c'est rejeter la science elle-même. C'est un acte qui déconsidère non le paradigme, mais l'homme. Celui-ci apparaîtra inévitablement à ses collègues comme « l'ouvrier qui s'en prend à ses outils. » (Kuhn, 1983, p. 117)

Que pouvons-nous dire de la période qui précède la découverte de ce « premier paradigme » ? En fait, Kuhn ne parle pas vraiment de préparadigme, mais plutôt de « période antérieure » (Kuhn, 1983, p. 78) à la formation d'un paradigme. Sa négligence de la période préparadigmatique est peut-être liée non seulement à la nature omniprésente du paradigme, mais aussi à son caractère nécessaire. En effet, pour Kuhn, l'évolution de la science normale dépend de l'adhésion de la communauté scientifique qui valide ou invalide les propositions de solutions de ses membres. Ainsi, la science normale peut donc se développer sans être mise en question tant que ses postulats de base et ses explications conviennent encore aux acteurs de la discipline concernée. Mais, dès qu'apparaissent quelques doutes quant à la fiabilité de ces mêmes modèles, la quiétude des groupes scientifiques disparaît, laissant place aux débats, à la reconsidération des règles et à un regain de vigilance à propos de leurs fondements. Selon Kuhn, c'est ce qui explique la manière dont les règles abstraites orientent le paradigme. Ainsi, ce qu'il appelle « la période antérieure à la formation d'un paradigme » (Kuhn, 1983, p. 77) se définirait par des discussions soutenues sur les méthodes, les problèmes et les solutions à adopter par les communautés d'experts, bien que pour Kuhn cela serve davantage à définir des écoles qu'à rallier toutes les parties prenantes. Afin d'illustrer son propos, il rapporte ce qui suit :

> Nous avons déjà noté certaines de ces discussions en optique et en électricité, et leur rôle a été plus grand encore dans le développement de la chimie au XVIIe siècle et de la géologie au début du XIXe. D'ailleurs, les discussions de ce genre ne disparaissent pas une fois pour toutes avec l'apparition du paradigme. Bien qu'elles soient presque inexistantes durant les périodes de science normale, elles se reproduisent régulièrement juste avant et pendant les révolutions scientifiques, aux moments où les paradigmes sont attaqués et susceptibles de changer. Le passage de la mécanique newtonienne à celle des quanta a fait naître de nombreuses discussions sur la nature et les normes de la physique; certaines durent toujours. Il y a encore des savants qui peuvent se rappeler les discussions si vives engendrées par la théorie électromagnétique de Maxwell et par la mécanique statistique. Et plus tôt encore, l'assimilation des mécaniques de Galilée et de Newton donna lieu à une série particulièrement célèbre de débats avec les aristotéliciens, les cartésiens et les leibniziens sur les normes admissibles en science. Bref, quand les scientifiques ne s'entendent pas pour admettre que les problèmes fondamentaux de leur domaine ont été résolus, la recherche des règles assume une fonction qu'elle ne possède pas d'ordinaire. Tandis qu'aussi longtemps que les paradigmes restent sûrs, ils peuvent fonctionner sans qu'il soit besoin de s'entendre sur leur rationalisation, ou même sans qu'on tente de les rationaliser du tout. (Kuhn, 1983, p. 78–79)

De l'analyse de ce passage de *La Structure des révolutions scientifiques*, il ressort que ce que Kuhn appelle « période antérieure au paradigme » peut aisément se confondre avec un moment interparadigmatique qui se caractériserait par une sorte d'instabilité de la transition d'un paradigme vers un autre que l'on cherche à établir[1]. Du coup, le préparadigme ou « période antérieure » n'est pas l'antéparadigme que l'on aurait pu imaginer. Il ne serait pas tout à fait un moment initial, une période originelle hors de tout paradigme et antérieure au premier paradigme. Cependant, à la décharge de Kuhn, il est possible de lui concéder qu'il reconnaît ce qui suit :

> Ma distinction entre les périodes précédant et suivant l'établissement du paradigme dans le développement d'une science est, par exemple, beaucoup trop schématique. Chacune des écoles dont la concurrence caractérise la période antérieure est guidée par quelque chose qui ressemble beaucoup à un paradigme ; il y a des circonstances, que toutefois je crois rares, où deux paradigmes peuvent coexister en paix durant la période postérieure. (Kuhn, 1983, p. 12–13)

Ainsi, le préparadigme pourrait avoir un soubassement ou une portée paradigmatique, mais il n'aboutit pas nécessairement à un paradigme nouveau dont il aura été le passage évolutif.

De ce fait, même si le texte de Kuhn n'interdit pas que le préparadigme soit un moment primordial précédant l'avènement d'un paradigme, il semble davantage le concevoir comme une phase transitoire qui pourrait parfaitement correspondre à la crise qui, presque toujours, émerge d'un paradigme dégénérescent tout en précédant un paradigme émergeant. En effet, pour Kuhn, la crise est synonyme d'obligation de renouvellement des outils de la communauté scientifique. Ainsi soutient-il :

> Les philosophes des sciences ont souvent démontré que plusieurs constructions théoriques peuvent toujours être échafaudées pour une collection de faits donnée. L'histoire des sciences indique, en particulier aux premiers stades de développement d'un nouveau paradigme, qu'il n'est pas très difficile d'imaginer des alternatives de ce genre. Mais il est rare que les savants cherchent à inventer ces solutions de rechange en dehors des étapes de développement de leur science qui précèdent la formation du paradigme et des moments très spéciaux de son évolution subséquente. Aussi longtemps que les outils fournis par un paradigme se montrent capables de résoudre les problèmes qu'il définit, la science se développe plus vite et pénètre plus profondément les faits en employant ces outils avec confiance. La raison en est claire. Il en est des sciences comme de l'industrie – le renouvellement des outils est un luxe qui doit être réservé aux circonstances qui l'exigent. La crise signifie qu'on se trouve devant l'obligation de renouveler les outils. (Kuhn, 1983, p. 113)

C'est pourquoi, en plus de la rareté des intermèdes où les savants cherchent à inventer des solutions de rechange hors des sentiers battus du développement de leur science précédant la formation d'un nouveau paradigme et des moments très spéciaux de son évolution subséquente, l'obligation du renouvellement des outils se combine parfaitement bien avec les joutes de la période antérieure à la formation d'un paradigme, « … régulièrement marquée par des discussions fréquentes et profondes sur les méthodes légitimes, les problèmes, les solutions acceptables (…). » (Kuhn, 1983, p. 77).

En définitive, on peut dire que la crise tout comme la période antérieure à un nouveau paradigme sont des moments de liberté presque totale dans l'histoire des scientifiques où ces derniers recourent beaucoup à leur imagination et à la philosophie afin d'éprouver la créativité dont ils ont besoin pour résoudre le problème à l'origine de la crise et poser les jalons d'un nouveau paradigme. Mais pourquoi le paradigme est-il si important dans la pensée de Kuhn?

Afin d'élucider cette question, commençons par examiner cette notion de communauté scientifique, tel que nous l'avons annoncé au début du point précédent. Rappelons que la communauté scientifique, telle que Kuhn l'entend, est composée de ceux qui ont acquis, au même titre que leurs collègues nourris à la même sève théorique et aux mêmes pratiques techniques, une expertise pointue, reconnue au sein de leur domaine scientifique. Elle est constituée de spécialistes ayant le même parcours didactique duquel ils ont retenu les mêmes préceptes. Aussi, les limites du corpus qui a servi à leur propre formation circonscrivent les contours de leur domaine scientifique propre tout comme elles délimitent proprement les frontières des autres disciplines scientifiques (Kuhn, 1983, Postface 1969, p. 240). C'est donc l'activité même de la communauté scientifique qui permet de circonscrire un paradigme donné. En effet, les membres de ces congrégations disciplinaires se voient et sont perçus comme les régisseurs exclusifs des objectifs qu'ils poursuivent ainsi que de la formation de leurs futurs remplaçants. Kuhn, dans *La tension essentielle*, précise la nature de la communauté scientifique en ces termes :

> Dans mon livre la *Structure des révolutions scientifiques*, j'identifie et différencie les communautés scientifiques par les sujets dont elles s'occupent. C'est là sous-entendre que des termes comme « optique physique », « électricité », ou « chaleur », par exemple, peuvent servir à désigner des communautés scientifiques particulières, uniquement parce qu'ils désignent des sujets de recherche. (Kuhn, 1983, Postface 1969, p. 240)

En conséquence, l'idée traditionnelle d'« une méthode heuristique qui permettrait à l'individu qui s'y conformerait de produire une juste connaissance » ne saurait prospérer dans la perspective ouverte par Kuhn. Aussi dira-t-il à ce propos : « j'ai essayé au contraire d'insister sur le fait que bien que la science soit pratiquée par des individus, la connaissance scientifique est intrinsèquement un produit du *groupe*, si bien que ni son efficacité particulière ni la manière dont elle se développe ne peuvent être comprises sans référence à la nature spéciale des groupes qui la produisent. » (Kuhn, 1990, p. 26). Ainsi, de façon tout à fait conséquente, il reconnaît la nature sociologique de sa démarche tout en se démarquant de tout sociologisme, concédant que son « travail a été profondément sociologique, mais pas d'une manière qui permette de séparer ce sujet de l'épistémologie. » (Kuhn, 1990, p. 26). Ainsi, pour être membre d'une communauté scientifique, il faut remplir les critères suivants : (1) on doit travailler à trouver des réponses aux énigmes de la nature (2) s'ingénier à résoudre de menus problèmes particuliers (3) enfin, les réponses que l'on trouve doivent être validées par la plupart des membres de la communauté de recherche à laquelle on appartient. Comme le précise Kuhn :

> Ce groupe ne peut cependant pas être tiré au hasard de la société dans son ensemble, c'est plutôt le cercle bien défini des spécialistes ayant la même activité professionnelle. L'une des règles les plus strictes, quoique non écrites, de la vie scientifique est l'interdiction de faire appel, en matière de science, aux chefs de l'État ou à la masse du public. La reconnaissance d'un groupe professionnel seul compétent et accepté comme arbitre exclusif des réalisations professionnelles a d'autres conséquences. Les membres du groupe, en tant qu'individus et en vertu de leur formation et de leur expérience commune, doivent être considérés comme les seuls connaisseurs des règles du jeu ou d'un critère équivalent de jugement sans équivoque. Douter de ces critères communs d'évaluations reviendrait à admettre l'existence de critères incompatibles de la réussite scientifique. Ce qui soulèverait inévitablement la question de l'unité de la vérité dans les sciences. (Kuhn, 1983, p. 230)

L'avènement de la nanotechnoscience discrédite la compétence exclusive des spécialistes d'un groupe donné à jouer le rôle d'arbitre unique. L'étendue du cercle des compétents défini par le philosophe états-unien n'est plus la même. Il demeure, en revanche, que les critères de ces communautés ne sauraient être incompatibles sous peine d'incommensurabilité et ils ne sauraient mettre en question le principe de « L'unité de la vérité dans les sciences » sous peine de favoriser « l'anarchisme théorique » préconisé par Paul Feyerabend (1979). Dans le mémoire de DEA[2] que nous avons soutenu en 2001, nous défendions l'idée que les frontières de l'Université comme celles de la communauté scientifique ne sont jamais des frontières nationales puisque la première comme la deuxième sont les mêmes partout. Elles transcendent les frontières, même si elles ne les effacent pas. Telle est la garantie de leur efficience. Il nous semble que la même analogie peut s'appliquer aux nanotechnosciences telles qu'elles se sont développées depuis l'avènement du microscope à effet tunnel.

Notons que la composition des équipes travaillant dans le champ des nanotechnosciences est bien plus hétéroclite que le cercle de spécialistes auquel Kuhn fait allusion. En effet, celles-ci sont loin de regrouper des acteurs « ayant la même activité professionnelle. » Cette entorse à la théorie des « communautés scientifiques » de l'historien des sciences du *MIT* pourrait avoir pour conséquence de ruiner ses conclusions en élargissant la portée des groupes professionnels compétents. Dans cette optique, les membres d'un seul groupe ne pourraient plus prétendre détenir la compétence exclusive des réalisations professionnelles de leurs membres puisque les nanotechnoscientifiques ne seraient pas issues de la même matrice disciplinaire. Une telle possibilité pourrait mettre en cause la thèse de Kuhn. Nous y reviendrons plus amplement dans notre dernier sous-chapitre (1.4).

Nous pensons que la science que nous avons tendance à figer se caractérise aussi par son dynamisme, mais nous la figeons bien souvent pour mieux l'appréhender, au risque d'en parler comme d'une photographie antidatée plutôt que comme le film qu'elle est. Une fois de plus, l'opposition entre le devenir perpétuel d'Héraclite qui considérait qu'on ne pouvait pas se baigner deux fois dans le même fleuve et l'immobilisme, voire l'impossibilité du discours de Parménide qui estimait que de l'Être on ne pouvait rien affirmer en dehors du fait qu'il soit, se rejoue ici d'une certaine manière. Transcender les frontières sans les effacer, n'est-ce pas précisément ce à quoi nous assistons dès que l'on parle de nanotechnologies ou de nanotechnosciences ? Cette persistance de la frontière comme repère et non plus comme limite préfigure, du moins l'espérons-nous, l'avenir d'un nouvel humanisme interacial, post-George-Floyd, sous-jacent à une évolution qui mettrait nos différences au cœur de notre estime mutuelle et de nos exigences. De ce fait, la nécessité des frontières pourrait être posée comme une condition nécessaire pour leur dépassement et pour le progrès, mais plus comme une raison d'enfermement et d'exclusion.

Consubstantiellement lié à la communauté scientifique, le « paradigme » se définit comme un champ de rationalité qui utilise un cadre conceptuel, « une vision du monde » (Kuhn, 1983, partie de l'intitulé du chap. 9, p. 157 à 188 et p. 199), une manière de penser. Les paradigmes sont « les découvertes scientifiques universellement reconnues qui, pour un temps, fournissent à une communauté de chercheurs des problèmes types et des solutions » (Kuhn, 1983, p. 11). Thomas Kuhn identifie ces problèmes à de simples « énigmes » quand elles peuvent se corriger dans le cadre du dogme ou du savoir-faire des scientifiques ou des savants. Ainsi, l'énigme n'aboutit pas au rejet du paradigme en vigueur ou à sa mise en cause. L'« anomalie » par contre peut bouleverser un cadre de rationalité donné et déboucher sur une crise du système. C'est alors à l'occasion d'une telle anomalie que la « science normale », qui ne se propose pas de découvrir des nouveautés théoriques ou factuelles et qui n'en découvre pas, atteint ses limites. En effet, l'activité exclusive de la science normale est de résoudre des énigmes. Son but est d'étendre régulièrement en portée et en précision la connaissance scientifique rendue possible par un paradigme. L'énigme, par contre, peut être considérée, dans certains cas, comme un contre-exemple et devenir source de crise. Pour Kuhn, face à une anomalie ou à une crise, les scientifiques adoptent une attitude différente à l'égard des paradigmes existants et la nature de leurs recherches change en conséquence (Kuhn, 1983, p. 132). Cette attitude traduit le passage de la recherche normale à la « science extraordinaire ». Ainsi, les théories spéculatives qu'ils imaginent pourront ouvrir un nouveau paradigme en cas de succès ; sinon, c'est le paradigme existant qui est conservé. En effet, l'apparition d'une crise ne transforme pas immédiatement une énigme en contre-exemple.

On peut cependant noter différents symptômes annonçant la crise, notamment l'incapacité de l'activité technique normale à résoudre des énigmes. La prolifération de versions différentes d'une théorie est aussi un élément annonciateur de problèmes sérieux rencontrés par la recherche normale. La crise a donc un caractère symptomatique. Selon Kuhn, « décider de rejeter un paradigme est toujours simultanément décider d'en accepter un autre (…) ». Le fait est que le rejet d'un paradigme est toujours favorisé par une crise; alors que la décision d'en adopter un autre rend compte de l'accomplissement de la révolution. Celle-ci se traduit par un changement total du langage, de la structure des problèmes ou des normes de résolution des problèmes de la science normale. Cette renonciation au paradigme en crise est telle que, la révolution une fois effectuée, s'instaure une incommensurabilité fondamentale entre le nouveau paradigme et l'ancien. Ainsi, les termes, les concepts et les expériences anciens se trouvent les uns par rapport aux autres dans une nouvelle dynamique interactionnelle. D'où les « malentendus entre les écoles concurrentes » (Kuhn, 1983, p. 205), voire l'impossibilité même de s'entendre. En effet, de l'avis de Kuhn :

> Deux hommes qui perçoivent différemment la même situation, mais emploient néanmoins le même vocabulaire pour en discuter, utilisent forcément les mots différemment. C'est-à-dire qu'ils discutent à partir de ce que j'ai appelé des points de vue incommensurables. Comment peuvent-ils espérer communiquer et encore moins se persuader ? (Kuhn, 1983, postface, p. 271)

Comment concevrions-nous alors le progrès scientifique face à cette immuabilité affirmée des paradigmes? Nous avons souvent tendance à ne définir la science que relativement au progrès, or celui-ci, comme caractéristique fondamentale de la science, peut s'entendre de deux manières. En effet, quand le paradigme ne souffre d'aucune crise et que l'activité normale du groupe qui s'adonne à la recherche se déroule correctement, le progrès dans ce cadre est facilement perceptible. Il en découle une efficacité croissante ainsi qu'une plus grande compétence du groupe. À ce propos, Thomas Kuhn dira au chapitre XII de *La structure des révolutions scientifiques* que dans son état normal, un groupe scientifique est un instrument extrêmement efficace pour résoudre les problèmes ou les énigmes que définissent ses paradigmes. « Et le résultat de cette efficacité doit inévitablement être un progrès. » (Kuhn, 1983, p. 227).

Le premier aspect du progrès que nous venons d'exposer est bien celui qui s'effectue dans le cadre exclusif de la science normale. L'autre type de progrès, en revanche, se réalise hors des sentiers battus de l'activité normale de recherche. Il est accompli par la « science extraordinaire ». Il semble que le progrès dans ce cas soit concomitant aux révolutions scientifiques. Autrement dit, le nombre et l'importance des révolutions seraient la mesure du progrès scientifique. En effet, toute révolution se termine toujours par la victoire de l'un des deux camps en compétition sur l'autre. Ce triomphe apparaît comme un progrès aux yeux des tenants du paradigme qui a fini par s'imposer. Selon Isabelle Stengers, la notion de « révolution paradigmatique », à la suite de laquelle un paradigme en remplace un autre, convenait parfaitement aux scientifiques pour raconter l'histoire de leur discipline. Renforcés par cet aveu, nous considérerons le processus de développement de la science kuhnienne comme une juxtaposition de paradigmes.

La spécialisation constitue un autre signe de la croissance du savoir scientifique. Aussi, quelques vieux problèmes sont-ils parfois expulsés des activités des chercheurs. Il s'y ajoute une restriction des échanges possibles avec les autres groupes, scientifiques ou non. Ces facteurs traduisent ainsi l'augmentation du degré de spécialisation d'un groupe donné. C'est ainsi que la science croît en profondeur et pas nécessairement en étendue. Ce type d'extension du savoir scientifique se manifeste plutôt par la diversification des spécialités que par la plus grande portée d'une seule discipline. Par ailleurs, la pérennité et la précision des solutions sont garanties par la vigilance et la compétence propres à la nature des groupes. Précisons, toujours dans la ligne de l'analyse de Kuhn, que le progrès scientifique n'est pas téléologique, il ne vise aucun but précis. Cette conception de la science est, peut-on dire, « révolutionniste ». Elle demeure compatible avec une observation minutieuse de certaines activités scientifiques, certes, mais pour ce qui est de l'activité nanotechnoscientifique, ce n'est pas gagné. En effet, des questions touchant à la disciplinarité qui impose des frontières, à la place de la technologie dans la science et à l'autonomie nécessaire des communautés scientifiques, restent posées dès que l'on essaie d'étendre la théorie de Kuhn aux nanotechnosciences ; à moins que ce nouveau champ de recherche ne soit compatible avec la période postparadigmatique. L'examen de cette hypothèse sera l'objet de notre prochain point.

Nous qualifions de « postparadigmatique » cette période d'incertitude qui défit la science normale en portant en elle à la fois les germes de sa consolidation et ceux de sa perte. Cette phase se caractérise par l'« énigme » que l'on pourrait qualifier de pernicieuse parce que capable de révéler une « anomalie » apte à conduire à une « crise » susceptible d'être fatale au « paradigme » qui en a permis l'émergence. La particularité de cette phase est qu'elle caractérise la fin de la vie d'un paradigme et qu'elle est la condition *sine qua non* de l'adoption d'un nouveau paradigme.

En fait, la phase que nous qualifions ici de postparadigmatique est précédée d'une période de recherche normale cumulative. Selon Kuhn, « La recherche normale qui, elle, est cumulative, doit son succès au fait que les scientifiques peuvent régulièrement choisir des problèmes susceptibles d'être résolus en s'appuyant sur des concepts et des techniques instrumentales proches de ceux qu'ils connaissent déjà. » (Kuhn, 1983, p. 139). Il en déduit la vanité de tout désir de ne se laisser guider que par un principe d'utilité sans égard pour l'état actuel des connaissances théoriques et des technologies disponibles. En effet, une telle démarche aurait pour fâcheuse conséquence d'inhiber très facilement le développement scientifique. C'est pourquoi, à son avis :

> Le savant qui s'efforce de résoudre un problème défini par le savoir et les techniques existants ne cherche pas simplement au hasard autour de lui. Il sait ce qu'il veut réaliser ; il conçoit son appareillage et oriente ses réflexions en conséquence. Une nouveauté inattendue, une découverte nouvelle ne peuvent apparaître que dans la mesure où ce qu'il attend de la nature et de ses instruments se trouve démenti et l'importance de la découverte qui en résulte sera souvent proportionnelle à l'étendue et la ténacité de l'anomalie qui l'a annoncée. Donc, de toute évidence, il faut bien qu'il y ait conflit entre le paradigme qui a permis d'apercevoir l'anomalie et celui qui fera d'elle un phénomène conforme à la loi. (Kuhn, 1983, p. 139)

Cette évolution dans l'ordre du paradigme montre qu'à partir du moment où l'activité scientifique se déroule dans le cadre strict d'un paradigme, il n'y a plus vraiment de découverte tant que l'on n'a pas rencontré une anomalie. Autrement dit, tant que l'on n'a pas le sentiment que « la nature, d'une manière ou d'une autre, contredit les résultats attendus dans le cadre du paradigme qui gouverne la science normale. » (Kuhn, 1983, p. 83). Ainsi, l'exploration plus ou moins prolongée du domaine de l'anomalie permet de clore l'incident si elle aboutit à un réajustement de la théorie du paradigme qui permettrait la normalisation du phénomène anormal qui deviendrait de ce fait une manifestation attendue. C'est pourquoi « l'assimilation d'un nouveau type de faits est donc beaucoup plus qu'un complément qui s'ajouterait simplement à la théorie, et jusqu'à ce que le réajustement qu'elle exige soit achevé – jusqu'à ce que l'homme de science ait appris à voir la nature d'une manière différente –, le fait nouveau n'est pas tout à fait un fait scientifique. » (Kuhn, 1983, p. 83).

Du coup, adhérer à un paradigme devient la condition *sine qua non* de la science normale ou de la science tout court. Cette adhésion doit s'étendre à des domaines particuliers et à des degrés de précision qui n'ont pas encore été pleinement reconnus. Cependant, outre la science normale, la science extraordinaire aussi dépend du paradigme. Dans la conception kuhnienne, s'il n'y a aucune entorse aux pratiques existantes, alors il n'y a rien qui pourrait favoriser son dépassement, c'est-à-dire son évolution vers un autre paradigme. « Or celles-ci sont justement les poteaux indicateurs qui montrent le chemin vers la science extraordinaire. » (Kuhn, 1983, p. 144). À toutes fins utiles, la valeur d'un phénomène nouveau se mesure à son assise paradigmatique. Ce qui fait dire à Kuhn que l'importance capitale de la découverte de l'oxygène est à inscrire dans une dynamique de renouvellement paradigmatique qui lui a conféré son statut prééminent. « Dans ce cas comme dans d'autres, la valeur accordée à un nouveau phénomène, et par suite à celui qui le découvre, varie selon que nous paraît grande ou petite la mesure dans laquelle le phénomène s'est écarté des résultats attendus, dans le cadre du paradigme. » (Kuhn, 1983, p. 87–88). Ce rôle en quasi-face de Janus du paradigme nous autorise à dire que celui-ci, au travers de la science normale qui en caractérise la stabilité et le succès, est à la fois son propre garde-fou et son seul fossoyeur. En effet, « en empêchant que le paradigme soit trop facilement renversé, la résistance garantit que les scientifiques ne seront pas dérangés sans raison et que les anomalies qui aboutissent au changement de paradigmes pénétreront intégralement les connaissances existantes. » (Kuhn, 1983, p. 99).

Renchérissant son propos, Kuhn considère « le fait même qu'une nouveauté scientifique importante émerge si souvent simultanément de plusieurs laboratoires, prouve d'une part la nature fortement traditionnelle de la science normale et d'autre part le fait que cette entreprise traditionnelle prépare parfaitement la voie de son propre changement. » (Kuhn, 1983, p. 99). Lorsque cette période transitoire se distingue par la prolifération des théories, comme à l'époque où Lavoisier commençait ses expériences sur les « airs », on peut parler d'un signe symptomatique d'une crise. Cette dernière étant un luxe dont il faut user avec parcimonie, puisque son avènement est synonyme d'obligation de renouvellement des outils de la communauté scientifique, à l'instar de la manière dont l'industrie adopte de nouveaux instruments. Même si les scientifiques n'attestent pas forcément des renversements perceptifs qui accompagnent les changements de paradigme, une période, comme celle du choc des interprétations entre les tenants de la théorie d'une lumière onde et ceux pour qui c'était une particule, fut un moment de crise, une phase où « quelque chose n'allait pas ».

Finalement, c'est la reconnaissance de la nature duale de la lumière qui mit fin à cette crise avec l'adoption de la théorie d'une lumière à la fois onde et corpuscule, lui accordant ainsi une nature différente et autonome. La crise met donc en évidence l'anomalie qui ouvre potentiellement l'ère postparadigmatique, car de l'avis de Kuhn « la perception de l'anomalie – c'est-à-dire d'un phénomène auquel le paradigme n'avait pas préparé l'expérimentateur – a joué un rôle essentiel pour préparer la voie à la perception de la nouveauté. » (Kuhn, 1983, p. 89). Au crédit de cette assertion, le philosophe des sciences évoque le récit de la découverte de l'oxygène. L'échec de Lavoisier à obtenir des retombées concluantes à partir des expériences qu'il avait réalisé selon des principes propres au paradigme du phlogistique de l'époque l'a amené à reconsidérer la situation et à retenter ses expériences avec l'oxyde rouge de mercure; tout comme la découverte de Roentgen eut pour origine l'émission d'une lueur tout à fait inattendue qui attira son attention.

Ces découvertes se font par le truchement d'anomalies révélatrices de nouveaux phénomènes. Dans une mesure relative à la distance séparant les résultats considérés comme anormaux de ceux attendus ou prévus, les découvertes se caractérisent, selon Kuhn, par « la conscience antérieure de l'anomalie, l'émergence graduelle de sa reconnaissance, sur le plan simultanément de l'observation et des concepts; enfin, dans les domaines et les procédés paradigmatiques, un changement inévitable, souvent accompagné de résistance. » (Kuhn, 1983, p. 97). Autant dire que ces anomalies favorisent une sérendipité[3] (anglicisme rendu en français par « *fortuitude* » tel que l'a proposé Henri Kaufman en 2011) génératrice de nouvelles théories. Certaines expériences, généreusement relatées par Kuhn dans son livre de 1962, tendent à accréditer l'idée que ces caractéristiques pourraient être inhérentes à la nature du processus perceptif lui-même. Il s'agit, notamment, des études effectuées par Bruner et Postman[4]. On peut comprendre alors l'enthousiasme du philosophe des paradigmes quand il conclut l'exposé de l'étude de ses collègues en soutenant que :

> Cette expérience psychologique (pour sa valeur de métaphore ou bien dans la mesure où elle reflète la nature de l'esprit) fournit un schéma merveilleusement simple et convaincant du processus de découverte scientifique. Comme dans cette expérience sur les cartes à jouer, la nouveauté scientifique n'apparaît qu'avec difficulté (ce qui se manifeste par une résistance) sur un fond constitué par les résultats attendus. (Kuhn, 1983, p. 98)

Cependant, le fait de remarquer l'anomalie ne conduit pas automatiquement à l'abandon du paradigme puisque même dans le doute légitime infligé par la découverte de nouveaux phénomènes, les scientifiques ne renoncent pas facilement au paradigme qui les aura menés à la crise. Pour Kuhn, un tel entêtement s'explique par le fait « qu'ils ne considèrent pas ces anomalies comme des preuves contraires, bien que ce soit là leur véritable nature en termes de philosophie des sciences. » (Kuhn, 1983, p. 114). C'est pourquoi il faut plus qu'une simple anomalie pour provoquer une crise.

Ainsi, le problème de la résistance de l'éther, tel qu'entendu par les tenants de la théorie de Maxwell, bouleversait les généralisations explicites et fondamentales de ce paradigme. Si l'on remonte plus loin, le cas de la révolution copernicienne est assez éloquent en ce que la question pratique de la mise au point du calendrier, qui semblait être une anomalie en apparence sans importance fondamentale, finira par avoir raison de plus de deux mille ans de certitude scientifique. Kuhn concède donc que le développement de la science normale peut transformer une anomalie agaçante en une source de crise dangereuse pour la survie d'un paradigme, comme en témoigne l'importance prise par le problème des rapports de poids après l'évolution des techniques de la chimie des gaz. Il n'est pas exclu, en revanche, que d'autres circonstances puissent donner à une anomalie une valeur particulière ou que plusieurs d'entre elles se combinent. Il faut donc plus qu'une anomalie pour provoquer une crise, mais dans des circonstances similaires à celle qui précède, bien souvent, la « science extraordinaire » prend le pas sur la « science normale ». Ainsi, quand les raisons ci-dessus ou d'autres du même ordre permettent de déceler dans une anomalie quelque chose qui dépasse une énigme de la science normale, alors on pourra dire que la transition vers la crise et le passage à la science extraordinaire auront commencé. Une telle dynamique, si l'on en croit Kuhn, a pour fonction de familiariser les groupes de spécialistes à l'anomalie tout en attirant l'attention de ses plus éminents membres. En cas de résistance de l'anomalie, sa résolution pourrait devenir une priorité absolue pour certains membres du groupe au point de constituer le sujet par excellence de leur discipline, ce qui lui confère un nouvel aspect.

> Ce nouvel aspect résulte en partie sans doute du nouveau point de focalisation de la recherche scientifique; mais plus encore de la nature divergente des nombreuses solutions partielles qui se proposent, étant donné l'attention générale concentrée sur cette difficulté anormale. Les premiers assauts livrés contre ce point de résistance auront probablement suivi d'assez près les règles du paradigme. Mais, la résistance se poursuivant, un nombre de plus en plus grand d'assauts auront comporté quelque ajustement, de portée plus ou moins limitée, au paradigme: ajustements tous différents, chacun ayant un succès partiel, mais aucun ne parvenant à se faire adopter comme paradigme par le groupe. En raison de cette prolifération d'adaptations divergentes (qui seront de plus en plus souvent présentées comme des ajustements ad hoc), les règles de la science normale perdent progressivement de leur précision. Le paradigme existe encore, mais peu de spécialistes se révèlent entièrement d'accord sur sa nature. Même les solutions

> antérieurement acceptées comme valables pour des problèmes résolus sont mises en question. (Kuhn, 1983, p. 121–122)

L'une des fonctions de la crise est, d'une certaine façon, de briser les tabous et de diminuer l'emprise des stéréotypes en fournissant de nouveaux éléments susceptibles de mener à un changement fondamental de paradigme. Il arrive que la forme du nouveau paradigme soit annoncée par la structure donnée à l'anomalie pendant la recherche extraordinaire. Kuhn soutient qu'à l'exception d'Einstein qui « écrivait qu'avant d'avoir aucune théorie à substituer à la mécanique classique, il avait saisi l'interrelation existant entre les anomalies connues de la radiation du corps noir, l'effet photoélectrique et les chaleurs spécifiques. » (Kuhn, 1983, p. 130). Il est plus fréquent qu'une structure de ce genre ne soit pas vue d'avance puisque « le nouveau paradigme, ou une indication qui permet sa formulation future, apparaît tout à coup, parfois au milieu de la nuit, dans l'esprit d'un homme profondément plongé dans la crise. » (Kuhn, 1983, p. 130). Nous nous garderons bien de rouvrir les multiples débats que cette position de Kuhn a provoqués au sein de la communauté des philosophes des sciences. Celle-ci, rapporte-t-il dans sa longue postface à la *Structure des révolutions scientifique*s, lui a valu d'être traité, entre autres, de relativiste, voire d'irrationaliste.

Tout compte fait, l'adoption ou le rejet d'un nouveau paradigme n'est qu'une réponse à la crise. Fort de ce constat tiré de son analyse minutieuse de l'histoire des sciences, Kuhn rue dans les brancards du falsificationnisme de Popper. En effet, pour lui, rien dans le passé des sciences ne confirme l'idée de Popper selon laquelle une théorie donnée pourrait être adultérée (falsifiée) par une simple confrontation à la nature. Mais, prévient-il, cela ne signifie nullement que les chercheurs ne récusent pas certaines théories, quand il y a lieu de le faire, ou que les tests ne sont pas primordiaux dans ce processus. Laudan, en revanche, soutient que sur cette question du choix de la théorie la plus apte, les inductivistes recommanderaient de choisir la théorie qui a le degré de confirmation le plus élevé ou celle qui a la plus grande utilité, les falsificationnistes, choisiraient la théorie qui a le plus haut degré de falsifiabilité alors que Kuhn arguerait de l'impossibilité d'effectuer le moindre choix rationnel (Laudan, 1987, p. 119–120). Cet extrait de la *Structure des révolutions scientifiques* semble étayer les propos du philosophe et historien des sciences du *Massachusetts Institute of Technology* :

> Décider de rejeter un paradigme est toujours simultanément décider d'en accepter un autre, et le jugement qui aboutit à cette décision implique une comparaison des deux paradigmes par rapport à la nature et aussi de l'un par rapport à l'autre.

> Une seconde raison incite à douter que les scientifiques rejettent un paradigme simplement parce qu'ils se trouvent en face d'anomalies ou de preuves contraires. Et en le développant, l'une des thèses essentielles de cet essai apparaîtra d'elle-même. Les motifs de doute scientifique indiqués plus haut étaient purement relatifs à des faits; il s'agissait de preuves infirmant une théorie épistémologique généralement admise. En tant que telles, si mon raisonnement est correct, elles peuvent tout au plus contribuer à créer une crise ou, plus exactement, augmenter l'intensité d'une crise déjà existante. En soi, elles ne prouveront pas, elles ne pourront pas prouver la fausseté de cette théorie philosophique, car ses adeptes feront ce que nous avons vu faire aux savants face à une anomalie : ils élaboreront de nouvelles versions et des remaniements ad hoc de leur théorie afin d'éliminer tout conflit apparent. Si donc ces preuves épistémologiques contraires doivent en arriver à être plus qu'une source mineure d'agacement, ce sera parce qu'elles contribuent à permettre l'apparition d'une analyse scientifique nouvelle et différente, au sein de laquelle elles ne seront plus une cause de difficulté. D'ailleurs, s'il est possible d'appliquer ici un schéma typique que nous observerons plus tard dans les révolutions scientifiques, ces anomalies n'apparaîtront plus alors comme de simples faits. Sous l'angle d'une nouvelle théorie de la connaissance scientifique, il y a de fortes chances pour qu'elles apparaissent comme des tautologies, expressions de situations que l'on n'aurait pu concevoir différentes. (Kuhn, 1983, p. 115–116)

Considérant qu'il est quasi-impossible de produire une quelconque avancée scientifique lorsque le processus de découverte se fonde sur des retombées prévisibles, Kuhn note qu'au début de l'apparition de l'anomalie, dans le même contexte d'examen, les chercheurs continuent à voir les conclusions auxquelles ils ont été accoutumés par le paradigme prévalent. Et pourtant, la découverte de l'anomalie se fera dans un contexte identique. À cet effet, une compréhension approfondie du problème auquel les scientifiques sont confrontés depuis un certain temps les amène à prendre conscience de l'énigme ou à le connecter à un « mystère » non résolu qui lui est antérieur. Aussi, Kuhn estimera-t-il que c'est en s'apercevant clairement de cette situation que les chercheurs reconsidèrent les concepts qu'ils ont jusque-là adoptés et se remettent au travail en épousant un nouvel angle d'attaque, jusqu'à la « renormalisation » intégrale de l'anomalie. Pour le philosophe du *MIT*, à ce moment précis, l'on peut dire que la découverte est achevée (Kuhn, 1983, p. 98). Ainsi s'ouvre un nouveau champ de recherche ou, dans le langage kuhnien, un nouveau paradigme. Ceci correspond précisément à la « révolution scientifique » puisque selon cet extrait de la page 131 de l'édition française de *La structure des révolutions scientifiques* de 1983, « le passage au nouveau paradigme est une révolution scientifique (…). »

On peut donc dire, dans l'optique de l'auteur de la théorie des paradigmes, que parmi les manifestations symptomatiques de l'entrée en crise, il y a le fait que le cadre antérieurement défini par le paradigme cesse d'être opérationnel et les règles de fonctionnement qui le régissaient tout à fait convenablement jusque-là perdent de leur pertinence. De ce fait, le paradigme est plongé dans une sorte de phase préparadigmatique, mais avec un point de litige moins général, autrement dit mieux circonscrit que lors de cette phase antérieure à tout paradigme. Ce constat amène Kuhn à identifier trois aboutissements possibles à toute crise : 1°) soit lorsque la science normale se révèle enfin capable de résoudre le problème à l'origine de la crise ou que le problème résiste, malgré la décision de l'attaquer sous un angle en apparence radicalement nouveau; 2°) soit les scientifiques se résignent à l'impossibilité d'une solution convenable compte tenu de l'état du moment de leur domaine de recherche, ce qui leur ferait reporter la résolution du problème aux générations futures, disposant d'outils plus développés; 3°) soit, la crise se termine avec l'apparition d'un nouveau candidat au titre de paradigme et une bataille s'ensuit pour son adoption (Kuhn, 1983, p. 123–124).

Au terme de cette première étape de ce premier chapitre, nous avons vu la structure de la théorie épistémologique de Thomas Kuhn qui considère que d'un paradigme à l'autre il y a une série d'énigmes plus ou moins faciles à résoudre dans le cadre d'une science normale féconde et prospère, mais encadrée par un paradigme dominant. Seulement, il arrive qu'une énigme résiste à l'ordre établi par le paradigme et amène la communauté scientifique à s'interroger non plus sur l'énigme, mais sur le paradigme lui-même. Ainsi entre-t-on en « anomalie » scientifique. Celle-ci serait le seuil de la mise en crise du paradigme. En effet, si une solution est trouvée dans le cadre de celui-ci, le paradigme est sauf; autrement, on nage en pleine « science extraordinaire ». De l'issue des multiples tentatives engagées avec plus de marge de manœuvre pour les chercheurs dans le cadre de ces recherches extraordinaires dépend le sort du paradigme. Ainsi, la résolution de l'énigme hors du cadre du paradigme qui aura servi à la produire consacrerait la révolution scientifique. Sachant qu'abandonner un paradigme, c'est toujours décider d'en adopter un autre, la recherche reprend dans un nouveau cadre de rationalité en totale rupture avec celui qui l'a précédée au point que Kuhn parle d'incommensurabilité entre les paradigmes. Mais qu'en est-il de la place de la technologie dans le fonctionnement paradigmatique?

Bien que reconnaissant, dès la préface de *La structure des révolutions scientifiques*, l'importance et le rôle du progrès technique[5], qu'il s'excuse presque de devoir négliger du fait de son léger impact sur sa théorie, Kuhn n'évoque le terme « technologie » que cinq fois[6] dans la version française de son ouvrage, si l'on exclut la note de bas de page n° 3 de la page 50 qui fait référence au titre anglais de l'ouvrage d'Abraham Wolf[7] qui comporte le mot « *technology* ». Et, la première fois qu'il fait usage de ce lexème, ce n'est qu'à la page 36 de son livre et c'était pour lui reconnaître un rôle de premier plan dans l'émergence de nouvelles sciences[8]. Le mot « science », en revanche, est mentionné autant de fois, rien que dans la première page de la préface. Au vu de cette éloquente disproportion, on pourrait bien penser pouvoir déduire la place qu'occupe la technologie dans la théorie de Kuhn, étant donné la parcimonie avec laquelle il a eu recours à cette terminologie. Mais, gardons-nous bien d'aller trop vite en besogne. L'examen plus détaillé de cette question sera l'objet de notre prochain sous-chapitre.

1.2. Kuhn à l'épreuve de la technoscience

Répondant à une question rhétorique sur la place de la technique dans la philosophie de Kuhn, Gilbert Hottois affirmait qu'« elle est à la fois reconnue et *externalisée.* » (Hottois, 2004, p. 54). Ce terme, souligné par Hottois lui-même, tente de rendre compte de la situation de la technique relativement à l'entreprise de savoir telle que conçue par les philosophes des sciences. Pour le philosophe belge, « externaliser, c'est confier une entreprise indispensable à une entreprise extérieure, sous-traiter. » (Hottois, 2004, p. 54). Selon nous, comprendre les nanotechnosciences, c'est octroyer plus qu'une place de simple figurant à la technologie dans ses inéluctables interactions avec la science. Tout comme la technoscience octroie à la technologie plus qu'une simple place de figurant dans le processus de construction et de développement de l'activité scientifique. Dans cette partie de notre analyse, c'est justement l'importance donnée à la technologie dans la construction du système de Kuhn qui va nous intéresser. Cet examen accompli, nous essaierons de chercher d'autres raisons de croire que la philosophie de Kuhn pourrait aussi être une philosophie de la technoscience, voire de la nanotechnoscience. Ce sera seulement à l'issue des résultats révélés par la présente confrontation en deux étapes que nous verrons comment la philosophie du théoricien des paradigmes a pu manquer le rendez-vous avec l'avènement des nanotechnosciences.

Comme nous l'avons déjà vu, la technologie occupe une place congrue dans l'univers lexical de *La structure des révolutions scientifiques.* Mais, cela signifie-t-il pour autant que Kuhn n'accorde pas à la technologie la place qu'elle mérite ? C'est ce que nous allons tenter d'élucider ci-après. À la fin de notre précédent sous-chapitre, nous évoquions le nombre de fois où Kuhn a eu recours au terme « technologie ». Pourtant, cette sous-représentation terminologique ne traduit ni son absence dans les pratiques courantes paradigmatiques ni son insignifiance. En risquant une paraphrase de Blaise Pascal, nous pouvons dire qu'en fait, les technologies ne sont quasiment nulle part dans le paradigme, mais les outils, les instruments et les appareils y sont partout. Dans les différents usages du morphème « technologie », Kuhn fait allusion successivement à sa qualité de catalyseur de nouvelles sciences, puis à sa nature différente de la science[9], ensuite il évoque sa synonymie d'antan avec l'art et l'artisanat[10] suivie de la reconnaissance du lien intrinsèque entre le triptyque science, technologie et progrès, avant de finir par en reconnaître l'existence dans toutes les civilisations du monde[11], en tout temps, contrairement à la science. Cependant, quand nous recourons à un autre indicateur, tels que l'usage du mot « instrument » ou celui d'« appareil » pour mieux envisager le statut de la technologie dans la théorie des révolutions scientifiques, nous obtenons de meilleurs résultats. Si l'on parcourt attentivement le texte de Kuhn, il est effectivement possible d'y déceler au moins trente-huit occurrences du mot « instrument » et ses dérivées dont six dans la postface, quarante-deux usages du mot appareil et appareillage, ainsi que vingt recours au terme « outil » et un à « outillage ». Le lexème « science », en revanche, y apparaît pas moins de six cents fois. Au vu de ces indicateurs, il semble que l'objet principal de Kuhn soit, sans conteste, la science théorique et que tout ce qui touche à la technologie ne soit qu'accessoire dans son discours. Cependant, à l'examen plus approfondi de son texte, nous nous apercevrons de la difficulté d'assigner une place prépondérante à l'attirail technologique dans la théorie des paradigmes.

Dès le premier usage du mot « technologie », Kuhn lui reconnaît « un rôle souvent vital dans l'émergence de nouvelles sciences. » (Kuhn, 1983, p. 36). Puis, il le range dans la même catégorie que la médecine et le droit dont il dit que « la principale raison d'être est un besoin social extérieur » (Kuhn, 1983, p. 41). Ce n'est ensuite qu'à la page 221 de l'ouvrage qu'il recourt à ce terme pour rappeler sa synonymie d'antan avec l'art et l'artisanat et leur proximité, voire leur unité d'avec les sciences. En effet, durant la Renaissance, ainsi qu'il l'affirme, « on n'avait pas le sentiment d'une grande division entre les sciences et les arts. » Selon lui, « si de nos jours encore, nous éprouvons bien des difficultés à voir la profonde différence qui sépare la science et la technologie, sans doute est-ce en partie du fait que le progrès est un attribut évident de ces deux secteurs. » (Kuhn, 1983, p. 221). Enfin, la dernière référence au morphème « technologie » dans *La structure des révolutions scientifiques* semble consacrer une spécificité, voire une suprématie, sans conteste de la civilisation occidentale grâce au développement qu'a connu la science en Europe au cours des quatre, voire cinq derniers siècles. Ainsi, chez Kuhn comme chez beaucoup de philosophes des sciences occidentaux, le signe distinctif de l'Occident, voire son critère de démarcation incontestable, est que « seules les civilisations qui sont filles de la Grèce hellénique ont possédé autre chose qu'une science extrêmement rudimentaire. » (Kuhn, 1983, p. 229). Notre but ici n'étant pas de discuter ces propos discutables de Kuhn, nous noterons simplement que pour Kuhn, mise à part la science, toutes les civilisations connues au monde « ont possédé, selon sa propre expression, une technologie, un art, une religion, un système politique, des lois, etc., bien souvent aussi développés que les nôtres. » (Kuhn, 1983, p. 229). Quel rôle fait-il alors jouer aux dispositifs technologiques totalement séparés de la science dans sa théorie épistémologique?

Selon Kuhn, les liens très étroits qui unissent théorie et technologie sont constants. Il reconnaît même que la théorie-paradigme est souvent directement impliquée dans la conception de l'appareillage susceptible de résoudre les problèmes posés au sein du cadre de recherche. Afin d'illustrer son propos, il soutient que « sans les *Principia,* par exemple, les mesures faites à l'aide de la machine d'Atwood[12] n'auraient eu aucun sens. » (Kuhn, 1983, p. 50). L'historien des sciences du *Massachusetts Institute of Technology* reconnaît que les instruments sont parties intégrantes du paradigme qui peut tenir les groupes de chercheurs à l'écart de problèmes d'importance sociale certes, mais non réductibles aux données d'une énigme du fait de l'incompatibilité de ces problèmes avec les outils conceptuels et instrumentaux fournis par le paradigme (Kuhn, 1983, p. 63). Ainsi, non seulement le paradigme ne se laisse pas déterminer par l'influence sociale, mais il fournit aux chercheurs des outils conceptuels et instrumentaux.

Pour Kuhn, à l'instar de la bouteille de Leyde, ni les théories ni les appareillages ne peuvent être découverts accidentellement ou par hasard. En effet, dit-il :

> Ces électriciens qui, pensant que l'électricité est un fluide, ont accordé une importance particulière à la conduction et fourni un excellent exemple. En l'occurrence, guidés par cette idée qui ne pouvait guère convenir à la multiplicité connue des effets d'attraction et de répulsion, plusieurs d'entre eux conçurent le projet de mettre en bouteille le fluide électrique. Le résultat immédiat de leurs efforts fut la bouteille de Leyde, appareillage que n'aurait jamais pu découvrir un homme explorant accidentellement ou au hasard, mais qui fut en fait réalisé indépendamment par deux chercheurs au moins, dans les années 1740. Presque dès le début de ses recherches, Franklin se préoccupa d'expliquer cet appareil étrange et, en l'occurrence, particulièrement révélateur. Le fait qu'il ait réussi fut le plus efficace des arguments qui firent de sa théorie un paradigme, bien qu'incapable encore de rendre compte de tous les cas connus de répulsion électrique. (Kuhn, 1983, p. 38)

De manière analogue, un appareillage fut nécessaire à la détermination de la constante de la gravitation universelle tel que prédit par les travaux de Newton. Ainsi, Kuhn affirme qu'au cours du siècle qui a suivi la parution des *Principia* personne ne réussit à mettre au point un tel dispositif. Ce ne fut que vers 1790 que la détermination de Cavendish, qui avait pour but initial l'estimation de la masse de la Terre directement liée à la constante gravitationnelle dans l'équation de Newton, permit de déterminer celle-ci grâce à une balance de torsion. Cette expérience fut suivie par d'autres propositions (Kuhn, 1983, p. 51). Kuhn souligne ici le caractère indispensable d'une sorte d'idée directrice qui exclurait du processus de mise au point des dispositifs technologiques le hasard et l'accident. Mais, quel rôle consent-il à faire jouer à ces appareils?

Kuhn reconnaît sans ambages le caractère incontournable de l'appareillage dans la résolution d'énigmes, la provocation de la crise et la neutralisation ou le report de la crise en cas de persistance de l'anomalie. Dans cette optique, il n'hésite pas à attribuer la réussite de Coulomb à la qualité de l'appareil qu'il a construit. Aussi, contrairement aux expériences de Boyle qui, selon lui, n'ont été rendus possibles que grâce à l'idée, très répandue à cette époque, selon laquelle l'air était un liquide extensible dont les propriétés étaient tout à fait compatibles avec les principes bien établis de l'hydrostatique, « Coulomb a réussi parce qu'il a construit un appareillage capable de mesurer la force existant entre des charges ponctuelles (ceux qui avaient auparavant mesuré des forces électriques en utilisant des balances à plateaux ordinaires n'avaient jamais trouvé de résultats constants ni reproductibles), mais cet appareillage à son tour dépendait du fait qu'on avait préalablement constaté que chaque particule du fluide électrique agit à distance sur chacune des autres particules. » (Kuhn, 1983, p. 52). Cette réalisation de Coulomb lui permettait ainsi de déterminer la force à l'œuvre entre ces particules et qui n'était qu'une fonction de la distance. D'un autre côté, le défaut d'appareillage adapté peut pousser la communauté scientifique à reporter la résolution d'une énigme. C'est bien ce qui s'entend dans ces propos de Kuhn :

> Quelquefois, la science normale se révèle *in extremis* capable de résoudre le problème à l'origine de la crise, malgré le peu d'espoir conservé par ceux qui voyaient là la fin du paradigme existant. Dans d'autres cas, le problème résiste, même si on l'aborde d'un point de vue en apparence radicalement nouveau. Les scientifiques peuvent alors conclure qu'aucune solution ne se présentera dans l'état actuel de leur domaine de recherche. Le problème est étiqueté et mis de côté pour une génération future, disposant d'outils plus développés. Ou bien, finalement, et c'est le cas qui nous concerne le plus directement ici, une crise

> peut se terminer avec l'apparition d'un nouveau candidat au titre de paradigme et une bataille s'ensuit pour son adoption. (Kuhn, 1983, p. 123–124)

De ce qui précède, il suit que le bon appareillage fait partie intégrante des conditions de la réussite scientifique, que ce soit en tant qu'instrument d'observation, de mesure, d'expérimentation ou de calcul. Toutefois, d'autres fonctions sont attribuées aux systèmes technologiques dans la doctrine kuhnienne.

En vérité, les dispositifs technologiques ne sont pas seulement des catalyseurs de l'orientation paradigmatique, ils peuvent aussi en être les fossoyeurs. En effet, de l'aveu même de Kuhn, tantôt un problème normal qui se résolvait au moyen de règles et de procédés connus résiste au groupe de chercheurs dont c'est la spécialité, tantôt un appareillage conçu pour la recherche normale peut ne pas fournir les résultats attendus et révéler une anomalie inconciliable aux attentes des spécialistes (Kuhn, 1983, p. 23). Dans le cas de la découverte des rayons *X*, l'appareillage de Roentgen révéla une anomalie historique qui aboutit au nouveau tournant qui en découla. Kuhn relate le début de l'histoire de cette découverte qui se confond avec le jour où le physicien vers la fin du 19e siècle mit fin à une recherche normale sur les rayons cathodiques après avoir constaté qu'à une certaine portée de son dispositif expérimental renforcé, l'écran de platinocyanure de baryum laissait échapper un halo au moment de la décharge. Sept longues semaines de fiévreuses nouvelles recherches lui indiquèrent que le halo en question émanait du faisceau d'électrons émergeant de la tubulure vide traversée par du courant électrique reflétant des silhouettes insensibles à l'effet des électroaimants. Roentgen n'annonça sa découverte qu'après s'être assuré que les réactions observées n'étaient pas dues au rayonnement des cathodes, mais plutôt par celui d'un facteur qui lui ressemble (Kuhn, 1983, p. 89). Du coup, la seule façon de favoriser l'émersion d'un phénomène inouï, c'est de concevoir un dispositif heuristique original et adapté, susceptible d'intégrer les nouvelles conséquences attendues. En revanche, cette manifestation nécessite toujours l'intervention d'un spécialiste capable de reconnaître que ce qui se produit ne correspond en rien à ce que l'on était en droit d'attendre en vertu des principes propres au paradigme qui pourrait contribuer à sa propre falsification, c'est-à-dire à son changement (Kuhn, 1983, p. 99).

En définitive, pour Kuhn, tout casse-tête scientifique, hormis ceux qui relèvent strictement de l'appareillage technique, peut être une anomalie susceptible de déclencher une crise, puisqu'il n'existe pas de paradigme suffisamment élaboré pour venir à bout de toutes les énigmes qu'il est supposé solutionner. En revanche, lorsqu'il arrive assez exceptionnellement qu'un paradigme y parvient, malgré tout (l'optique géométrique, par exemple), il se requalifie en simple instrument à la disposition des chercheurs et perd sa fonction heuristique. C'est pourquoi, « à l'exception de ceux qui sont exclusivement instrumentaux, tout problème où la science normale voit une énigme peut être considéré, d'un autre point de vue, comme un contre-exemple, et devenir ainsi une source de crise. » (Kuhn, 1983, p. 117). Copernic, Lavoisier et Einstein illustrent parfaitement ce point puisque là où le premier voyait des contre-exemples, ses prédécesseurs, les ptoléméens voyaient des énigmes. Quand le second voyait un autre contre-exemple, son collègue Priestley considérait une énigme convenablement résolue dans le cadre de la théorie du phlogistique. Et, lorsque le dernier des trois détectait des contre-exemples, Lorentz Fitzgerald et d'autres se contentaient de considérer des énigmes, notamment dans la question relative à la mise au point des lois de Newton et de Maxwell. Ce qui fit dire à Kuhn que « même l'existence d'une crise ne transforme pas automatiquement une énigme en contre-exemple. » (Kuhn, 1983, p. 117).

Pour ce dernier, le savant doit s'assurer de la conformité de son dispositif expérimental (ou observationnel) et des résultats de ses calculs avec les prévisions de l'Optique en vigueur. En cas de besoin, il doit recalibrer son outillage afin que celui-ci satisfasse pleinement aux conditions exigées par la théorie. C'est la raison pour laquelle :

> Le savant qui construit un dispositif pour déterminer des longueurs d'onde optiques ne doit pas se contenter d'un appareil capable simplement d'attribuer des nombres particuliers à des spectres particuliers. Il n'est pas là seulement pour explorer ou mesurer. Il lui faut démontrer, par l'analyse de son appareillage, en termes compatibles avec les fondements établis de la théorie optique, que les nombres donnés par son instrument sont ceux que la théorie admet comme longueur d'onde. Si un certain manque de précision dans la théorie, ou certains éléments non analysés dans son appareillage l'empêchaient de terminer sa démonstration, ses collègues pourraient très bien conclure qu'il n'a rien mesuré du tout. (Kuhn, 1983, p. 65)

Par exemple, soutient Kuhn, le cas des recherches sur le point culminant de la décomposition de la lumière composée de radiations de plusieurs longueurs d'onde où l'on s'attendait à observer des éléments caractéristiques de ces propagations n'a pas donné les résultats escomptés lors des premières tentatives. Mais, dès qu'ils ont été rattachés à une théorie prédisant que la matière en mouvement présenterait certains caractères des ondes, tout devint clair. Ce lien établi, le dispositif expérimental a pu être réajusté sans ambages à la lumière de la théorie appropriée (Kuhn, 1983, p. 65). Dans un autre registre, le théoricien des révolutions scientifiques évoque l'échec des scientifiques qui essayèrent tout au long du XVIIIe

siècle de déduire le mouvement observé de la Lune des lois newtoniennes du mouvement et de la gravitation. Cette situation eut pour conséquence de pousser certains d'entre eux à envisager le remplacement de la loi du carré inverse par une loi qui s'en écarterait pour de petites distances. Mais, cela aurait débouché sur la définition d'une nouvelle énigme et non à la résolution de l'ancienne. « En l'occurrence, les savants s'en tinrent à leurs règles jusqu'à ce que, en 1750, l'un d'entre eux découvrît la façon de les appliquer avec succès. » (Kuhn, 1983, p. 66). Ce fut donc un changement des règles du jeu qui a pu fournir une nouvelle perspective plus viable.

À la lumière de ce que nous venons de voir, l'on pourrait être tenté d'adhérer à la thèse de Kuhn selon laquelle le recours à une technologie spécifique et la manière d'en faire usage sont déterminés par la visée théorique à la fois préalable et prééminente ainsi que l'attente d'un aboutissement caractéristique. Le fait de s'attendre à certains résultats plutôt qu'à d'autres joue un rôle décisif dans le développement scientifique tel qu'en atteste l'histoire de la découverte tardive de l'oxygène (Kuhn, 1983, p. 92). Mais quel type de relations entre technologie et théorie permet d'envisager la première comme déterminante pour l'accroissement et l'efficacité de la science?

La technologie occupe une place capitale dans l'accroissement de l'efficacité et du rendement de la recherche. L'histoire de l'électricité (voir à ce sujet Borvon, 2009) au XVIIIe siècle fournit une panoplie particulièrement riche d'appareils spéciaux allant de la bouteille de Leyde, réputée ancêtre du condensateur conçu en 1745 (certaines sources retiennent 1746) par Pieter van Musschenbroek dans la ville des Pays-Bas qui lui prête son nom, au condensateur plan Æpinus, du nom du philosophe allemand Franz Ulrich Theodor Æpinus qui le fabriqua en 1756 sur le même principe, mais avec l'air plutôt que le verre comme isolant. De l'avis de Kuhn, le groupe uni des électriciens put poursuivre l'étude beaucoup plus détaillée de phénomènes bien choisis et pour l'étude systématique et obstinée desquels ces appareils ont été créés. C'est ainsi que les efforts consentis par cette communauté pour accumuler des faits et ajuster la théorie commencèrent à leur faire gagner en précision. En conséquence, « l'efficacité et le rendement de la recherche électrique augmentèrent (…), comme pour prouver une version sociale de la profonde maxime méthodologique de Francis Bacon: "La vérité émerge plus facilement de l'erreur que de la confusion." » (Kuhn, 1983, p. 39–40).

Ce modèle de réussite explique pourquoi les efforts consentis pour atteindre une connaissance plus exacte et plus large des faits occupent une place de choix dans les récits d'expériences ou d'observations scientifiques aboutissant souvent à la conception d'appareillages spéciaux et complexes fruits d'un travail coûteux, talentueux et fastidieux. Les synchrotrons et les radiotélescopes en furent des illustrations fort à propos en 1962. Mais, ces chefs-d'œuvre de technologie ne voient le jour que si un paradigme assure préalablement les chercheurs de l'importance de leur enquête (Kuhn, 1983, p. 48). Le caractère indispensable, voire la nécessité de la technologie, est sans équivoque dans la pensée de Kuhn. Il admet que le dispositif expérimental utilisé par Foucault en vue de démontrer la plus grande célérité de la lumière lorsqu'elle traverse l'air, comparé à son comportement dans l'eau et d'autres tentatives du même genre montrent à quel point l'habileté des chercheurs est sollicitée pour arrimer finement les phénomènes et les explications qui sont censées les sauver. Il en va de même des systèmes expérimentaux conçus par Cavendish ou Atwood, aussi bien que la réalisation de télescopes sophistiqués qui a été cruciale pour étayer l'opérationnalité du paradigme de Newton. D'un autre côté, ce genre de défis s'applique aussi à la quête de concordance entre les prédictions et les vérifications expérimentales souhaitées par la théorie (Kuhn, 1983, p. 56).

Enfin, lorsque Kuhn affirme que l'existence d'un réseau serré d'impératifs conceptuels, théoriques, instrumentaux et méthodologiques constitue la principale source de la métaphore qui assimile la science normale à la résolution d'énigmes, nous comprenons bien que l'interaction technologie-théorie permet d'accroître l'efficacité de la recherche scientifique. Mais comment aborde-t-il les relations entre la technologie et la théorie? Il semble, comme nous allons le voir plus attentivement, que bien souvent la théorie annonce le dispositif instrumental.

Parlant des équations de Maxwell et des lois de thermodynamique statistique auxquelles il attribue la même force contraignante et la même fonction, Kuhn admet l'existence de nombreux exemples encore plus poignants dans l'histoire des sciences. En effet, remarque-t-il :

> À un niveau inférieur et plus concret que celui des lois et des théories, il y a, par exemple, une multitude d'impératifs concernant certains types d'instrumentation préférés et la manière légitime de les employer. Un changement d'attitude envers le rôle du feu dans les analyses chimiques a eu une importance capitale dans le développement de la chimie au XVIIe siècle. Helmholtz, au XIXe siècle, s'est heurté à une résistance opiniâtre de la part des physiologistes quand il prétendit que l'expérimentation physique pouvait apporter des éclaircissements sur leur spécialité. Et durant ce même siècle, la curieuse histoire de la chromatographie chimique donne un autre exemple de la persistance d'impératifs instrumentaux qui, tout autant que les lois et les théories, ont imposé aux scientifiques les

> règles de leur jeu. Nous trouverons, en étudiant la découverte des rayons X, les raisons d'être d'autres impératifs du même genre. (Kuhn, 1983, p. 67)

Dans ce passage, le philosophe des sciences semble accorder une égale dignité tant à la partie théorique qu'à son pendant instrumental. Mais, comme il le dit lui-même dès le début de cet extrait, la multitude d'impératifs se rapportant à certains types d'instrumentation reste « à un niveau inférieur ». Pour nous en convaincre, référons-nous à ce passage où il soutient qu'« en fait, la relation entre le paradigme qualitatif et la loi quantitative est si étroite et générale que, depuis Galilée, un paradigme a souvent permis de deviner sans erreur la forme de ces lois, nombre d'années avant qu'un appareillage soit mis au point pour le déterminer expérimentalement. » (Kuhn, 1983, p. 52–53). En outre, le savant n'est pas uniquement celui qui explore et qui mesure, il est aussi contraint de faire la preuve de la parfaite cohérence entre son dispositif expérimental et les exigences de la théorie optique tout en s'assurant que les résultats qu'il a obtenus sont tout à fait valides dans le cadre du système d'explication de ces phénomènes. Nous sommes tentés de dire que, pour l'historien des sciences de la seconde moitié du XXe siècle, point d'instrument sans théorie préalable. Sur ce point la proximité avec Hanson est évidente. En effet, l'auteur de *Patterns of Discovery* affirmait qu'il y a un sens dans lequel voir est une entreprise théoriquement chargée ou *theory-laden*. Dans l'optique qui est la sienne, l'observation d'un phénomène donné est dominée par la connaissance préalable de ce même phénomène. Par ailleurs, nos observations reposent sur la langue ou la notation utilisée pour exprimer ce que nous savons. Sans ces deux-là, il ne nous serait guère possible de reconnaître quoi que ce soit comme une connaissance[13]. Pour Hanson, donc, le langage d'observation est indissociable de la langue en laquelle il est profondément ancré tout comme la compréhension contemporaine ne peut faire fi de l'histoire.

Kuhn, estime que quand les savants adoptent de nouveaux instruments et que leurs regards s'orientent vers une nouvelle direction, c'est qu'ils auront auparavant été guidés par un paradigme révolutionnaire. C'est ce qui explique que « durant les révolutions, les scientifiques aperçoivent des choses neuves et différentes, alors qu'ils regardent avec des instruments pourtant familiers dans des endroits qu'ils avaient pourtant déjà examinés. » (Kuhn, 1983, p. 157). L'autre rôle dévolu à la nécessaire prééminence de la théorie sur l'instrumentation est que le paradigme sert de garde-fou à la bonne conduite de l'activité scientifique en limitant ce qui pourrait, autrement, conforter les accusations de relativisme portées par certains de ses détracteurs (Kuhn, 1983, p. 217–218). Cependant, l'antériorité de la théorie sur la pratique, notamment expérimentale, n'exclut pas une sorte de dialogue entre ces deux entités que Serge Robert nommerait « interactions » et dont Gaston Bachelard dirait qu'elles « se comprennent ». En effet, selon ce dernier :

> De même qu'une technique particulière enjoint de bâtir une ville entière, une ville-usine pour créer quelques atomes de plutonium, pour loger quelques corpuscules de plus dans l'infime noyau d'un atome pour y susciter une énergie monstrueuse, une énergie sans commune mesure avec les forces de la tempête, de même une énorme préparation théorique réclame l'effort de toute la cité théoricienne.
>
> Et les deux sociétés, la société théoricienne et la société technique, se touchent, coopèrent. Ces deux sociétés *se comprennent.* C'est cette compréhension mutuelle, intime, agissante qui est le fait philosophique nouveau. Il ne s'agit pas d'une compréhension *naturelle.* (Bachelard, 1951, p. 9–10)

Une situation d'antériorité de la théorie sur l'expérience a été relatée au chapitre VI de *La structure des révolutions scientifiques* quand, postérieurement à 1815, la théorie selon laquelle la lumière aurait des propriétés d'ondes a commencé à gagner le cœur de la science normale, reflétant ainsi la nouvelle conception relativiste de l'espace. Mais aucune crise n'en découla jusque vers 1890. Nous allons voir à présent comment est-ce que l'expérimentation peut mener à la théorisation.

1.3. Des expérimentateurs aux théoriciens

En fait, l'adoption de la lumière comme mouvement ondulatoire propagé dans un éther mécanique gouverné par les lois de Newton implique que les observations célestes et les expériences terrestres devraient être capables de déceler un mouvement relatif à travers l'éther. Pour ce faire, seul le recours aux observations d'aberration fut à même de procurer l'exactitude suffisante à la mesure de la qualité des renseignements attendus. Du coup, la détection du mouvement à travers l'éther par des mesures d'aberration devint pour la science normale un problème de taille. Afin de le résoudre, on construisit beaucoup d'appareils spéciaux. Devant l'inanité des technologies pourtant conçues pour détecter des mouvements observables, il a fallu transférer le problème aux abstracteurs. En effet :

> Pendant plusieurs décennies au milieu du siècle, Fresnel, Stokes et d'autres donnèrent différentes versions de la théorie de l'éther susceptibles d'expliquer l'impossibilité d'observer un mouvement. Chacune de ces versions supposait qu'un corps en mouvement entraîne avec lui une certaine fraction de l'éther.

> Et chacune réussissait suffisamment à expliquer les résultats négatifs non seulement des observations célestes, mais aussi des expériences terrestres, y compris l'expérience célèbre de Michelson et Morley. Il n'y avait toujours pas de conflit profond, sauf celui existant entre les diverses versions qui en l'absence de techniques expérimentales convenables ne devint jamais un conflit aigu. (Kuhn, 1983, p. 109)

Ainsi, les techniques expérimentales appropriées peuvent provoquer une crise ou, à tout le moins, aider à approfondir les débats qui peuvent mener au « colmatage » de la théorie, si ce n'est à son abandon pur et simple, pour une concurrente. Une fois de plus, c'est la théorie qui reprend la main en cas d'infécondité des dispositifs techniques spéciaux mis en place pour la conforter. C'est donc le théoricien qui est mis en cause et non l'expérimentateur.

Par contre, quand la postface de l'ouvrage prétend que les avancées advenant dans une discipline spécifique de la technoscience comme la microscopie électronique pourraient, par ricochet, être à l'origine d'une crise dans un tout autre champ (Kuhn, 1983, p. 247), nous nous demandons s'il est possible d'envisager une certaine primauté de la technologie sur la théorie. Car, nous savons que la technologie peut servir de base d'élaboration paradigmatique puisque Coulomb fut capable de concevoir un appareillage dont le résultat put être intégré au paradigme (Kuhn, 1983, p. 61) et que l'énigme n'est pas seulement conceptuelle ou mathématique, elle peut être instrumentale (Kuhn, 1983, p. 62). Ce qui signifie qu'il est possible que des appareils homogènes et simples puissent être utilisés pour élaborer des paradigmes (Kuhn, 1983, p. 60).

Lorsque Kuhn affirme que le scientifique ne travaille pas à l'aveuglette, il n'a recours aux connaissances et aux technologies disponibles qu'en ayant les idées bien claires quant aux objectifs qu'il poursuit, il veut dire que celui-ci conçoit donc son appareillage (d'abord) et oriente ses réflexions (ensuite) en conséquence (de l'appareil qu'il a conçu). Il en découle qu'il n'y a jamais rien d'inouï, tant que les espérances du chercheur sont corroborées. Paradoxalement, seule la déception du savant est génératrice d'avancées significatives. Ainsi, plus cette contrariété est grande, plus la trouvaille qui en résulte sort de l'ordinaire. Mais, Kuhn ajoute, comme pour revenir sur la place qu'il vient de donner à l'appareillage : « donc, de toute évidence, il faut bien qu'il y ait conflit entre le paradigme qui a permis d'apercevoir l'anomalie et celui qui fera d'elle un phénomène conforme à la loi. » (Kuhn, 1983, p. 139).

Un autre passage de son texte permet d'accorder à la technologie une certaine préséance sur la théorie puisqu'elle peut servir à élaborer des paradigmes. En effet, Kuhn rapporte qu'au XVIIe siècle, quand les travaux de recherche sur le courant électrique découlaient d'une conception de l'électricité comme une sorte de souffle, les experts de l'époque interprétaient le comportement des particules au contact des corps chargés d'énergie avec des expressions issues de l'univers de la mécanique et qualifiaient ce qu'ils observaient de rebond, d'attraction ou de détachement. Cette description correspond parfaitement à ce que les observateurs du XVIIe siècle prétendaient avoir vu. Nous autres modernes, en revanche, placés devant le même appareillage verrions un phénomène de répulsion électrostatique, plutôt qu'un rebondissement mécanique ou gravitationnel, « mais historiquement (avec une seule exception universellement ignorée), on n'a pas vu la répulsion électrostatique en tant que telle jusqu'à ce que l'appareillage de grande envergure de Hauksbee eût grossi de beaucoup ses effets. » (Kuhn, 1983, p. 165). Kuhn reconnaît qu'à la suite des recherches de Francis Hauksbee, la répulsion après électrification par contact ne fut que l'un des nombreux effets nouveaux de répulsion et qu'à la suite des recherches du scientifique anglais du XVIIIe siècle, comme dans une métamorphose gestaltique, ce que l'on voyait avant comme un rebond (effet mécanique) devient subitement une répulsion (effet électrique). Ce fut alors l'attraction qui dut être expliquée plutôt que la répulsion. De l'avis de Kuhn, on peut en induire qu'indubitablement, c'était grâce à l'appareillage d'Hauksbee que les phénomènes électriques visibles au début du XVIIIe siècle étaient à la fois plus subtils et plus variés que ceux auxquels étaient confrontés les observateurs du XVIIe siècle (Kuhn, 1983, p. 166). Le dispositif expérimental ingénieux peut donc faire jouer à la technologie les premiers rôles dans la conception et le développement du paradigme. Voyons maintenant les cas d'équivalence entre théorie et technologie proposés par l'analyse de l'historien des sciences états-unien.

Parlant de la théorie de Newton, Kuhn trouve que la théorie d'Einstein pouvait être utilisée pour montrer que les prédictions faites à l'aide des équations du premier seront aussi exactes que nos instruments de mesure dans toutes les applications qui satisfont à un petit nombre de conditions restrictives. Autrement dit, en matière de précision, l'idéal à atteindre pour la théorie est la qualité de l'instrument (Kuhn, 1983, p. 142).

Sur le plan didactique, la technologie et la théorie ont une égale importance. L'apprentissage des physiciens, par exemple, est à la fois théorique et pratique. Selon Kuhn, en effet, tous les physiciens commencent par apprendre des exemples similaires dans lesquels le recours aux dispositifs expérimentaux est aussi important que la référence à la théorie. Ainsi, des problèmes comme ceux du plan incliné, du pendule conique, des orbites de Kepler sont présentés aux étudiants, et l'usage des mêmes instruments comme le vernier, le calorimètre et le pont de Wheatstone leur est enseigné. Ainsi, « à mesure que leur formation avance, les généralisations symboliques qui leur sont communes sont de plus en plus illustrées par des exemples différents. » (Kuhn, 1983, p. 254–255). Le fait que seules les applications les plus élémentaires de l'équation de Schrödinger sont communes aux spécialistes de la physique des solides et à ceux de la théorie des champs étaye, au moins partiellement, les propos de Kuhn.

Dans bien des cas, le technologique côtoie le théorique sans qu'il ne puisse vraiment être question de prééminence ou de préséance. Kuhn défend l'idée que celui qui a appris à connaître certains instruments et en a eu l'expérience par des exemples se voit influencé par ce bagage dans ses interactions avec ceux-ci. Tout se passe ici comme s'il y avait une sorte de paradigme instrumental qui n'aurait rien à envier à la théorie-paradigme. En guise d'illustration de sa thèse, le natif de Cincinnati présente le cas suivant :

> La vue de petites gouttes d'eau ou d'une aiguille se déplaçant sur une échelle numérique est une expérience perceptive primitive pour quelqu'un qui n'est pas familiarisé avec les chambres de Wilson et les ampèremètres. Il faut donc faire preuve d'esprit de réflexion, d'analyse et d'interprétation (ou bénéficier de l'intervention d'une autorité extérieure) avant de pouvoir en tirer des conclusions concernant les électrons et les courants. Mais la position de celui qui a appris ce que sont ces instruments et en a eu l'expérience par des exemples est très différente, de sorte qu'il y a des différences correspondantes dans la manière dont il réagit aux stimuli lui arrivant de ces instruments. Considérant la vapeur dans son haleine par un après-midi froid d'hiver, ses sensations seront peut-être les mêmes que celles du profane; mais en regardant une chambre de Wilson il voit (ici littéralement) non pas des gouttelettes d'eau, mais les traces d'électrons, de particules alpha, etc. Ces traces sont, si vous voulez, des critères qu'il interprète comme indices de la présence des particules correspondantes, mais ce trajet est à la fois plus court et différent de celui qu'emprunte l'homme qui interprète les gouttelettes. (Kuhn, 1983, Postface, p. 268)

Il n'est pas facile de suivre toutes les manifestations de la dimension technologique dans la pensée de Thomas Kuhn. Cette entreprise est rendue plus ardue par les différentes déclinaisons que l'auteur donne à l'instrument ainsi qu'à l'appareillage. Nous allons voir à présent comment ces outils se déclinent sous la plume du philosophe des sciences en groupe scientifique, en organe percepteur ou en dispositif neurologique.

Selon Kuhn, le groupe scientifique, dans son état normal, serait un instrument extrêmement efficace pour résoudre les problèmes ou les énigmes que définissent ses paradigmes, générant ainsi, hors de tout doute, du progrès (Kuhn,

1983, p. 227). De plus, il fait figure d'« instrument remarquablement efficace » pour porter à leur maximum le nombre et la précision des problèmes résolus par le changement de paradigme (Kuhn, 1983, p. 230). Bien que s'offusquant des limites de la psychologie de la forme relativement à sa propre théorie des paradigmes, Kuhn semble se contenter d'autres travaux dérivant de celui d'Adelbert Ames Jr lui permettant d'envisager le rôle des paradigmes sur l'expérience préalablement assimilée au cours du processus perceptif. Il considère ainsi que :

> Si l'on fait porter à quelqu'un des lunettes munies de lentilles donnant une image renversée, il commence par voir le monde entier à l'envers. Au début, son appareil perceptif fonctionnant comme il avait été entraîné à fonctionner en l'absence de lunettes, il en résulte une extrême désorientation, un état aigu de crise personnelle. Mais une fois que le sujet de l'expérience apprend à s'adapter à son nouveau monde, son champ visuel tout entier se remet d'aplomb, en général après un intervalle durant lequel la vision est simplement confuse. Par la suite, il voit de nouveau les objets comme il les voyait avant de porter les lunettes. L'assimilation d'un champ visuel préalablement anormal a réagi sur ce champ lui-même et l'a modifié. Au sens propre comme au sens figuré, le sujet qui s'est habitué à des lentilles donnant une image renversée a subi une transformation révolutionnaire de la vision. (Kuhn, 1983, p. 159)

Anticipant sur l'objection qui voudrait que ce changement ne soit que le fruit de la plasticité de l'interprétation de l'observateur et non un écho de la nature de l'environnement ni celui de l'appareil perceptif, Kuhn rappelle les attitudes totalement différentes de Priestley et Lavoisier qui, bien qu'ayant vu de l'oxygène, ont eu à interpréter différemment leur observation. On peut en dire autant d'Aristote face à Galilée au sujet des pendules (Kuhn, 1983, p. 169). En outre, Kuhn admet le fait que même si le sens donné aux mots utilisés par les chercheurs change fondamentalement, leur environnement physique et expérimental demeure le même. Par conséquent, le scientifique continue à regarder le même monde, même après la révolution paradigmatique. De ce fait, le cadre dans lequel se déroule la science d'après la révolution est tout à fait identique à celui qui l'a précédée. Rien dans la façon de faire des scientifiques ne change vraiment. Du coup, « si, dans ces manipulations, quelque chose a changé, le changement se situe soit dans leurs rapports avec le paradigme, soit dans leurs résultats concrets. » (Kuhn, 1983, p. 181).

À la base de tous ces systèmes que nous venons de voir siège l'appareil neurologique. Dans l'optique de Kuhn, il est dans notre nature de toujours vouloir rationaliser ce que nous percevons et ce que nous apercevons. Ainsi, nous nous évertuons à les expliquer et à les soumettre à des normes, mais quelle que soit la manière dont nous nous y prenons, cette démarche est avant tout et après tout cérébrale. Cela entraîne qu'elle est par le fait même déterminée par des lois identiques à celles qui régissent tant la physique et la chimie que la perception, ou encore nos pulsations (Kuhn, 1983, p. 265).

> Mais le fait que le système obéisse aux mêmes lois, dans les trois cas, ne nous donne pas lieu de supposer que notre appareil neurologique est programmé pour opérer de la même manière dans l'interprétation et dans la perception ou dans le battement de nos cœurs. Ce à quoi je me suis opposé dans ce livre est donc la tentative, traditionnelle depuis Descartes, mais pas avant lui, visant à analyser la perception sous l'aspect d'un processus interprétatif, d'une version inconsciente de ce que nous faisons après avoir perçu. (Kuhn, 1983, p. 265)

Par conséquent, on ne peut pas renier le fait que les *stimuli* et les appareils neurologiques de scientifiques appartenant à deux obédiences paradigmatiques différentes soient les mêmes de part et d'autre en général. On ne peut pas non plus méconnaître qu'ils ont en commun le même passé, hormis le passé immédiat. Leur programmation neurologique doit aussi être très proche grâce à leur proximité dans leur vie quotidienne et dans la plus grande part de leur vie scientifique, à l'exception d'un secteur d'expérience réduit, mais d'importance capitale (le passé immédiat provoqué par le changement de paradigme). Cependant, bien qu'ils vivent dans le même monde et emploient le même langage, les mots qu'ils utilisent, loin d'exprimer leur impartialité, sont l'exacte manifestation des abstractions et des implications des théories auxquelles ils adhèrent. Des divergences antérieures à l'utilisation des modes d'expression, qui les reflètent néanmoins, laissent s'installer une certaine incommensurabilité. C'est un tel décalage d'univers que produisit le transfert des métaux du groupe des composés à la catégorie des éléments, ce qui a favorisé l'apparition d'une nouvelle théorie de la combustion, de l'acidité et des combinaisons physiques et chimiques. L'instrument neurologique, malgré sa nature fondamentale, n'est donc ni un garant d'univocité ni un garant de commensurabilité interparadigmatique. « Il n'est donc pas surprenant qu'à l'occasion de ces redistributions, deux hommes qui, jusque-là, s'étaient en apparence parfaitement compris dans leurs conversations, découvrent tout à coup qu'ils réagissent au même stimulus par des descriptions et des généralisations incompatibles. » (Kuhn, 1983, p. 272–273)

En plus de compter nos organes neurologiques parmi les instruments de la science, Kuhn estime que la connaissance scientifique elle-même est un ensemble d'instruments. Le processus de résorption des révolutions, à l'image de la sélection naturelle, est la sélection par conflit à l'intérieur du groupe scientifique. « Le résultat net d'une succession de ces sélections révolutionnaires, séparées par des périodes de recherche normale, est l'ensemble d'instruments remarquablement adaptés que nous appelons la connaissance scientifique moderne. » (Kuhn, 1983, p. 235). Par ailleurs, pour qu'un changement de paradigme produise toujours un instrument plus parfait, en quelque sens, que ceux que l'on connaissait auparavant, ce n'est pas seulement le groupe scientifique qui doit être particulier, mais le monde dans lequel ce groupe est partie prenante doit aussi posséder des caractéristiques assez spéciales dont le moins que l'on puisse dire est que nous ne savons pas grand-chose. Cela n'empêche tout de même pas que l'on puisse trouver qu'un système paradigmatique soit plus adéquat qu'un autre lorsqu'il sauve mieux les phénomènes auxquels une communauté scientifique est confrontée, mais aussi en vertu du fait qu'il colle mieux au réel et qu'il en donne une interprétation plus conforme à sa quiddité (son essence, ce qu'elle est vraiment). En revanche, Kuhn récuse l'idée d'un progrès linéaire des théories qui en se succédant tendraient vers de plus en plus d'exactitude et se rapprocheraient graduellement de la vérité. En effet, pour lui, de telles généralisations ne relèvent pas de la résolution des énigmes et des prédictions concrètes qui dérivent d'une théorie, mais plutôt de l'ontologie (Kuhn, 1983, Postface, p. 279). Conscient des implications possibles de sa position, Kuhn se défend d'être relativiste. Aussi, dira-t-il, dans l'espoir de lever toute forme d'ambiguïté à ce sujet :

> Je ne doute pas, par exemple, que la mécanique de Newton ne soit une amélioration par rapport à celle d'Aristote, ou que celle d'Einstein ne soit meilleure que celle de Newton en tant qu'instrument pour la résolution des énigmes. Mais je ne vois, dans leur succession, aucune direction cohérente de développement ontologique. Au contraire, par certains caractères importants – pas par tous –, la théorie générale de la relativité d'Einstein se rapproche davantage de celle d'Aristote qu'aucune des deux ne se rapproche de celle de Newton. Je comprends que l'on soit tenté de qualifier cette position de relativiste, mais je pense quand même que ce terme est inexact. Réciproquement, si cette position est du relativisme, je ne vois pas ce qui manquerait à un relativiste pour rendre compte de la nature et du développement des sciences. (Kuhn, 1983, Postface, p. 280)

Au vu de ce qui précède, nos connaissances scientifiques constituent un système instrumental particulièrement adapté, porté par notre appareillage neurobiologique. Toutefois, les changements d'usage de nos dispositifs technologiques à usage scientifique peuvent-ils déboucher sur de nouveaux développements scientifiques ?

À en croire Kuhn, un changement de paradigme « instrumental » peut induire de nouveaux développements scientifiques. Nous savons, par exemple, que les premières applications de la bouteille de Leyde furent de divertir la noblesse lors d'expériences dites de salon et de donner des commotions ou chocs électriques au public dans les foires, mais la nouvelle orientation que lui donna Franklin en changea totalement la destinée en ouvrant la voie à de nouveaux usages. C'est ainsi que, de l'avis du philosophe du *MIT*, après l'assimilation du paradigme de Franklin, les électriciens regardant une bouteille de Leyde voyaient quelque chose de différent de ce qu'ils avaient vu auparavant. En effet, l'appareil s'était métamorphosé en condensateur auquel ni la forme d'une bouteille ni le verre isolant n'étaient nécessaires. Seules les deux couches conductrices – dont l'une fut ajoutée à l'appareil original prirent alors une importance primordiale. Les comptes rendus de discussions aussi bien que les représentations graphiques montrent que ce qui fut retenu à terme, ce sont deux lames de métal séparées par un élément non-conducteur. Telle était la version finale du prototype de cette classe d'appareils. Cette évolution permit de noter d'autres effets d'induction qui recevaient une nouvelle description tout en favorisant l'apparition de phénomènes insoupçonnés (Kuhn, 1983, p. 166). Ce long processus a donné concrètement le condensateur. Ce résultat inattendu nous fait dire que la technologie expérimentale peut devenir sociale ou être socialement orientée.

Quelque chose d'assez similaire se produisit dans l'histoire de la chimie du XVIIe et XVIIIe siècle. L'usage de la pompe à air d'abord, puis celle de la balance furent au cœur de la nouvelle orientation scientifique insufflée aux recherches sur les gaz par les savants. Le recours à la pompe en chimie commença au XVIIe siècle avec les améliorations apportées à la conception de celle-ci. Au cours du siècle suivant, à une époque où l'on croyait que l'air était le seul genre de gaz, son usage combiné à d'autres procédés du même type suggérait de plus en plus fortement que l'air serait un élément actif dans les réactions chimiques. Puis, survint en 1756, la mise en évidence par Joseph Black de l'air fixé (C02) qui pouvait toujours se distinguer de l'air normal, alors qu'on pensait que deux échantillons de gaz se distinguaient seulement par leurs impuretés. Après Black, les recherches sur les gaz prirent un nouvel élan, notamment avec Cavendish, Priestley et Scheele qui mirent au point des techniques nouvelles permettant le discernement entre les gaz. Ces savants, de Black à Scheele, avaient en commun leur adhésion à la théorie du phlogistique. Scheele finit par produire pour la première fois de l'oxygène au cours d'une série d'expériences en vue de « déphlogistiquer » la chaleur. Des expériences combinées de ces savants naquit une variété si complexe d'échantillons de gaz et de propriétés nouvelles que la théorie du phlogistique en révéla ses limites explicatives (Kuhn, 1983, p. 105).

L'aboutissement du recours à des instruments dédiés fut la mise en crise de la théorie du phlogistique qui justifia les nouvelles recherches de Lavoisier sur les « airs » à partir des années 1770. Ce dernier, outre cette question pressante sur la prolifération quasi subite des gaz, était également préoccupé par le gain de poids de la plupart des corps au cours de leur combustion ou lors d'un chauffage intense. Ce phénomène était déjà bien connu de certains chimistes arabes. On pensait alors, sans vraiment convaincre, qu'un métal chauffé prenait à l'atmosphère certains éléments, hypothèse renforcée en son temps par l'assimilation progressive de la théorie gravitationnelle de Newton qui amenait les chimistes à soutenir qu'un gain de poids équivaudrait à un gain de quantité de matière. Si cette question s'était faite de plus en plus pressante au XVIIIe siècle, ce fut d'abord, selon Kuhn, à cause du recours, très répandu dans les cercles de chimistes de l'époque, à la balance comme dispositif heuristique et compte tenu du fait que l'on était capable de mieux contrôler les comportements des gaz, les chercheurs étaient en mesure de corréler la caléfaction de certains produits avec une augmentation significative de leur densité initiale. S'en suivit une inflation d'hypothèses qui n'aboutit pas au rejet de la théorie, mais incitait un nombre croissant d'études particulières où la question du gain de poids tenait la première place. L'une d'elles dont l'auteur ne fut nul autre que Antoine-Laurent de Lavoisier fut lue à l'Académie française au début de 1772 (Kuhn, 1983, p. 105–107). À l'issue de cette brève rétrospective, on pourrait se demander si l'invention du microscope à effet tunnel aurait un effet similaire à celui des technologies expérimentales décrites par Kuhn et dont nous avons pu voir la puissance heuristique.

Notons que la composition des équipes travaillant dans le champ des nanotechnosciences est bien plus hétéroclite que le cercle de spécialistes auquel Kuhn fait allusion. En effet, celles-ci sont loin de regrouper des acteurs « ayant la même activité professionnelle ». Cette entorse à la théorie des « communautés scientifiques » de l'historien des sciences du *MIT* pourrait avoir pour conséquence de ruiner ses conclusions en élargissant la portée des groupes professionnels compétents. Dans cette optique, les membres d'un seul groupe ne pourraient plus prétendre détenir la compétence exclusive des réalisations professionnelles de leurs membres puisque les nanotechnoscientifiques ne seraient pas issues de la même matrice disciplinaire. Une telle possibilité pourrait mettre en cause la thèse de Kuhn.

Nous avons pu voir les nombreux usages de ce que l'on pourrait appeler des déclinaisons des concepts technologiques dans la pensée de Kuhn. Il appert ainsi que l'instrument ou l'appareil peuvent revêtir une dimension physique ou métaphorique. Même si la position de l'historien des sciences a pu paraître ambiguë par moment, le patronage du paradigme est quasi permanent aux différents niveaux de manifestation des technologies que nous tenons pour expérimentalement orientées. Et pourtant, à tous les niveaux de l'ouvrage de Kuhn, la technologie apparaît comme tout à fait nécessaire à une activité féconde de la science. En fait, elle lui est indispensable. Cependant, ce recours sporadique, mais non moins fondamental, à la technologie dans la science qui peut sembler tourner à l'avantage de l'une ou l'autre par moment se fait au prix de multiples interactions beaucoup plus complexes que l'on ne pourrait le croire.

Il ressort de cette enquête sur la place accordée à la technologie par Kuhn, qu'en fait, sans en ignorer ni l'impact ni l'importance, le philosophe des sciences subordonne le technologique au théorique ou, pour parler comme Gilbert Hottois, l'« externalise ». Il reste tout de même clair que les relations entre technologie et théorie permettent d'accroître l'efficacité de la recherche et favorisent par ricochet les progrès sociaux. Mais, selon Kuhn, l'on ne consacre des années de recherche à tenter de perfectionner certains instruments de mesure ou à tenter de résoudre des problèmes qui interpellent la communauté scientifique que parce que l'on vise un objectif plus grand, une découverte plus significative. Mais, concède-t-il, ce travail clérical et souvent ingrat est la plupart du temps délaissé par les chercheurs, à cause du fait qu'elle ne repose pas sur des novations et ne conduit que rarement à des innovations (Kuhn, 1983, p. 61). C'est donc, en partie, la peur de la routine qui justifie ce désintérêt. Il semble pourtant clair au philosophe que « mener jusqu'à sa conclusion un problème de recherche normale, c'est trouver une voie neuve pour parvenir à ce que l'on prévoit et cela implique la résolution de toutes sortes *d'énigmes* sur les plans instrumental, conceptuel et mathématique. » (Kuhn, 1983, p. 62).

L'autre raison profonde de la méfiance de Kuhn vis-à-vis de l'instrument, de la technologie, est à chercher dans le fait qu'ils sont susceptibles de conduire à une dérive pragmatiste qui consisterait à n'explorer que des champs familiers accessibles par les procédés techniques et au développement desquels les scientifiques croient pouvoir contribuer en y apportant des réponses rapides sans prendre trop de risques. La crainte de l'historien des sciences est qu'au final, le principe d'utilité l'emporte sur le principe de curiosité et que la croissance de la science s'en trouve profondément affectée (on pourrait dire : « tout le contraire des nanotechnologies actuelles ! »). Les problèmes que tente de résoudre le savant doivent être définis par le savoir et les techniques existants et bien se concevoir dans sa tête. Il a néanmoins besoin de concevoir son appareillage et orienter ses réflexions en fonction de ce qu'il veut réaliser. De ce fait, une nouveauté inattendue ou une découverte novatrice ne pourraient apparaître que dans la mesure où ce que le chercheur attend de la nature et de ses instruments se trouve récusé. La découverte qui en résulterait sera souvent proportionnelle à l'étendue et la ténacité de l'anomalie qui aura permis de le mettre en évidence. Le conflit entre le paradigme, révélateur de l'anomalie, et celui qui la normalisera plus tard est donc nécessaire (Kuhn, 1983, p. 139). Et, *last but not least,* Kuhn tient à se prémunir de toute accusation de relativisme en privilégiant l'exigence d'une rationalité paramétrée par le paradigme plutôt que sur la créativité et l'imaginaire potentiellement débridés du technologique.

En définitive, malgré toutes les concessions faites aux appareillages technologiques tout au long de *La structure des révolutions scientifiques*, force reste à la théorie, comme le remarque si bien Hottois :

> Après avoir souligné le progrès des sciences et refusé de l'expliquer en recourant à la notion réaliste d'approximation de la vérité ontologique, il considère brièvement les théories successives comme des instruments toujours meilleurs, mais il ne poursuit pas sur cette voie instrumentaliste. Ailleurs, il assimile les paradigmes stables, non évolutifs (telle « l'optique géométrique »), à des « outils techniques ». La technologie matérielle est d'ailleurs d'une certaine façon intégrée aux paradigmes, mais seulement dans la mesure où cela n'affecte pas la nature logothéorique de la science. La technologie peut être considérée comme une sorte de prolongement physique de la logothéorie, comme une matérialisation partielle du filet symbolique jeté sur l'expérience. Elle sert l'observation, la description, la représentation suivant des perspectives diverses; elle n'est pas reconnue comme intervention, opération physique de la réalité, ou si elle l'est, c'est en tant qu'activité extérieure à la science. Dernière indication de cette extériorité: Kuhn caractérise la civilisation européenne, qui remonte à la Grèce ancienne, par la science, non par la technologie commune à toutes les civilisations. (Hottois, 2004, p. 56)

Malgré ce qui vient d'être dit, jusqu'à quel point la philosophie de Thomas Kuhn pourrait-elle faire figure de philosophie des nanotechnosciences? C'est la question que nous comptons examiner à présent.

1.4. Limites de l'approche kuhnienne face à la nanotechnoscience

L'approche kuhnienne comporte plusieurs limites dès lors qu'on la confronte aux nanotechnosciences. Celles-ci pourraient être liées d'abord au déphasage entre le paradigme et la pluridisciplinarité, ou plus exactement l'interdisciplinarité consubstantielle à l'univers des nanos, puis à l'externalisation de la technologie du système de Kuhn. Pour mieux comprendre la disqualification de la théorie des paradigmes au titre de philosophie des nanotechnosciences, il nous semble important de revenir sur la place occupée par la technologie tant dans les nanos que dans le paradigme kuhnien lui-même.

Comme nous avons tenté de l'établir précédemment, il y a quelque chose de suspect à vouloir coûte que coûte opposer science et technologie. Dans une bonne partie de notre *Critique des nanotechnologies*, nous avons essayé de montrer que l'avènement de l'instrumentation à l'échelle moléculaire a eu raison des clivages traditionnels qui avaient consacré les oppositions tranchées entre science et technologie, nature et culture, etc. Rappelons qu'avec la nanotechnoscience on manipule pour connaître et on ne connaît qu'en manipulant. Ce déterminisme du nanomètre justifie amplement l'enchevêtrement entre science et technologie. Céline Lafontaine décrivait bien ce que l'on semble découvrir comme une sorte d'intrusion du technologique dans le scientifique quand elle parlait de « primauté épistémologique accordée à la manipulation[14] » (Lafontaine, 2010, p. 83). Selon elle, ce renversement de situation apparemment à l'avantage des technologies atteste du développement d'un modèle technoscientifique où le connaître est assujetti au faire. Du coup les frontières entre sciences et technologies à l'échelle de l'infiniment petit sont évanescentes.

En fait, si l'on en croit Jan C. Schmidt (2011), les technosciences et les sciences modernes dépendent fortement de l'instrumentation et de l'expérimentation, de l'intervention et de la construction. À son avis, la base technique a été accentuée par le nouvel expérimentalisme et l'ancien constructivisme méthodologique. Se référant au propos de Hacking[15] dans *Representing and Intervening* (1983), il souligne le fait que nous observons des objets ou des événements avec des instruments puisque les choses que nous sommes capables de voir dans la science du XXe siècle ne peuvent que rarement être observées par l'Homme à l'aide de ses sens uniquement. Sans intervention, façonnage et manipulation, il n'y a pas de méthodologie scientifique. En outre, évoquant Knorr Cetina (1999) et Kastenhofer (2007) tour à tour, Schmidt soutient que considérer l'expérimentation et l'intervention signifie concevoir la science ou la technoscience à partir d'une perspective d'action théorique comme processus et pratique impliquant divers acteurs et actants dans des cultures épistémiques différentes ou convergentes. Ainsi, la science moderne devenue synonyme de technoscience fait, crée et construit des faits tout en fabriquant des connaissances. Par ailleurs, Bruno Latour n'utilise plus le mot « technoscience » que pour décrire tous les éléments liés aux contenus scientifiques, sans tenir compte du fait qu'ils puissent sembler dégoûtants, inattendus ou étranges. En fait, il met l'accent sur l'activité scientifique plutôt que sur les définitions qu'en donnent les scientifiques ou les philosophes (Latour 1987, 174). D'un autre côté, selon la théorie des réseaux d'acteurs et le matérialisme relationnel, la connaissance technoscientifique semble être construite socialement et techniquement. Le contexte de la découverte, de la construction et de la création, en contraste avec le contexte traditionnel très apprécié de la justification, par rapport à des propositions, des lois et théories, connaît un regain d'intérêt[16]. À ce propos, il nous paraît clair que la nanotechnoscience prend résolument place dans ce que Hans Reichenbach (1938) a identifié sous le nom de contexte de découverte. C'est seulement quand celui-ci s'avère fécond qu'apparaît une certaine logique et que la technoscience évolue vers la nanotechnologie ou la nanoscience plus favorables aux exigences du contexte de justification.

Pour ce qui est de la préséance de la théorie sur la technologie ou de cette dernière sur la science, Ian Hacking estime qu'il existe au moins autant de modes de représentations que de types de spéculations. Aussi y avait-il des modèles physiques illustrés par l'explication de l'effet Faraday que fournit Kelvin d'un côté et les structures mathématiques de l'autre :

> Ces deux approches ont mené à des découvertes remarquables. En ce qui concerne la science du XIXe siècle, on a souvent prétendu, à tort, que les physiciens allemands favorisaient l'approche mathématique tandis que les physiciens anglais se spécialisaient plutôt dans les modèles physiques. En fait les deux voies sont étroitement imbriquées et les chercheurs impliqués dans l'une ou l'autre en viennent souvent à découvrir pratiquement les mêmes faits. Plus encore, la plupart des modèles physiques, dont celui de Maxwell, s'avèrent à plus ample examen mettre en œuvre des structures abstraites. Ainsi, la mécanique statistique de ce dernier ne se composait pas de particules concrètes, mais d'équations différentielles sans signification physique immédiate. Inversement, en Allemagne, les mathématiques appliquées reposaient essentiellement sur la description de modèles physiques. Ces diverses facettes de l'esprit humain ne sont pas, en général, séparables, elles continueront à s'influencer et à se transformer suivant des processus que nous ne pouvons prévoir. (Hacking, 1989, p. 344)

Ainsi, théories et applications ne constitueraient que les deux faces d'une même médaille et l'enchevêtrement science-technologie ne souffre d'aucune ambiguïté tout comme celui de nanotechnoscience et technologie. Rappelons que Kuhn considère que « l'acte de jugement qui conduit les savants à rejeter une théorie antérieurement acceptée est toujours fondé sur quelque chose de *plus*[17] qu'une comparaison de cette théorie avec l'univers ambiant. » (Kuhn, 1983, p. 115). L'analyse de Serge Robert (1993, p. 179–181) de ce qu'il qualifie d'« ambiguïté épistémologique de la théorie des paradigmes », souligne le fait qu'il n'y a pas de distinction suffisante entre la théorie et l'expérience pour faire de la science autre chose qu'une expérience subjective. Il remarque ainsi, plutôt sur un ton de reproche, qu'il n'y a pas chez Kuhn assez de distinction entre la théorie et l'expérience pour faire de la science une expérience véritablement objective. Cette remarque semble pencher dans le sens d'une accréditation de la philosophie de Kuhn comme philosophie des nanotechnosciences. Mais, nous verrons que l'historien des sciences ne va pas aussi loin que l'on aurait pu l'espérer sur ce terrain-là. En tout état de cause, la morphologie du concept « nano-techno-science » qui nous concerne ici est assez explicite pour lever certaines équivoques. Mais qu'en est-il de la relation établie par la philosophie des paradigmes entre théorie, expérience et technologie?

Comme nous l'avons vue au sous-chapitre précédent, la relation entre paradigme et technologie dans la philosophie est une sorte de relation amour-haine qui fait que Kuhn reconnaît bien la nécessité de la technologie quasiment à tous les niveaux de l'activité scientifique, mais il ne se résoudra jamais à lui accorder une place autre que celle d'accessoire. Serge Robert[18] présente bien cette particularité du paradigme kuhnien, notamment quand il admet que celui-ci structure la perception et le rapport à l'expérience au point de réduire à néant les énoncés observationnels objectifs, les expériences cruciales et les situations vécues comme des erreurs. C'est cet état de fait qui pousse Robert à assigner au paradigme une place d'expérience subjective. Cependant, selon lui, bien que cette subjectivité soit caractéristique de la matrice disciplinaire, il existe des anomalies, des situations imprévues qui sont irréductibles à la théorie. C'est pourquoi le philosophe des sciences québécois reconnaît qu'il y a une objectivité de l'expérience chez Kuhn, « qui résiste à la théorie, et qui, devant être exclue comme anomalie, n'est donc pas subsumable sous le paradigme. » (Robert, 1993, p. 179). En effet, dans la théorie des paradigmes, l'activité scientifique doit être à la fois une démarche subjective collective de la communauté scientifique et une certaine confrontation objective à un extérieur irréductible. Pour Robert, le progrès kuhnien exige cette ambiguïté de la succession d'univers paradigmatiques intersubjectifs et d'une amélioration néanmoins objective dans le passage de l'un et l'autre. De ce fait, l'ambiguïté du rapport de la théorie à l'expérience se répercute sur la théorie du progrès. D'un autre côté, leur qualité d'univers intersubjectifs et axiologiques fermés sur eux-mêmes fait que les paradigmes sont incommensurables, chacun ayant ses problèmes propres. Il n'y a donc pas de place pour un métaparadigme susceptible de juger de façon métascientifique deux paradigmes concurrents.

Afin de ne pas trop nous éloigner de ce qui nous préoccupe ici, revenons sur ce que Robert appelle une « confrontation objective à un extérieur irréductible, donc à l'expérience » et que Gilbert Hottois (2004) qualifie d'« externalisation de la technique ». Selon ce dernier, « l'implication philosophique majeure de la révolution kuhnienne est la déconstruction du réalisme ontologique et eschatologique, colonne vertébrale de la conception traditionnelle dominante de l'entreprise de savoir. » (Hottois, 2004, p. 54). Pour ce qui est de la place de la technologie dans le système de Kuhn, Hottois estime, comme nous l'avons déjà démontré dans les sous-chapitres précédents, qu'elle est à la fois reconnue et externalisée. Selon le philosophe belge, « externalisé », terme emprunté à l'économie contemporaine, est l'attribut le plus apte à décrire la position de la technique relativement à l'entreprise de savoir dans l'optique où elle est conçue par les philosophes des sciences en général. Pour Hottois :

> Externaliser, c'est confier une activité indispensable à une entreprise extérieure, sous-traiter. La notion d'« externalités » renvoie aussi à tous les facteurs et effets positifs et négatifs qu'une entreprise ne prend pas explicitement en compte dans son calcul des coûts et bénéfices. La pollution est l'exemple type d'une externalité négative pour la société; l'éducation publique est une externalité positive pour les entreprises. La philosophie des sciences traite la technique tantôt comme une externalité positive, tantôt comme une externalité négative de « l'entreprise Science ». (Hottois, 2004, p. 54)

La technique est donc reconnue dans le dispositif paradigmatique de Kuhn, mais elle en est tenue à bonne distance. Hottois dira qu'elle y est partout présente. En effet, dans ses recours à l'histoire des sciences, Kuhn parle continuellement d'appareillage, d'expérimentation, d'invention. Parfois même, remarque le philosophe belge, il reconnaît un rôle capital à l'expérimentation :

> Ainsi dans *La Tension essentielle*, lorsque l'incommensurabilité des logothéories[19] paraît devoir être tranchée par l'évidence des succès techniques. « Quoi qu'il en soit, et en dépit des limites de leur communication, les défenseurs de théories différentes peuvent se montrer l'un à l'autre, même si ce n'est pas toujours facile, les résultats techniques concrets qu'obtiennent ceux qui travaillent dans le cadre de chaque théorie, il ne faut guère ou pas du tout de traduction pour appliquer un critère de valeur à ces résultats. (…) Quelque incompréhensible que soit la théorie nouvelle pour les tenants de la théorie traditionnelle, le déploiement de résultats concrets impressionnants finira par en convaincre au moins quelques-uns qu'ils doivent découvrir comment ces résultats ont été obtenus[20]. » Mais de tels passages sont rares et, d'une manière générale, la technologie et surtout son importance ne sont ni thématisées ni présentées comme essentielles et intrinsèques pour la science. Au contraire, la technologie est marginalisée, subordonnée, externalisée. Elle reconnaît, en somme, le sort du « contexte de découverte »

> expulsé par les empiristes logiques de ce qui constitue proprement la science, à savoir, selon eux le « contexte de justification » logique et référentiel. (Hottois, 2004, p. 55)

Or, nous dit Hottois, si Kuhn supprime cette distinction entre « extérieur » et « intérieur » de la science en prenant en compte les processus de recherche et de découverte comme partie intrinsèque de la science, il n'y inclut pas la technique. Ce serait, semble-t-il, sa manière de préserver, sans le dire expressément une sorte de « pureté » logothéorique ou symbolique de la science.

Cependant, peut-être à sa décharge, Kuhn reconnaît, dès la préface de son livre, qu'il n'a « rien dit du rôle du progrès technique et des conditions extérieures du développement des sciences[21] ». Mais il précise qu'une prise en considération explicite d'influences extérieures de ce genre ne modifierait pas les thèses principales qu'il a développées dans *La structure des révolutions scientifiques* (Kuhn 1983, p. 13). C'est ainsi qu'après avoir souligné le progrès des sciences et refusé de l'expliquer par la notion réaliste d'approximation de la vérité ontologique, il considéra brièvement les théories successives comme des instruments toujours meilleurs au fil de leurs succès, mais il n'insista pas sur cette voie qui en aurait fait un instrumentaliste. Ailleurs, il assimile les paradigmes stables, non évolutifs, comme « l'optique géométrique », à des outils techniques. En effet, pour lui, défendant l'idée qu'il n'existe pas de recherche sans contre-exemple et faisant état de ce qui fait la différence entre science normale et science en crise :

> Tout à l'opposé, ce que nous avons appelé plus haut les énigmes de la science normale n'existe que parce qu'aucun paradigme accepté comme base de la recherche scientifique ne résout jamais complètement tous ses problèmes. Les très rares paradigmes qui n'ont jamais semblé le faire (l'optique géométrique par exemple) ont très vite cessé de proposer un problème quelconque de recherche et sont devenus des outils techniques. À l'exception de ceux qui sont exclusivement instrumentaux, tout problème où la science normale voit une énigme peut être considéré, d'un autre point de vue, comme un contre-exemple, et devenir ainsi une source de crise. (Kuhn, 1983, p. 117)

D'ailleurs, Hottois lui reconnaît d'avoir bien intégré la technologie matérielle aux paradigmes, même si ce n'est que dans 1a mesure où celle-ci n'affecte pas la nature logothéorique de sa conception de la science. De ce fait, la technologie peut être considérée comme une sorte de prolongement physique de la logothéorie, comme une matérialisation partielle du filet symbolique jeté sur l'expérience. Aussi sert-elle l'observation, la description et la représentation suivant différentes perspectives. La technologie n'est pas reconnue dans le système de Kuhn comme intervention, opération physique de la réalité, ou lorsque cela advient, ce n'est qu'en tant qu'activité extérieure à la science. Enfin, ajoute Hottois, « dernière indication de cette extériorité : Kuhn caractérise la civilisation européenne, qui remonte à la Grèce ancienne, par la science, non par la technologie commune à toutes les civilisations. » (Hottois, 2004, p. 56).

Au terme de cette analyse, nous espérons avoir montré que la technologie n'est pas absente du paradigme. Bien au contraire, elle y est omniprésente, mais toujours à la remorque de la science à laquelle elle est d'une certaine façon assujettie en jouant pour elle le rôle d'un instrument auquel on peut recourir en cas de besoin. Maintenant, il nous reste à voir les raisons de cette mise à l'écart de la technologie du cœur du paradigme.

Au risque de répéter ce que nous avons dit ailleurs sur les raisons de l'externalisation de la technologie et le pourquoi de cette sous-traitance, arrêtons-nous à présent sur les raisons qui ont présidé à cette externalisation. Même si Kuhn subordonne la technologie externalisée à la science, il demeure tout à fait clair que les liens entre ces deux entités contribuent à l'accroissement de l'efficacité de la recherche. Mais rappelons que du point de vue de Kuhn personne ne se consacre à la mise au point d'un meilleur dispositif technologique ou à la rechercher d'une meilleure solution au problème des cordes vibrantes, juste à cause de l'importance des renseignements que l'on souhaiterait obtenir. Cependant, ce type d'activité est souvent dédaigné par les scientifiques du fait de son caractère routinier et rébarbatif (Kuhn 1983, p. 61). Il semble donc que la platitude de la routine justifie, en partie, le désintérêt des scientifiques pour l'expérimentation, même si Kuhn reconnaît l'importance heuristique de mener jusqu'à leur terme les problèmes de recherche normale. C'est pourquoi d'ailleurs il recommande de ne négliger aucune résolution d'énigmes, qu'elles soient instrumentales, conceptuelles ou mathématiques. Cela favorise, en effet, la découverte de nouvelles alternatives capables de rencontrer nos prévisions. Une autre raison à la volonté kuhnienne de garder une certaine distance vis-à-vis de la technologie tient au fait que la recherche normale cumulative doit son succès à la liberté qu'ont les scientifiques de choisir régulièrement des problèmes susceptibles d'être résolus en s'appuyant sur des concepts et des techniques instrumentales plutôt familiers. Kuhn redoute la « jugulation » du progrès scientifique par ce qui pourrait apparaître comme le *diktat* d'une sorte de *real science.*

Enfin, Kuhn tenant à se mettre à l'abri de toute accusation de relativisme et/ou d'instrumentalisme mise sur l'exigence et la rigueur d'une rationalité encadrée par le paradigme plutôt que sur la créativité et l'imaginaire potentiellement débridés de la technologie. En conséquence, dans la relation science-technologie telle qu'imaginée par Kuhn, force reste à la science. Gilbert Hottois soutient, à propos de ce qu'il considère comme un recul, une mise à distance de la technologie par le père des paradigmes alors que les descriptions de techniques sont courantes chez lui, que :

> En dépit de la portée « révolutionnaire » de ses conceptions, Kuhn demeure, sous cet aspect, un philosophe des sciences traditionnel. Il s'inscrit dans la continuité d'une philosophie de la science qui comprend celle-ci comme langage et représentation. C'est dans des textes, des livres, des manuels[68] que s'exprime et se dépose la science, non dans les technologies et la transformation du monde. Ce sont le contenu et le statut de ces expressions logothéoriques qui seuls importent et méritent d'être analysés, évalués, critiqués. (Hottois, 2004, p. 56–57)

Au terme de ce que nous venons de voir, il apparaît que l'externalisation de la technologie par la philosophie de Kuhn constitue un obstacle majeur à son aspiration au statut de philosophie des nanotechnosciences.

Nous pensons donc avoir établi la non-conformité de la nanotechnoscience aux critères de scientificité élaborés par Kuhn en nous focalisant essentiellement sur la place accordée à la technologie dans son système de paradigmes, alors que celle-ci est au cœur de la révolution nanotechnoscientifique. Rappelons que nous avons postulé qu'aucune philosophie des sciences ne saurait prétendre au titre de philosophie des nanotechnosciences si au préalable elle n'a pas donné à la technologie, donc à l'intervention, la place qu'elle mérite dans son système. Afin de nous assurer de l'inéligibilité de la théorie des paradigmes au titre de philosophie des nanotechnosciences, nous avons examiné deux relations : celle des nanotechnosciences aux technologies, puis celle du paradigme aux technologies. Ensuite, nous avons cherché à comprendre les raisons de cette « externalisation » de la technologie du domaine du paradigme. En outre, le texte de Kuhn pose clairement une question omniprésente en nanotechnoscience, celle des frontières que l'on avait déjà beaucoup de mal à définir dans les cadres disciplinaires habituels, *a fortiori* dans l'interdisciplinarité imposée par la nature des nano-objets.

Au sortir de cette exploration approfondie de la théorie de Kuhn, nous pouvons affirmer la non-paradigmaticité des nanotechnosciences, à l'instar de Marc J. de Vries (2006, p. 175) dont les propos suivants confortent notre analyse :

> Il semble que nous avons ici un exemple dans lequel le paradigme de la « technologie comme science appliquée » échoue à rendre compte de la relation entre science et technologie. La relation entre nanosciences et nanotechnologies est beaucoup plus compliquée[22].

En ce qui concerne le lien entre nanotechnoscience et technologie, nous devons conclure à un enchevêtrement sans équivoque entre nanotechnoscience et technologie. Quant aux règles qui régissent technologie et paradigme, nous avons établi le fait que le premier n'est pas absent du second. Il y occupe même une place très enviable, mais hélas pas assez importante pour qu'il puisse traiter d'égal à égal avec la théorie qui continue à rester la maîtresse incontestable de la locomotive paradigmatique. Enfin, sans discuter de la valeur des raisons qui fondent l'externalisation des technologies dans la philosophie des sciences de Kuhn, nous sommes obligés de concéder la non « paradigmaticité » des nanotechnosciences.

1.5. Conclusion

Comme nous l'avons vu tout au long de ce chapitre, la nanotechnoscience n'est pas conforme à l'idéal du paradigme tel que l'entend Kuhn. Il n'y a donc pas de place pour les nanotechnosciences dans ce système, non pas parce que Kuhn ne reconnaît pas l'importance de la technologie dans le paradigme, mais surtout parce que dans la logique de Kuhn le paradigme, bien souvent synonyme de théorie, précède et oriente toutes les autres activités pratiques. On peut dire que chez Kuhn, c'est la science qui mène la danse et la technologie qui danse. De ce point de vue, il est fidèle à l'idée de Hanson (*theory-laden*) sur la préséance et la primauté de la théorie, mais il occulte une dimension non moins importante, celle de la nature *technology-laden*, non seulement de la science, mais aussi de nos sociétés.

En effet, dans les nanotechnosciences, les choses semblent se passer autrement. Même si science et technologie y sont tout aussi présentes que dans l'optique kuhnienne, les privilèges comme les frontières de la science s'estompent pour laisser non seulement une place plus grande à la technologie, mais aussi pour lui laisser une partie de ses privilèges. Tout s'y passe comme si le contexte de découverte créait son propre contexte de justification ou le construisait dans son propre processus de découverte. Dans un cadre nanotechnoscientifique, il n'y a pas grand intérêt à vouloir sous-traiter la technologie puisque ce serait réduire le champ des possibilités de découverte et de justification. Or, il y a bien une *techné* omniprésente dans la nanotechnoscience. Comme le dit François Cooren à propos de la rhétorique présentée tour à tour comme une technique, une « *techné* », un art du discours, un enseignement, une science, une morale, une pratique sociale ou une pratique ludique, celle-ci serait, selon Reboul (1990, p. 8) « l'art de persuader par le discours, elle est aussi l'enseignement et enfin la théorie de cet art. » Et, Cooren de compléter en se référant à Heidegger (1958, p. 9–48) :

> En tant que technique, la rhétorique possède en effet la particularité d'être théorisable mais aussi applicable, ce qui lui confère à la fois une dimension descriptive et prescriptive. Cette particularité ne s'arrête pas là. S'il s'agit effectivement d'une techné, c'est qu'elle vise donc à transformer un objet, à le dé-voiler en le pro-duisant. (Cooren, 1997, p. 528)

En tant qu'art ou technique du discours, la rhétorique ou l'argumentation, selon Cooren, vise donc un but. Toutefois, elle se caractérise également par le côté créatif de ce but. D'où l'idée qu'elle pourrait être considérée comme un discours non seulement intentionnel et rationnel, mais aussi créateur. Ainsi la technologie, tout comme la rhétorique en tant que *techné*, vise à transformer un objet et, d'une certaine façon, à le dévoiler en le produisant. Enfin, François Cooren nous rappelle sur le point qui nous occupe ici la communication de Bouchard M. (1994) lors du 62e congrès de l'A.C.F.A.S[23] tenu à l'UQÀM en 1994. Lors de cette rencontre de la communauté scientifique, Bouchard soutenait que les Grecs concevaient la *techné* et l'*épistémé* comme deux formes de savoir complémentaires dans la recherche de la vérité. En effet, alors que l'*épistémé* dévoile la réalité immuable et éternelle, la *techné* dévoile en produisant (*poiesis*), en faisant « devenir autre », et donc en transformant. À ce titre, la *techné* peut être acceptée comme un savoir qui dévoile ce qui ne se produit pas de soi-même. Kuhn est bien loin d'une telle approche. D'ailleurs, à ce propos, les conclusions de Sacha Loeve que nous partageons sur cette question sont sans équivoques. Il soutient que :

> La technologie produit des connaissances qui ne s'inscrivent pas dans la cadence à deux temps de l'activité scientifique selon le schéma kuhnien, alternant des périodes de « science normale » et des périodes de crise débouchant sur des « révolutions scientifiques ». Les connaissances technologiques produites *ne procèdent pas d'une révolution scientifique,* mais *ne s'inscrivent pas non plus dans l'activité monotone et disciplinée de la « science normale »*. Les connaissances technologiques sont plutôt en *constant décalage* avec les paradigmes et les disciplines. Elles mettent plutôt « à l'aventure » les paradigmes disciplinaires sans pouvoir garantir de contribuer à la résolution des problèmes qu'ils posent. (Loeve, 2009, p. 677 [c'est l'auteur qui souligne])

D'un autre côté, notre accès à l'échelle nanométrique nous ayant ouvert à la fois la porte vers un nouvel univers, il nous a aussi fait basculer dans l'inattendu et l'émergent, quasiment en permanence. La compréhension de ce nouveau paradigme nécessite moins d'arrogance théorique et plus de pragmatisme, disons, heuristique. En fait, nombreux sont les spécialistes des nanotechnosciences à reconnaître ne pas savoir à quoi s'attendre lorsqu'ils entament des recherches en nanos. L'échelle quantique réserve beaucoup de surprises, voire des bizarreries désarmantes auxquelles il faut s'habituer et qu'il faut apprendre à contrôler afin que l'inattendu redevienne attendu.

Avec les nanotechnosciences actuelles, au mieux nous sommes dans un cadre descriptif et explicatif, mais en aucun cas prédictif. En effet, elles ne prédisent pas grand-chose et ne prétendent même pas expliquer quoi que ce soit, si l'on en croit certains experts, tout au moins (Joachim, 2008). Nous savons de façon générale qu'une science va chercher à expliquer et qu'une technologie s'évertuera à faire. Néanmoins, dans une perspective hempelienne, si l'on sait expliquer une chose, il y a de fortes chances pour que nous puissions nous en servir comme fondement pour une prédiction. Par ricochet, si nous savons faire quelque chose, il y a de bonnes raisons de penser que nous saurons en rendre compte aussi. Cependant, de ce que nous connaissons présentement sur les nanotechnosciences, il n'y a rien de vraiment concluant en termes de prédiction, par contre la volonté d'expliquer et surtout de décrire les phénomènes à l'échelle nanométrique domine toutes les activités autour des nanos. Il faut noter aussi que rien dans la définition du concept « nanotechnoscience » ne permet de considérer cette activité comme une simple technologie à l'échelle de l'infiniment petit. Autrement dit, les nanotechnosciences ne sont pas une technologie à laquelle on a adjoint le préfixe *nano* pour circonscrire son domaine d'action. En fait, c'est bien plus que cela, à un tel point que l'on ne sait pas vraiment faire la part des choses entre ce qui relève de la technologie ou de la science dans les nanotechnosciences. Cette confusion conceptuelle Sacha Loeve (Thèse de Doctorat, 2009) l'estime volontaire de la part des acteurs influents impliqués dans le développement de cette nouvelle discipline « scientificotechnologique » encore en construction. Pour lui, ce vague ou flou définitionnel n'est rien d'autre qu'une astuce pour attirer le maximum de chercheurs et d'univers de recherche autour de cette activité émergente. Une telle analyse pousse à la prudence épistémologique et nous incite à jeter un regard à la fois perplexe et inquisiteur sur tous les effets de *buzz* et de *hype* que d'aucuns ont jugé comme étant caractéristiques du phénomène nanotechnoscientifique.

Avant de soumettre notre question aux thèses du « faillibilisme sophistiqué » de Lakatos et au « correctionnisme » de Robert, il convient de repréciser et de rappeler certaines caractéristiques des nanotechnosciences. Rappelons donc qu'entre autres raisons, la prédominance de l'aspect R&D dans ce que nous appelons aujourd'hui abusivement « nanotechnologies » a fini de nous convaincre d'adopter le concept « nanotechnoscience » (plutôt que le premier plus couramment usité) qui nous semble seoir davantage à une description rigoureuse de toutes les dimensions à l'œuvre dans cette activité technoscientifique. Elle se positionne en antichambre d'une science et d'une technologie, toutes les deux tournées résolument vers l'échelle atomique. Il nous semble qu'en faisant ce choix, nous faisons plus qu'opérer un simple revirement conceptuel. En effet, il s'agit pour nous d'insister sur le caractère inouï impliqué par la découverte du microscope à effet tunnel qui a ouvert aux chercheurs et aux ingénieurs un nouveau monde comparable à celui que la découverte du télescope a permis de « voir ».

Nous savons que de l'amélioration de cet instrument d'observation révolutionnaire au XVIIe siècle, Galilée a pu initier une révolution scientifique qui a été à l'origine de la science moderne. Peut-être en sera-t-il de même pour la découverte des nanoscopes qui permettent aujourd'hui l'« observation », mais surtout la manipulation des atomes et des molécules. Il est encore tôt pour le dire, même si l'on peut se risquer à tenter une conjecture optimiste et prédire une révolution scientificotechnologique à la mesure des bouleversements introduits par cette nouvelle génération d'instruments. Vues sous cet angle, les nanotechnosciences pourraient impliquer une sorte de retour vers le futur technique qui reprendrait les premières conceptions mécaniques avant leur complexification croissante vers l'élaboration de systèmes théoriques et technologiques. Mais, étant donné l'inadéquation de la doctrine kuhnienne, que pourraient apporter Lakatos et Robert à ce débat autour de la question de l'existence ou non d'une philosophie des nanotechnosciences?

Notes

1. Rappelons que pour Kuhn : « Une fois qu'on a trouvé un premier paradigme au travers duquel considérer la nature, il n'est plus question d'effectuer une recherche en l'absence de tout paradigme. Rejeter un paradigme sans lui en substituer un autre, c'est rejeter la science elle-même. C'est un acte qui déconsidère non le paradigme mais l'homme. Celui-ci apparaîtra inévitablement à ses collègues comme « l'ouvrier qui s'en prend à ses outils ». » Kuhn (1983, p. 117).
2. Thierno Guèye, mémoire de DEA (Diplôme d'Études Approfondies) 2001, *Communautés scientifiques et paradigmes : l'idée de communautés scientifiques*, que nous avons soutenu en juillet 2001, à l'université Cheikh Anta Diop de Dakar sous la direction du professeur Souleymane Bachir Diagne.
3. Voir la chronique de Didier Pourquery, « Sérendipité », in *Le Monde* du 11 novembre 2012 ou encore sa première version sur le site du journal où l'auteur en rappelait la définition et l'étymologie en ces termes : « De quoi s'agit-il au départ? D'un très vieux livre d'Amir Khosrow Dehlavi, poète persan du XIVe siècle (*Les Pérégrinations des trois fils de Serendip*), où trois princes du royaume de Serendip – le Ceylan d'alors – partent sur les routes et émerveillent leurs hôtes par leur capacité à dénicher des indices pour résoudre les énigmes les plus ardues. Le terme *serendipity* lui-même, dû à l'écrivain

anglais du XVIIIe siècle Horace Walpole, désigne, à la suite du texte persan, ces découvertes faites par *"accident et sagacité"*. Le mot est entré officiellement dans le langage scientifique au milieu du XXe siècle. Le sociologue Robert K. Merton le décrit comme le fait *"d'*observer *une donnée inattendue, aberrante et capitale"* et d'en tirer une nouvelle théorie. Le concept est riche (notre cahier « Science & techno » y a consacré un dossier). Il s'agit de hasard, bien sûr, mais aussi, comme l'a souligné Walpole dès l'origine, de sagacité, d'esprit de curiosité, d'agilité, de disponibilité mentale permettant de rester à l'affût du neuf et du surprenant. En feuilletant un journal imprimé (ou sur tablette), le seul fait de passer d'un sujet à l'autre peut être source d'enrichissement et de formation d'idées ou d'opinions nouvelles. » La sérendipité, pourrait donc être entendue, selon Pourquery, comme « ce qu'on trouve sans le chercher ». (L'intégralité de l'article est disponible sur http://www.lemonde.fr/idees/article/2012/12/01/serendipite_1798814_3232.html, accédé le 20\06\2013.) Voir aussi Danièle Bourcier et Pek van Andel (2017), *C'est quoi la sérendipité*, aux éditions Le Courrier du Livre.

4. L'expérience de Bruner et Postman relaté par Kuhn: « Au cours d'une expérience de psychologie qui mériterait d'être beaucoup plus connue du public, Bruner et Postman ont demandé à des sujets d'identifier une série de cartes à jouer, au cours de présentations brèves et contrôlées. Beaucoup de ces cartes étaient normales, certaines ne l'étaient pas, par exemple un six de pique rouge et un quatre de cœur noir. Chaque séquence expérimentale consistait à montrer une carte à un sujet unique, au cours de présentations de longueur croissante. Après chaque présentation, on demandait au sujet ce qu'il avait vu et la séquence se terminait quand deux identifications successives avaient été correctes. Les premières présentations très courtes suffirent à de nombreux sujets pour identifier la plupart des cartes, et après une légère augmentation du temps d'exposition, tous les sujets les identifièrent toutes. Pour les cartes normales, ces identifications étaient habituellement correctes, mais les cartes anormales étaient presque toujours identifiées comme normales, sans hésitation ou surprise apparentes. Le quatre de cœur noir, par exemple, était pris pour le quatre de pique ou de cœur, sans aucune prise de conscience de l'anomalie ; il était immédiatement intégré à l'une des catégories conceptuelles fournies par l'expérience antérieure. On ne peut même pas dire que les sujets avaient vu quelque chose de différent de ce qu'ils avaient identifié. Si l'on augmentait le temps de présentation des cartes anormales, ils commençaient à hésiter et à montrer qu'ils prenaient conscience de l'anomalie. En face du six de pique rouge, certains disaient par exemple : c'est le six de pique, mais il y a quelque chose qui ne va pas – le noir a une bordure rouge. En augmentant encore le temps d'exposition, leur hésitation et leur confusion ne faisaient que croître jusqu'à ce que finalement, et parfois très soudainement, la plupart des sujets donnent l'identification correcte sans hésitation. Qui plus est, l'expérience répétée avec deux ou trois des cartes anormales, ils avaient ensuite peu de difficultés avec les autres. Quelques sujets pourtant ne furent jamais capables de réajuster leurs catégories de manière satisfaisante. Même avec un temps d'exposition quarante fois supérieur au

temps moyen nécessaire pour reconnaître les cartes normales, plus de 10% des cartes anormales n'étaient pas correctement identifiées. Et les sujets ressentaient souvent lors de cet échec une détresse personnelle intense. L'un d'eux s'exclama : « Je ne peux reconnaître le genre de carte, quel qu'il soit. Cela ne ressemblait même pas à une carte cette fois-ci. Je ne sais pas de quelle couleur elle est maintenant et si c'est un pique ou un cœur. Je ne sais même plus à quoi ressemble un pique. Mon Dieu ! » Au cours du prochain chapitre, nous verrons parfois des scientifiques se conduire de cette manière. » (Kuhn, 1983, p. 97).

5. « La simple existence d'un paradigme n'est pas un critère suffisant pour que l'on trouve la transition évolutive étudiée au chapitre premier. Et, ce qui est plus grave, je n'ai rien dit du rôle du progrès technique et des conditions extérieures du développement des sciences. Il suffit cependant de penser à Copernic et au calendrier pour voir que les conditions extérieures peuvent aider à faire d'une simple anomalie une cause de crise aiguë. Le même exemple illustrerait de quelle façon les conditions extérieures à la science peuvent influer sur l'éventail des possibilités offertes à celui qui cherche à mettre fin à une crise en proposant telle ou telle réforme révolutionnaire. Une prise en considération explicite d'influences extérieures de ce genre ne modifierait pas, me semble-t-il, les thèses principales développées dans cet essai, mais elle lui ajouterait une dimension analytique de première importance pour la compréhension du progrès scientifique. » (Kuhn, 1983, Préface, p. 13).
6. Ce mot, d'après le nombre d'occurrences que nous avons pu déceler, apparaît aux pages 36, 41, 50, 221 (deux fois) et 229.
7. Kuhn fait référence au titre de l'ouvrage d'Abraham Wolf auquel il renvoyait dans la 3e note de bas de page : « Au sujet des deux télescopes de la parallaxe, voir Abraham Wolf, *A history of science, technology and philosophy in the Eighteenth Century* (2e éd., Londres, 1952), p. 103-105. » (Kuhn, 1983, p. 50).
8. « L'artisanat constituant une source facilement accessible de faits qui n'auraient pas pu être découverts accidentellement, la technologie a souvent joué un rôle vital dans l'émergence de nouvelles sciences. » (Kuhn, 1983, p. 36).
9. « Dans les sciences (à la différence des disciplines comme la médecine, la technologie, le droit, dont la principale raison d'être est un besoin social extérieur), la création de journaux spécialisés, la fondation de sociétés de spécialistes et la revendication d'une place spéciale dans l'ensemble des études sont généralement liées au moment où un groupe trouve pour la première fois un paradigme unique. » (Kuhn, 1983, p. 41).
10. D'ailleurs, même après l'interruption de ces échanges réguliers, le terme « art » a continué à s'appliquer à la technologie et à l'artisanat (que l'on considérait aussi comme progressifs) autant qu'à la peinture et à la sculpture. » (Kuhn, 1983, p. 221).
11. « Toutes les civilisations que nous connaissons par la reconstruction historique ont possédé une technologie, un art, une religion, un système politique, des lois, etc., bien souvent aussi développés que les nôtres. Mais seules les civilisations qui sont

filles de la Grèce hellénique ont possédé autre chose qu'une science extrêmement rudimentaire. » (Kuhn, 1983, p. 229).

12. Atwood (1746–1807), surtout célèbre chez les élèves de terminale des années 1945 à 1972, est l'auteur de la machine qui porte son nom et qui servait à familiariser les jeunes étudiants avec la seconde loi de Newton (relation fondamentale de la dynamique) et la question de la conservation de l'énergie mécanique.
13. Pour plus de détail à ce sujet, voir Norwood Russell Hanson (1965). *Patterns of Discovery – An Inquiry into the Conceptual Foundations of Science,* Cambridge University Press, London [1st ed. 1958]. « There is a sense, then, in which seeing is a 'theory-laden' undertaking. Observation of x is shaped by prior knowledge of *x*. Another influence on observations rests in the language or notation used to express what we know, and without which there would be little we could recognize as knowledge. », p. 19.
14. Voir aussi ce que nous avons dit sur l'apport des nouveaux outils qui nous ont ouvert le champ des nanos, dans notre *Critique des nanotechnologies.*
15. Extrait de l'ouvrage de Ian Hacking (1983), *Representing and Intervening,* p. 168 : « Although there is a concept of 'seeing with the naked eye', scientists seldom restrict observation to that. We usually observe objects or events with instruments. The things that are 'seen' in twentieth-century science can seldom be observed by the unaided human senses. » p. 168.
16. Pour plus de détails sur ces questions, voir Jan C. Schmidt, « Toward an epistemology of nano-technosciences », p. 109, in *Poiesis & Praxis,* December 2011, Volume 8, Issue 2–3, p. 103–124. Accessible en ligne sur http://link.springer.com/article/10.1007%2Fs10202-011-0104-z (consulté le 02/12/2011).
17. Nous soulignons ce « plus » qui nous semble être un élément important dans la formulation de Kuhn et qui permet de nuancer son propos sur les facteurs autres que rationnels qui présideraient à la décision d'une communauté scientifique de changer de paradigme : « L'étude historique du développement scientifique ne révèle aucun processus ressemblant à la démarche méthodologique qui consiste à « falsifier » une théorie au moyen d'une comparaison directe avec la nature. Ce qui ne veut pas dire que les scientifiques ne rejettent pas les théories scientifiques, ou que l'expérience et l'expérimentation ne soient pas essentielles dans le processus qui les y invite. Mais ce point est capital : l'acte de jugement qui conduit les savants à rejeter une théorie antérieurement acceptée est toujours fondé sur quelque chose de plus qu'une comparaison de cette théorie avec l'univers ambiant. Décider de rejeter un paradigme est toujours simultanément décider d'en accepter un autre, et le jugement qui aboutit à cette décision implique une comparaison des deux paradigmes par rapport à la nature et aussi de l'un par rapport à l'autre. » (Kuhn, 1983, p. 115).
18. Nous reviendrons plus en détail sur la conception robertienne dans notre prochain chapitre. Voici un extrait de *Mécanismes de la découverte scientifique (Les)* à propos de ce qu'il considère comme des ambiguïtés dans la conception du théoricien des

paradigmes : « La dimension épistémologique de la théorie kuhnienne de la science est cependant traversée d'ambiguïtés. D'abord, le paradigme structure la perception et le rapport à l'expérience au point où il n'y a pas d'énoncés observationnels objectifs, pas d'expériences cruciales, pas de situations vécues comme des erreurs, en somme, pas de distinction suffisante entre la théorie et l'expérience pour faire de la science autre chose qu'une expérience subjective. Mais, en même temps, il existe des anomalies, des situations imprévues par la théorie et qui lui sont irréductibles. Il y a donc une objectivité de l'expérience, qui résiste à la théorie, et qui, devant être exclue comme anomalie, n'est donc pas subsumable sous le paradigme. Dans la théorie des paradigmes, l'activité scientifique doit être à la fois une démarche subjective collective de la communauté scientifique et une certaine confrontation objective à un extérieur irréductible. Le progrès kuhnien exige d'ailleurs cette ambiguïté de la succession d'univers paradigmatiques intersubjectifs et d'une amélioration néanmoins objective dans le passage de l'un et l'autre. L'ambiguïté du rapport de la théorie à l'expérience se répercute ainsi sur la théorie du progrès. En tant qu'univers intersubjectifs fermés sur eux-mêmes, chacun ayant ses valeurs, ses croyances métaphysiques, sa vision du monde, etc., les paradigmes sont incommensurables et chacun a ses problèmes. Il n'existe pas de métaparadigme qui permettrait de juger de façon métascientifique de la valeur comparative des différents paradigmes : ainsi, de même que chaque paradigme structure la perception d'une manière qui lui est propre, chacun peut avoir sa propre méthodologie et ses propres critères de scientificité. Si tel est le cas, on ne peut pas déterminer de critères de progrès pertinents, ni affirmer rationnellement qu'un nouveau paradigme constitue un progrès par rapport à un précédent, ni prétendre qu'un paradigme élimine les anomalies d'un autre paradigme. L'histoire des sciences serait donc empreinte d'un total relativisme, chaque paradigme étant un univers clos incomparable aux autres. Et pourtant, comme on l'a vu, Kuhn soutient que le progrès interparadigmatique est possible, qu'un paradigme peut éliminer les anomalies d'un autre et donc, implicitement, qu'il existe des critères métaparadigmatiques rationnels d'évaluations comparatives des paradigmes. » p. 179–180.

19. Par « logothéorie », Hottois entend le fait que la science soit affaire de langage et de représentation. Dans le résumé qu'il donne de la première leçon de son ouvrage, il donne une description plus détaillée de ce néologisme qu'il considère comme une expression des « deux approches classiques du langage et de la signification, à savoir la référence et la signifiance. D'où les deux parties centrales de la leçon : (1) la problématisation de la philosophie des sciences à partir du primat de la référence (Wittgenstein, Hempel, Nagel, Popper) ; (2) la problématisation à partir du primat de la signifiance (Kuhn, Quine, Feyerabend). En conclusion, la philosophie des sciences externalise la technique ; or, seule une internalisation de la technique dans la philosophie des sciences permettrait d'arracher celle-ci à une approche de la science essentiellement dépendante de la philosophie du langage qui se perpétue jusqu'à aujourd'hui (Kripke, Purnam). » (Hottois, 2004, Préambule, p. 14).

20. Voir à ce propos Kuhn (1990) *La tension essentielle*, p. 449.
21. Voici le passage en question : « La simple existence d'un paradigme n'est pas un critère suffisant pour que l'on trouve la transition évolutive étudiée au chapitre premier. Et, ce qui est plus grave, je n'ai rien dit du rôle du progrès technique et des conditions extérieures du développement des sciences. Il suffit cependant de penser à Copernic et au calendrier pour voir que les conditions extérieures peuvent aider à faire d'une simple anomalie une cause de crise aiguë. Le même exemple illustrerait de quelle façon les conditions extérieures à la science peuvent influer sur l'éventail des possibilités offertes à celui qui cherche à mettre fin à une crise en proposant telle ou telle réforme révolutionnaire. Une prise en considération explicite d'influences extérieures de ce genre ne modifierait pas, me semble-t-il, les thèses principales développées dans cet essai, mais elle lui ajouterait une dimension analytique de première importance pour la compréhension du progrès scientifique. » (Kuhn, 1983, p. 13).
22. Extrait suivant : « It seems that here we have an example in which the 'technology as applied science' paradigm fails to account for the relationship between science and technology. The relationship between nanoscience and nanotechnology is much more complicated. » De Vries, 2006, p. 175 (traduction proposée par T. Guèye).
23. À l'origine, Association canadienne-française pour l'avancement des sciences (Acfas), elle est renommée en 2001. Elle devient alors l'Association francophone pour le savoir, et l'acronyme Acfas est conservé. Site Internet : http://www.acfas.ca/.

Références

Bachelard, Gaston (1951). *L'activité rationaliste de la physique contemporaine,* Paris : Presses Universitaires de France (PUF).

Borvon, Gérard (2009). *Histoire de l'électricité: De l'ambre à l'électron*, Paris : Vuibert.

Bouchard, M. (1994). « La conception du rapport entre technique et science chez Heidegger », communication présentée au *62e congrès de l'A.C.F.A.S.*, Montréal : UQAM.

Bourcier, Danièle et Van Andel, Pek (2017). *Cest quoi la sérendipité*, Paris : Le Courrier du Livre.

Cooren, François (1997). « Actes de langage et argumentation », in *Revue Philosophique de Louvain,* Quatrième série, Tome 95, N° 3, p. 517–544 http://www.persee.fr/web/revues/home/prescript/article/phlou_0035-3841_1997_num_95_3_7048

Feyerabend, Paul (1979). *Contre la méthode*, Paris : Seuil.

Guèye, Thierno (2001). Mémoire de DEA (Diplôme d'Études Approfondies) [équivalent de la maîtrise au Québec]. *Communautés scientifiques et paradigmes : l'idée de communautés scientifiques*, Université Cheikh Anta Diop de Dakar (sous la direction du professeur Souleymane Bachir Diagne).

Hacking, Ian (1983). *Representing and Intervening*, Cambridge: Cambridge University Press.

Hacking, Ian (1989). *Concevoir et expérimenter*, Paris : Christian Bourgois Éditeur, trad. B. Ducrest.

Heidegger, Martin (1958). *Essais et conférences*, Paris : Gallimard.

Hottois, Gilbert (2004). *Philosophies des sciences, philosophies des techniques*, sous l'égide du Collège de France, Paris : Odile Jacob.

Joachim, Christian et Plévert, Laurence (2008). *Nanosciences : La révolution invisible*, Paris : Seuil.

Kastenhofer, Karen (2007) « Converging epistemic cultures? A discussion drawing on empirical findings ». *Innovation: European Journal of Social Science Research* 20:4, p. 359–374.

Kastenhofer, Karen (June 2010). « Do we need a specific kind of technoscience assessment? Taking the convergence of science and technology seriously » Poiesis & Praxis, Volume 7, Issue 1–2, p. 37–54.

Knorr, Cetina K. (1999). *Epistemic cultures: how the sciences make knowledge*, Cambridge (Massachusetts). Harvard University Press.

Kuhn, Thomas S. (1969). *The Structure of Scientific Revolutions*, 2e éd. augmentée du texte de 1962, Chicago : University of Chicago Press.

Kuhn, Thomas S. (1983). *La structure des révolutions scientifiques*, Paris : Flammarion, [1ère éd. By the University of Chicago, 1962].

Kuhn, Thomas S. (1990). *La tension essentielle,* Paris : Gallimard, [1ère éd. By the University of Chicago, 1977].

Lafontaine, Céline (2010). *Nanotechnologies et société - Enjeux et perspectives : entretiens avec des chercheurs*, Québec : Les Éditions du Boréal.

Latour, Bruno (1987). *Science in Action: How to Follow Scientists and Engineers through Society*, Cambridge, MA: Harvard University Press.

Laudan, Larry (1977). *Progress and its Problems*, Berkeley : University of California Press.

Loeve, Sacha (2009). *Le concept de technologie à l'échelle des molécules-machines : Philosophie des techniques à l'usage des citoyens du nanomonde*, Thèse de doctorat, Paris, Université Paris-Ouest.

Reboul, O. (1990). *La rhétorique*, Paris : PUF.

Reichenbach, Hans (1957). *Experience and Prediction: an Analysis of the Foundations and the Structure of Knowledge*, [1938 pour la première version].

Robert, Serge (1993). *Les mécanismes de la découverte scientifique : une épistémologie interactionniste*, Ottawa : Presses de l'Université d'Ottawa.

Schmidt, Jan C. (2011). « Toward an epistemology of nano-technosciences: Probing technoscience from a historical perspective: on today's surprising prevalence and relevance of Francis Bacon », *Poiesis Prax*, n°8, p. 103–124.

2

Faillibilisme Sophistiqué, Correctionnisme et Nanotechnosciences

Imre Lakatos introduit le premier volume de ses *Philosophical Papers* en proposant une distinction entre ce qui relève de la science proprement dite et ce qui devrait en être exclu. Dès ses premières phrases, il annonce l'importance que revêt la science pour l'humain, mais aussi les enjeux d'une démarcation entre ce qui en relève et ce qui s'en éloigne :

> Le respect que l'homme voue à la connaissance est l'une de ses caractéristiques les plus particulières. Connaissance en latin se dit *scientia*, et science est devenu le nom de la forme de connaissance la plus respectable. Mais, qu'est-ce qui distingue la connaissance de la superstition, de l'idéologie ou de la pseudoscience ? L'Église catholique a excommunié les Coperniciens, le Parti communiste a persécuté les Mendéliens au motif que leurs doctrines étaient pseudoscientifiques. La démarcation entre science et pseudo-science n'est pas seulement un problème de philosophie de cabinet, il est d'une pertinence sociale et politique essentielle[1]. (Lakatos, 1978a, p. 1, traduction proposée par T. Guèye)

Cet intérêt particulier que nous portons à la science ainsi que les implications sociales et politiques essentielles de celle-ci fait de la question de la démarcation un problème fondamental. À ceux qui pensent qu'« une assertion est une connaissance si suffisamment de gens y croient suffisamment fortement », Lakatos rétorque ceci :

> (...) l'histoire de la pensée nous montre que beaucoup de gens ont été totalement engagés à des croyances absurdes. Si la force des croyances était une caractéristique de la connaissance, nous devrions avoir à classer les contes sur les démons, les anges, les diables et le dogme du ciel et de l'enfer comme connaissance. Les scientifiques, d'autre part, sont très sceptiques, même à propos de leurs meilleures théories. La théorie de Newton est la plus puissante que la science a jamais produite, mais Newton lui-même n'a jamais cru que les corps s'attirent à distance. Donc ce n'est pas le degré d'engagement envers les croyances qui en fait une connaissance. En effet, la marque d'un comportement scientifique est un certain scepticisme, même envers les théories auxquelles on tient le plus. L'engagement aveugle à l'égard d'une théorie n'est pas une vertu intellectuelle : c'est un crime intellectuel. (Lakatos, 1978a, p. 1, traduction proposée par T. Guèye)

Ainsi, poursuit le théoricien des « programmes de recherche », une déclaration peut être pseudo-scientifique, même si elle est éminemment « plausible » et que tout le monde y croit. Et, elle peut être scientifiquement valable, même si elle est incroyable et que personne ne lui accorde le moindre crédit. En outre, Lakatos estime qu'une théorie peut être d'une authentique valeur scientifique même si personne ne la comprend, et encore moins n'y croit. Il faut dissocier les vertus d'une théorie de la perception que pourrait en avoir le public. En effet, la subjectivité de chacun guide ses convictions, son implication et son bon jugement, mais les exigences d'objectivité et d'universalité qui fondent la réputation de la science transcendent toute préconception. Sa valeur scientifique ne dépend que de l'objectivité qui sous-tend ces conjectures dans les faits. Nous verrons que la méthodologie développée par Lakatos découle de cette conception de la science qui vient d'être déclinée.

En ce qui concerne Robert, son correctionnisme est une conséquence de sa critique constructive de ce qu'il appelle, à la suite de Lakatos, « faillibilisme sophistiqué » (Robert, 1993) et que Dominique Lecourt préfère désigner par l'expression « méthodologie raffinée » (Lecourt, 2001, p. 75). En fait, Robert est lakatosien comme Lakatos est popperien et ce qu'il dit de celui-ci à l'égard de Popper lui est applicable *mutatis mutandis* dans sa relation avec le philosophe des « programmes de recherche ». Le philosophe canadien soutient, en effet, ce qui suit :

> Quant au programme falsificationniste, Lakatos soutient que Popper en a élaboré le noyau dur et que lui-même, en s'opposant à Kuhn et aux autres adversaires du falsificationnisme, a produit les hypothèses auxiliaires et les changements de problématiques qui ont accru sa prédictivité et sa scientificité, pour le sauver de la falsification. Ce faisant, Lakatos laisse entendre qu'il est responsable d'avoir procuré au falsificationnisme sa valeur scientifique, puisque c'est la force prédictive

> des hypothèses auxiliaires qui peut donner à un programme de recherche la scientificité que son noyau dur ne peut lui conférer. Ainsi, de la même façon que la découverte des isotopes a procuré de la scientificité au programme de Prout, ou que Galilée a fait de même avec l'héliocentrisme d'Aristarque de Samos et de Copernic, Lakatos considère que, par sa théorie des programmes de recherche scientifiques, il a rendu scientifique un noyau dur d'origine poppérienne. (Robert, 1993, p. 187)

Nous verrons que les critiques adressées par Serge Robert plus tard à Lakatos seront du même acabit que celles de ce dernier à l'encontre du maître du falsificationnisme. L'examen successif de ces deux « programmes de recherche » devrait nous permettre d'éclairer tant la position de Lakatos que celle de Robert, mais de plus, nous y chercherons les signes d'une ouverture à la dimension technologique et expérimentale de la science à travers l'étude de la place que l'un et l'autre accordent à ces questions dans leurs philosophies des sciences respectives.

2.1. Programme de recherche et correctionnisme

Bien informé des théories antagonistes de Karl Popper et de Thomas Kuhn, Lakatos tente de les dépasser, si l'on peut dire, après une critique consciencieuse tant du premier que du second. En effet, le philosophe magyar trouve la philosophie popperienne trop évolutionniste pour rendre compte de l'histoire réelle des sciences. De son point de vue, la doctrine du Philosophe autrichien se prévaut d'une approche normativiste pour ne pas tenir compte de l'histoire. Mais peut-être était-ce pour ne pas retomber dans les travers de l'inductivisme que le falsificationnisme de Popper s'est acharné à réfuter depuis 1934, année de la parution de *La logique de la découverte scientifique* ? En tout cas, une chose est établie : les scientifiques n'abandonnent pas leurs théories simplement parce qu'elles seraient confrontées à un contre-exemple. Popper lui-même est une parfaite illustration de cette idée selon les anecdotes que nous tenons de Luce Giard[2], commentateur de Lakatos et de Donald Gillies[3] qui fut un ancien étudiant de celui-ci (Lakatos).

Selon Giard, Lakatos, de commentateur zélé « au service des théories de Popper », est devenu son plus fidèle critique. Ce qui lui fait dire qu'« en fait, la distance entre les deux hommes se creusa à mesure que Lakatos explicita par écrit ses critiques de Popper et que celui-ci en prit connaissance dans la phase de préparation des actes du colloque[4]. » Pour Giard, c'est à partir du moment où Lakatos prit la liberté d'« améliorer » par une critique acérée la thèse principale de Popper sur l'induction qu'il fut disqualifié pour cause d'hérésie grave. Ce crime de lèse-majesté lui valut la rancune tenace de Popper qui lui en voulut au point qu'il ne daigna même plus parler de son ancien thuriféraire. Voici ce que Giard rapporte à ce sujet :

> Que l'éloignement intellectuel et personnel se soit installé entre les deux hommes dans les années suivantes, on le vérifie à la lecture de l'autobiographie de Popper, *Unended Quest*, préparée, selon l'usage de la série, pour le volume d'hommage ci-dessus mentionné, paru en 1974, l'année de la disparition de Lakatos. Dans ce récit, on ne trouve que de rares mentions de Lakatos, toutes d'un ton réservé et plein de froideur. Le plus triste, c'est peut-être de constater que même la mort de Lakatos ne parvint pas à adoucir l'irritation et la déception de Popper. En effet, la version révisée de l'autobiographie, publiée en un petit livre à part en 1976, ne montre aucun changement dans les trois passages concernant Lakatos. Le premier mentionne la terminologie proposée par Lakatos pour désigner les « changements de problèmes dégénératifs », expression à laquelle Popper semble accorder une approbation implicite. Le second fait référence à l'article de Lakatos sur la logique inductive [1968b], pour déplorer l'incompréhension que ce texte manifeste à l'égard de la pensée de Popper, et se termine ainsi : « Il est, je pense, impossible d'éviter toutes les méprises » ; autrement dit, Lakatos n'est jamais que l'un d'entre mes mauvais lecteurs. Le dernier passage enfin réclame au profit de Popper la paternité de l'idée de « programme de recherche métaphysique », employée, dit-il, dans ses cours dès 1949 sinon même avant et développée par écrit dans le fameux *Postscript* prévu pour faire suite, vingt ans après, au livre de 1934. Par un concours de circonstances assez compliqué, ce livre resta à l'état d'épreuves imprimées pendant fort longtemps (il fut publié en trois volumes à partir de 1982), mais il circula largement parmi les « collègues » de Popper, dit celui-ci, et parmi ses étudiants, selon William W. Battley III qui devait finalement en assurer l'édition. (Giard, 1994, « Introduction à Lakatos », p. XV)

Gillies, quant à lui, affirme que Popper, lui avait avoué à l'époque que : « jusqu'à récemment, il avait pensé que Lakatos était l'une des personnes qui avait le mieux compris sa position, et que c'était une grande déception pour lui d'apprendre que ce n'était pas le cas[5]. » En fait, après les sérieuses critiques de son jeune collègue de la *London School of Economics* (*LSE*), Popper aurait prétendu que Lakatos n'avait pas compris sa position et l'avait déformée par des citations sélectives et en omettant de mentionner quelques passages. Afin de mieux comprendre la position de Lakatos, cette querelle entre lui et Popper nous semble bienvenue pour distinguer leurs positions respectives afin de nous permettre de mieux comprendre la philosophie du Magyar. La présentation de Gillies met le doigt sur l'existence de deux Lakatos. Le premier étant un fidèle admirateur et défenseur des idées de Popper et le second, critique acerbe et infatigable des thèses à la fois de son collègue et mentor, mais aussi de Thomas Kuhn dont la lecture des textes lui a permis pourtant de prendre le recul critique qui lui a valu les foudres du Maître à l'époque.

Gillies (2011) raconte que Lakatos a d'abord agi comme le champion et le défenseur de Popper. Ce qui s'est matérialisé par son montage plutôt créatif des travaux de la conférence de 1965 à *Bedford College*. Ainsi le volume sur le problème de la logique inductive pourrait être considéré comme le volume Carnap, parce que celui-ci, qui fut l'un des principaux rivaux de Popper, y a présenté un texte important et que Lakatos en réponse lui a consacré un long article pour défendre Popper contre Carnap. Selon Gillies, la production de ce volume n'avait en rien perturbé les relations entre Lakatos et Popper, puisque Lakatos a toujours préféré Popper à Carnap. Ce volume a été publié en 1968, mais envoyé à l'imprimerie vers la fin de l'année 1967. Ce qui fait penser que vers la fin de l'année 1967, Lakatos était encore un grand admirateur de Popper.

En revanche, si nous remontons un peu plus de cinq années plus tard, vers 1973, le tableau d'ensemble a complètement changé. Donald Gillies en tant qu'ancien étudiant de Lakatos était à la bonne place pour voir comment évoluèrent les vues de Lakatos à cette époque comme en témoigne le cours en huit conférences qu'il avait données à la *LSE* sur la méthode scientifique. Celles-ci ont été enregistrées puis transcrites par Sandra Mitchell, avec l'aide de Gregory Currie, puis publiées par Matteo Motterlini dans son livre paru en 1999 (Motterlini 1999, p. 189 et Motterlini 2002, p. 499 – NDBP n° 21). Dans ces textes, Lakatos attaque Popper d'une manière impitoyable. Tout ce que Lakatos reconnaît encore à Popper, c'est un certain mérite à sa philosophie politique, mais il dénie toute valeur à sa philosophie des sciences, comme en attestent les propos ci-dessous prêtés à Lakatos et rapportés dans le texte de Motterlini (1999, p. 89–90) :

> Il semblerait que Popper et ses trois contributions majeures à la philosophie étaient les suivants : (1) son critère de falsifiabilité - que je pense être un recul par rapport à Duhem, (2) sa solution au problème de l'induction - que je pense être un recul par rapport à Hume… et (3) son chef-d'œuvre littéraire « La Société ouverte par un de ses ennemis » (…) comment l'appelle-t-on déjà ? *La Société ouverte et ses ennemis.* (…) *La société ouverte* est franchement un chef-d'œuvre littéraire : n'étant pas un philosophe politique, je ne peux pas commenter son contenu, mais je pense que c'est un livre merveilleux. Donc, en conclusion, les deux tiers de la gloire philosophique de Popper sont basés sur une méprise.

À cette charge, Lakatos ajoute un peu plus tard et sur le même ton ce qui suit : « je pense que le fait que la philosophie de Popper a survécu pendant si longtemps est un mystère sociologique. L'immortalité de Popper est garantie par ce résultat stupide. » (Motterlini 1999, p. 92). La question qui nous vient à l'esprit quand on a connu les relations naguère cordiales entre les deux hommes est celle-ci : comment cet énorme changement dans l'attitude de Lakatos vis-à-vis de Popper est-il survenu ? En fait, nous dit Gillies, lorsque le volume de Carnap a été achevé, Lakatos s'est penché sur le dernier volume des actes du colloque. On pourrait appeler celui-ci le « volume Kuhn », car il contenait un de ses articles et divers autres documents discutant sa position. Pour Gillies, lorsque Lakatos a commencé l'édition de ce volume, son intention était de lui donner la même forme que le volume consacré à Carnap. Il avait prévu d'écrire un long article pour défendre Popper contre Kuhn. Toutefois, les idées de Lakatos ont évolué entre-temps de manière telle que cela a eu un impact différent sur son projet initial. En effet, son étude de Kuhn l'a convaincu que celui-ci avait raison sur certains points à propos desquels Popper avait tort. Ce qui ne veut pas dire que Lakatos s'est converti à la philosophie de Kuhn puisqu'il est resté aussi critique sur bien des aspects à l'égard de la position de Kuhn. Ainsi commence sa croisade contre de nombreux points de la position de Popper et la construction de sa méthodologie des « programmes de recherche » que nous allons voir bientôt.

Du coup, le volume Kuhn a finalement été publié en 1970 sous le titre *Criticism and the Growth of Knowledge*, édité par Imre Lakatos et Alan Musgrave. Il contenait un long article de Lakatos, « *Falsification and the Methodology of Scientific Research Programmes* » dont la traduction en français sous l'égide de Luce Giard a donné « *La falsification et la méthodologie des programmes de recherche scientifique* ». Cependant, ce document, loin d'être une défense de Popper contre Kuhn, constitue une critique à la fois de Popper et de Kuhn. Comme nous l'avons dit plus haut, ce fut aussi l'occasion pour Lakatos de développer une nouvelle position : « La méthodologie des programmes de recherche scientifique », une position intermédiaire entre Popper et Kuhn comme en atteste le point 3 du chapitre IV de *La mécanique de la découverte scientifique* (voir p. 181) de Serge Robert.

Venons-en maintenant aux critiques que Lakatos a faites à Popper puis à la manière dont elles ont mené à la grande querelle qui a opposé Lakatos à Popper. Les critiques de Lakatos à l'encontre de Popper ont été développées quand il s'est mis à explorer les thèses de Kuhn. Cependant, nous dit Gillies, ces critiques étaient fondées non pas tant sur Kuhn que sur la thèse de Duhem. En effet, dans son texte de 1970, Lakatos parle de la thèse Duhem-Quine, mais en fait, la philosophie de Quine eut peu d'impact sur Lakatos tandis qu'il étudiait Duhem avec la plus grande attention. Ce n'est pas par hasard que Lakatos, dans l'un des passages extraits de ses dernières conférences sur la méthode, parle de « son critère de falsifiabilité » que Gillies considère comme étant un retour à Duhem. Le passage suivant tiré de *La théorie physique* semble bien confirmer cette idée :

> Il serait téméraire de croire, comme Arago semble l'avoir pensé, que l'expérience de Foucault condamne sans retour l'hypothèse même de l'émission, l'assimilation d'un rayon de lumière à une rafale de projectiles ; si les physiciens eussent attaché quelque prix à ce labeur, ils fussent sans doute parvenus à fonder sur cette supposition un système optique qui s'accordât avec l'expérience de Foucault.
>
> En résumé, le physicien ne peut jamais soumettre au contrôle de l'expérience une hypothèse isolée, mais seulement tout un ensemble d'hypothèses ; lorsque l'expérience est en désaccord avec ses prévisions, elle lui apprend que l'une au moins des hypothèses qui constituent cet ensemble est inacceptable et doit être modifiée : mais elle ne lui désigne pas celle qui doit être changée. Nous voici bien loin de la méthode expérimentale telle que la conçoivent volontiers les personnes étrangères à son fonctionnement. On pense communément que chacune des hypothèses dont la Physique fait usage peut être prise isolément, soumise au contrôle de l'expérience ; puis, lorsque des épreuves variées et multipliées en ont constaté la valeur, mise en place d'une manière définitive dans le système de la Physique. (Duhem, 1906, p. 307)

Poursuivant son analyse sur la place qu'occupe réellement Duhem dans les nouvelles thèses de Lakatos, Gillies estime que si nous acceptons cette thèse de Duhem, il semble impossible de falsifier une hypothèse isolée et donc que le critère de falsifiabilité n'est pas satisfaisant. Dans cette optique, Duhem pose la question suivante : si l'expérience n'est pas d'accord avec un groupe d'hypothèses, comment pouvons-nous savoir laquelle des hypothèses devrait être changée ? Lakatos propose sa méthodologie des programmes de recherche scientifique comme une solution à ce problème duhemien. Il a ainsi développé ses critiques de Popper et son nouveau compte-rendu non-popperien de la méthode scientifique, principalement dans les années 1968 et 1969 et c'est durant ces années que la grande querelle a éclaté entre Popper et Lakatos. Il faut ajouter que ces années ont été les dernières de Popper en tant que professeur à la *LSE* puisqu'il a pris sa retraite en 1969 à l'âge de 67 ans. Tout compte fait, l'attitude de Popper face aux assauts critiques de Lakatos montre bien qu'abandonner sa théorie juste parce qu'elle est confrontée à un contre-exemple est plus facile à dire qu'à faire. De plus, comment pourrait-on envisager un renoncement aussi facile à une théorie présentée comme supérieure face à un contre-exemple souvent empirique ? Quelle théorie Lakatos propose-t-il pour améliorer celle de Popper et consolider la sienne en tenant compte à la fois des objections de Kuhn et des intuitions de Duhem ? Dans l'optique de répondre à ces questions, John Kadvany (2001) soutient que :

> La critique de Popper est imbriquée avec les histoires normatives de Lakatos visant à créer une théorie historiographique, tout ce qui constitue (…) la logique de la découverte scientifique changeante de Lakatos, ce qui signifie une méthodologie qui prend en compte son propre statut historique et transitoire. Comme Feyerabend l'a noté dans sa notice nécrologique pour Lakatos, dans la science moderne, il existe un horizon des faits en constante expansion. La méthodologie des programmes de recherche scientifique montre qu'il peut aussi bien y avoir un horizon sans cesse croissant de méthodes. (Kadvany, 2001, p. 155, traduction proposée par T. Guèye)

Pour mieux aborder la philosophie des sciences du Magyar, il nous semble que la prendre sous l'angle de la méthodologie évoqué ci-dessus par Kadvany permettrait de mieux comprendre l'approche des programmes de recherche. Dans *Preuves et réfutations*, en effet, le premier ouvrage de Lakatos, fruit de sa thèse et ayant un sous-titre[6] qui fait ouvertement référence au legs popperien, Lakatos assume clairement, non seulement sa nouvelle affiliation à Popper, mais aussi celle plus ancienne qu'il doit au mathématicien et philosophe hongrois, George Pólya. Dans ses remerciements à la version dudit document publié dans le *British Journal for the Philosophy of Science*, il affirmait déjà que son article devait « (…) être replacé dans le contexte de la relance de l'heuristique mathématique de Pólya et de la philosophie critique de Popper. » (1963–64, p. xii). Outre cette reconnaissance exprimée à l'endroit de ses deux mentors, Lakatos est plus explicite dans l'introduction du livre quand il soutient que :

> L'objet de cet essai est d'aborder certains problèmes de la *méthodologie des mathématiques.* J'utilise le terme « méthodologie » dans le sens qui s'apparente à celui de « heuristique » chez Pólya et Bernays, et à celui des locutions « logiques de la découverte » ou « logique situationnelle » de Popper. La dénaturation récente du terme « méthodologie des mathématiques » pour en faire une sorte de « méta-mathématique » a sans conteste une odeur de formalisme. Elle indique que dans la philosophie formaliste des mathématiques, il n'y a pas de place réservée à la méthodologie en tant que logique de la découverte. (Lakatos, 1984, p. 3)

Il est évident, par ailleurs, que le titre complet de l'ouvrage : *Preuves et réfutations. La logique de la découverte mathématique* se réfère à deux des livres les plus célèbres de Popper : *Conjectures et réfutations* et *La logique de la découverte scientifique*, notamment. Cela ne veut pas dire que Popper et Pólya furent ses seules influences puisqu'il y a des signes évidents de l'influence des philosophies qu'il avait étudiées en Hongrie et qui ne sont pas l'objet de notre présente étude, à savoir le marxisme et l'hégélianisme.

Il nous semble important de bien connaître le contenu que donne Lakatos à son concept de « méthodologie » pour mieux appréhender le sens qu'il veut donner à son « programme de recherche ». Or le sens que lui donne Pólya dont il se réclame n'est rien moins que celui d'*ars inveniendi*. Ce qui n'est pas sans rappeler les débats du XVIIe siècle sous l'égide de philosophes comme Bacon, Descartes et Leibniz qui opposaient l'*ars inveniendi*, portée par les mathématiques et la nouvelle science expérimentale, à l'*ars demonstrandi* associé au syllogisme, et donc à Aristote ainsi qu'à la scolastique. Pólya décline la conception de la méthodologie dont se réclame son disciple et compatriote en ces termes :

> Heuristique, ou heurétique, ou « ars inveniendi » était le nom d'une certaine branche d'étude, pas très clairement circonscrite, appartenant à la logique, ou à la philosophie, à la psychologie ou, souvent décrite, rarement présentée en détail, et aussi bon qu'oubliée aujourd'hui. Le but de l'heuristique est d'étudier les méthodes et les règles de la découverte et de l'invention. Quelques traces d'une telle étude peuvent être trouvées dans les textes de commentateurs d'Euclide ; il y a un passage de Pappus particulièrement intéressant à cet égard. Les tentatives les plus célèbres pour construire un système heuristique sont dues à Descartes et à Leibniz, deux grands mathématiciens et philosophes. (Pólya, 1973, [première édition, 1945], p. 112, traduction proposée par T. Guèye)

Le but de l'heuristique est donc d'étudier les méthodes et les règles de découverte et d'invention. Une telle approche permet à Lakatos d'entreprendre la réconciliation entre « contexte de découverte » et « contexte de justification » dont l'opposition remonte à *Experience and Prediction : an Analysis of the Foundations and the Structure of Knowledge* de Hans Reichenbach (1957). Ce dernier soutenait que :

> Si une détermination plus pratique de ce concept de reconstruction rationnelle est recherchée, on pourra dire que cela correspond à la forme dans laquelle les processus de pensée sont communiqués à d'autres personnes au lieu de la forme sous laquelle ils sont subjectivement effectués. La façon dont, par exemple, un mathématicien publie une nouvelle démonstration, ou un physicien son raisonnement logique dans la fondation d'une nouvelle théorie, serait presque identique à notre conception de la reconstruction rationnelle, et la différence bien connue entre la façon dont le savant découvre ce théorème et sa façon de le présenter devant un public peut illustrer la distinction en question. J'introduirai les termes *contexte de découverte* et *contexte de justification* pour marquer cette

> distinction. Ensuite, nous devons dire que l'épistémologie n'est occupée qu'à construire le contexte de la justification. Mais, même la façon de présenter les théories scientifiques n'est qu'une approximation de ce que nous entendons par le contexte de la justification. Même la forme écrite des expositions scientifiques ne correspond pas toujours aux exigences de la logique ou ne supprime pas les traces des motivations subjectives dont elles sont issues. Si la présentation de la théorie est soumise à un examen épistémologique minutieux et exact, le verdict est encore plus déplorable. Car, le langage scientifique, étant destiné à l'instar du langage ordinaire à des fins pratiques, contient des abréviations et tant d'inexactitudes tacitement tolérées qu'un logicien ne sera jamais pleinement satisfait de la forme des publications scientifiques. Notre comparaison, cependant, peut au moins indiquer la manière dont nous voulons voir une pensée remplacée par des opérations valides, et il peut également montrer que la reconstruction rationnelle de la connaissance appartient à la tâche descriptive de l'épistémologie. Il est lié à la connaissance factuelle de la même manière que l'exposition d'une théorie est liée à la pensée effective de son auteur. (Reichenbach, 1957, p. 6–7, traduction proposée par T. Guèye)

Pendant la vingtaine d'années qui a suivi la publication de ce texte, la conception justificationniste a régné sans partage sur la philosophie des sciences. Elle ne sera discutée et fortement nuancée que vers les années 1960. Thomas Kuhn fut la figure de proue de cette mise en cause des thèses du philosophe allemand et ses héritiers. L'un des objectifs de Lakatos fut en fait de concilier la perspective descriptive et historique de Kuhn avec le point de vue logique et normatif de Popper. Aussi, reprend-il la valorisation kuhnienne du contexte de découverte en tentant de développer une théorie des relations de la découverte et de la justification. Dans cette optique, Lakatos invente sa théorie de la méthodologie falsificationniste des programmes de recherche que nous allons présenter maintenant.

2.1.1. Le falsificationnisme des programmes de recherche

Selon Lakatos, la science se définit par une caractéristique fondamentale : le progrès. Sa méthodologie repose sur les heuristiques, négative d'une part et positive d'autre part, qui ont pour cadre respectivement le noyau dur et la ceinture protectrice. En cas de mise à l'épreuve, l'hypothèse auxiliaire intervient pour, dirons-nous, tester le noyau dur à travers la ceinture protectrice. Ainsi, si une conjecture audacieuse prédit les faits annoncés, elle est progressive et conforte le programme de recherche. Par contre, si elle court après les faits, comme il le dit non sans ironie, ou n'arrive à les expliquer qu'après coup, alors on ne pourra considérer un tel programme de recherche que comme dégénérescent, ce qui conduit à son abandon, puis à son remplacement par un autre plus prometteur[7]. Ce qui définit la valeur et la qualité d'un programme de recherche pour Lakatos est d'abord et avant tout sa capacité à croître. Ce sont là les grandes lignes de ce que Ian Hacking (Hacking, 1989, p. 42) appelle la « vision alternative et rationaliste de la science » de Lakatos et que Serge Robert qualifie d'épistémologie « activiste révolutionniste, (…) dans une situation intermédiaire entre le révolutionnisme poppérien et le conservatisme kuhnien. » (Serge Robert, 1993, p. 183).

En outre, Lakatos considère que les théories de Popper sont passées du falsificationnisme dogmatique[8] qui le caractérisait avant 1920, que l'on a tenu à tort pour la thèse officielle de celui-ci, au falsificationnisme méthodologique[9] qu'il a adopté par la suite jusqu'aux alentours de 1950. C'est la période que Lakatos appelle celle du Popper 1 qui succède au premier (Popper 0) et qui développe un falsificationnisme défini comme une méthodologie où les observations sont chargées de théorie, les contre-exemples répétables tout en étant susceptibles de faire l'objet d'un consensus intersubjectif et où des stratagèmes immunisateurs sont possibles, mais peuvent être condamnés au nom du progrès scientifique (Serge Robert, 1993, p. 183). Cependant, pour le jeune collègue de Popper, depuis les années cinquante, celui-ci aurait évolué discrètement vers un Popper 2 qui aurait substitué sa version naïve du falsificationnisme méthodologique par une autre plus sophistiquée[10]. Ainsi, en critiquant le falsificationnisme selon Popper 1, Lakatos rejette la possibilité que des hypothèses scientifiques individuelles puissent valablement être confrontées à l'expérience. En effet, selon lui, à l'instar de Duhem, c'est un ensemble complexe et solidaire qui est toujours mis à l'épreuve. De ce fait, la science se décline, pour lui, sous forme de « programmes de recherche ». Mais, qu'est-ce qu'un programme de recherche ? Voilà ce qu'en dit son concepteur :

> J'ai parlé du problème de l'évaluation objective du développement des sciences en termes de déplacements progressifs et dégénératifs de problèmes dans des séries de théories scientifiques. Les séries les plus importantes pour le développement des sciences se caractérisent par une certaine *continuité* qui relie leurs termes, et qui provient d'un authentique programme de recherche ébauché dès le début. Ce programme se compose de règles méthodologiques sur les voies de recherche à éviter (*heuristique négative*) ou à poursuivre (*heuristique positive*).
>
> On peut même considérer la science dans son entier comme un immense programme de recherche qui obéit à la règle heuristique suprême de Popper : « imaginer des conjectures qui aient plus de contenu empirique que les conjectures précédentes ». Des règles méthodologiques de ce genre peuvent être formulées, Popper l'a fait remarquer, sous forme de principes métaphysiques. On peut

> par exemple énoncer la règle *universelle* anti-conventionnaliste qui interdit les exceptions sous la forme du principe métaphysique : « La nature ne permet pas d'exception ». C'est pour cette raison que Watkins a qualifié ces règles de « métaphysique influente ». (Lakatos, 1994, p. 62)

Ainsi, tel que reformulé par Chalmers, « une hypothèse doit être falsifiable, elle est d'autant meilleure qu'elle est plus falsifiable, mais elle ne doit cependant pas être falsifiée. » (Chalmers, 2008, p. 91). Cette condition à elle seule n'étant pas suffisante, un falsificationniste sophistiqué comme Lakatos a besoin de lui adjoindre une condition supplémentaire afin de rendre compte de la nécessité pour la science de progresser. C'est pourquoi il estime que pour subroger une hypothèse déjà en place, la nouvelle a besoin de remplir davantage de critères de réfutabilité que celle qui la précède. De ce fait, le falsificationnisme sophistiqué déplace l'attention des mérites d'une théorie unique de la science à ceux relatifs des théories en concurrence. Du coup, contrairement au falsificationnisme naïf, celui préconisé par Lakatos assume une vision dynamique de la science. Par conséquent, plutôt que de se demander si une théorie est falsifiable, on s'interrogera davantage sur son aptitude à remplacer sa concurrente (voir Chalmers, 2008, p. 91–92).

C'est dans cette optique que le philosophe magyar soutient l'idée que l'histoire interne des falsificationnistes dramatise les conjectures audacieuses, les améliorations dont ils affirment qu'elles correspondent toujours à un accroissement de contenu, et par-dessus tout, les expériences cruciales négatives qui triomphent. La méthodologie des programmes de recherche, en revanche, met l'accent sur la rivalité empirique et théorique à long terme entre programmes de recherche majeurs sur les changements de problèmes progressifs ou dégénératifs, et sur la lente émergence de la victoire d'un programme sur l'autre. Pour lui :

> Chaque reconstruction rationnelle conduit à une structure caractéristique pour la croissance rationnelle de la connaissance scientifique. Mais toutes ces reconstructions normatives peuvent avoir à être complétées par des théories empiriques externes, afin d'expliquer les facteurs non rationnels résiduels. L'histoire des sciences est toujours plus riche que sa reconstruction rationnelle. *Mais, la reconstruction rationnelle ou histoire interne est première, tandis que l'histoire externe est seulement seconde, puisque les problèmes les plus importants de l'histoire externe sont définis par l'histoire interne.* Quant à l'histoire externe, soit elle donne une explication non rationnelle du rythme, de la localisation et de l'importance des événements historiques, en tant que ceux-ci reçoivent une interprétation en termes d'histoire interne ; soit, lorsque l'histoire diffère de sa reconstruction rationnelle, elle offre une explication empirique d'une telle différence. Mais c'est la logique

> de la découverte scientifique qu'on adopte qui rend pleinement compte de l'aspect rationnel de la croissance scientifique. (Lakatos, 1994, p. 210)

Selon Luce Giard dans l'introduction qu'il consacre à la traduction d'une partie des *Philosophical Papers* (1978a), c'est un décalque de l'anglais qui a imposé en français la distinction reçue entre une histoire des sciences dite « internaliste », ne se souciant que des éléments « internes » à la science étudiée que sont les théories, les concepts, les procédures de démonstration et d'expérimentation, etc., et une histoire « externaliste », explorant un vaste champ d'intérêt, faisant place aux éléments « externes » à la science en question, c'est-à-dire les institutions, les financements, les carrières, l'éducation, la politique de la science, la circulation des résultats, etc. Estimant que l'histoire externe et externaliste se tient à l'extérieur de la connaissance scientifique du fait qu'elle recourt à des sources secondaires qui ne peuvent rien apporter d'essentiel quant au contenu et à la compréhension d'une science, Lakatos avait pris fait et cause pour l'internalisme. En effet, pour lui, la question n'avait même pas à être considérée puisque l'histoire interne et internaliste est première par la nature de ses sources primaires où se communique le contenu de la science[11]. Comme le dit Lakatos lui-même :

> Notre analyse est internaliste au sens strict ; n'y trouvent place ni l'esprit de la Renaissance si cher au cœur de Kuhn, ni le tumulte de la Réforme et de la Contre-Réforme ni l'influence des hommes d'Église, ni le moindre signe d'un effet de la naissance (réelle ou supposée) du capitalisme au XVIe siècle ni la stimulation due aux nécessités de la navigation comme se plaît à le dire Bernal. Tout notre développement est strictement interne ; sa partie progressive aurait pu avoir lieu, étant donné un génie copernicien, n'importe quand entre Aristote et Ptolémée, en n'importe quelle année après la traduction latine de *l'Almageste* en 1175, ou après celle que fit un astronome arabe au IXe siècle. L'histoire externe, *ici,* n'est pas seulement secondaire, elle est presque redondante. Il est bien évident que le système de patronage de l'astronomie, lié à l'attribution de sinécures ecclésiastiques, a joué son rôle, mais son étude n'ajoutera rien à notre compréhension de la révolution copernicienne. (Lakatos, 1994, p. 178–179)

Du coup, selon le commentaire de Giard, Lakatos dédaigne l'histoire externe et externaliste » à cause du fait qu'elle manie des informations secondaires, étrangères aux textes scientifiques proprement dits. En effet, pour lui, prendre en considération les questions de l'histoire externe reviendrait à faire de l'activité scientifique une activité parmi d'autres, ce que le théoricien des « programmes de recherche » récuse énergiquement. Pour lui, la connaissance scientifique est à part et doit le rester. Elle diffère de tout autre parce qu'elle seule accroît la présence du rationnel dans notre monde. Cependant, elle doit mériter ce privilège en satisfaisant à des critères d'une grande exigence. De ce fait, il n'y a pas de compromis possible, les « normes » de rationalité doivent rester intouchables, car il vaut mieux disqualifier un travail scientifique comme pseudo-scientifique que d'accepter un affaissement des normes de spécification rationnelle. Pour Lakatos, leur observance gouverne le devenir des sciences (Lakatos, 1994, Préface de Luce Giard, p. XXIV).

Pour mieux comprendre cette posture de Lakatos, il convient de se pencher un peu plus en détail sur le « programme de recherche » et son fonctionnement. Il introduit l'idée que dorénavant, il faut une analyse des théories en tant que structure. Ainsi, à l'instar de Chalmers, nous convenons de la centralité du programme de recherche lakatosien qui mène la recherche et l'oriente positivement et négativement. Concrètement, l'heuristique négative d'un programme de recherche consiste en des hypothèses de base sous-tendant celui-ci, c'est-à-dire son « noyau dur ». Ce dernier ne peut ni être rejeté ni être modifié sans que ne s'effondre le programme de recherche dont il garantit l'acceptabilité. Afin de le préserver de toute tentative de profanation, Lakatos l'auréole d'une ceinture protectrice d'hypothèses auxiliaires, de conditions initiales, etc. qui le protège des falsifications. C'est ici qu'intervient l'heuristique positive qui ouvre un champ d'exercices à l'inventivité des chercheurs, complète et protège le noyau dur par des hypothèses supplémentaires visant à rendre compte de phénomènes déjà connus et à en prédire de nouveaux (Chalmers, 2008, p. 136). Tel que le recommande Lakatos :

> L'unité de base à évaluer ne doit pas être une théorie isolée, ni une conjonction de théories, mais plutôt un *programme de recherche* doté d'un *noyau dur* accepté par convention (et ainsi tenu, à titre provisoire, pour irréfutable), et d'une « heuristique positive » qui définit les problèmes, esquisse la construction d'un glacis protecteur d'hypothèses auxiliaires, prévoit les anomalies et les transforme victorieusement en exemples ; tout ceci suivant un plan préconçu. L'homme de science répertorie les anomalies, mais, tant que son programme conserve son élan, il peut librement les mettre de côté. *C'est essentiellement l'heuristique de son programme, et non les anomalies, qui lui dicte le choix des problèmes.* C'est seulement lorsque la force motrice de son heuristique positive s'affaiblit qu'il peut prêter plus d'attention aux anomalies. De cette manière, la méthodologie des programmes de recherche peut expliquer *le degré élevé d'autonomie de la science théorique :* avec ses enchaînements discontinus de conjectures et de réfutations, le falsificationniste naïf en est incapable. Ce qui pour Popper, Watkins et Agassi est externe, à savoir l'influence de la métaphysique, devient ici le noyau dur interne d'un programme. (Lakatos, 1994, p. 198–199)

Vu sous cet angle, Chalmers a raison de dire que le noyau dur d'un programme de recherche lakatosien est ce qui permet de le distinguer clairement des autres programmes. Il se singularise par la grande extension des hypothèses qui constituent son ossature et la source de sa propagation. Il est possible d'illustrer cette nature du noyau dur par le programme de recherche copernicien qui reposait sur l'héliocentrisme, ou celui de Newton fondé sur ses lois du mouvement et sur la gravitation, ou encore celui de Marx organisé autour de la centralité de la lutte des classes dans l'explication et la compréhension des sociétés humaines.

En outre, L'irréfutabilité du noyau dur d'un programme de recherche repose sur une entente entre les acteurs impliqués dans le développement d'une discipline scientifique. Ainsi, aucune discordance entre la théorie et les faits n'est imputable directement au noyau dur. C'est plutôt la « ceinture protectrice » qui en porte la responsabilité. Selon Chalmers, cette « ceinture protectrice » est formée d'un écheveau d'hypothèses qui constituent la partie testable du programme de recherche. Elle en constitue l'« heuristique positive », dans le sens où elle complète le noyau dur et le protège de toute réfutation en prenant en charge tout ce qui est explication, développement et prédiction. Elle tient lieu, de ce fait, de cadre au travers duquel se creusent les postulats généraux du noyau dur en parfaite cohérence avec celui-ci (Chalmers, 2008, p 137).

Cette dichotomie propre au programme de recherche amène Serge Robert à parler de programme semi-ouvert et semi-fermé qu'il qualifie de « bipartition » (Robert, 2009, p. 421). Mais, pour lui, au-delà de cette distinction, la dynamique qui unit ces deux parties constitue le cœur du programme lakatosien. En effet, les chercheurs ont tendance à produire des hypothèses au niveau de la ceinture afin de protéger le noyau dès que celui-ci est confronté à un contre-exemple. Cependant, l'ajout des hypothèses de la ceinture protectrice peut avoir des conséquences prédictives s'il n'est pas simplement *ad hoc.* Car, comme le précise Chalmers :

> L'exigence que, pour qu'une science progresse, ses théories soient de plus en plus falsifiables, et par suite aient un contenu de plus en plus conséquent et une valeur informative de plus en plus grande, élimine les théories conçues dans le seul but de protéger une théorie, telle que l'ajout d'un postulat supplémentaire ou un changement dans un postulat existant, n'ayant pas de conséquences testables qui n'aient déjà été des conséquences testables de la théorie non modifiée, sera appelé modification *ad hoc.* (Chalmers, 2008, p. 93)

En revanche, si l'hypothèse a des conséquences prédictives, alors comme dans le cas de l'hypothèse des isotopes, il faudrait déterminer empiriquement si cette hypothèse est corroborée ou non. Ainsi, chaque hypothèse de la ceinture doit créer un nouveau problème scientifique (*problemshift*) (Lakatos, 1978a, p. 34 et sq). Ce faisant, deux scénarios sont alors possibles. Le premier pourrait être la corroboration de l'hypothèse auxiliaire. Ce qui conférerait une plus grande prédictibilité au noyau augmenté de cette nouvelle hypothèse. Le programme devrait alors être tenu pour « progressif » (*progressive*). De l'avis de Lakatos, ce fut le cas lorsque les thèses de Prout, qui soutenait en 1815 que la masse atomique de tout élément chimique pur était un nombre entier, autrement dit un multiple de la masse atomique de l'hydrogène, ont permis de trouver l'existence des isotopes. Le second correspondrait au cas où la nouvelle hypothèse ne serait pas corroborée. Ce qui aurait comme conséquence de ne rien changer au programme déjà existant et de ne pas accroître sa prédictibilité. La nouvelle hypothèse apparaîtrait ainsi comme étant *ipso facto ad hoc* et le programme de recherche dont elle relèverait serait alors susceptible d'être évalué comme « dégénérescent » (*degenerating*) (Lakatos, 1978a, p. 34 et *sq*).

Comparativement au falsificationnisme de Popper et à la théorie des paradigmes de Kuhn, on peut convenir avec Robert que le concept de programme de recherche est très souple. Du coup, un même programme peut être tantôt progressif, tantôt dégénérescent. Mais, plusieurs dégénérescences consécutives favorisées par le cumul d'hypothèses *ad hoc* rendent le programme de recherche tellement décalé de la corroboration empirique qu'il finit par être falsifié comme ce fut le cas de la prolifération des épicycles dans la théorie de Ptolémée qui a fini par avoir raison du géocentrisme. Il en fut de même avec la théorie du phlogistique qui, avant Lavoisier, était l'explication scientifique admise pour rendre compte de la combustion. On considérait alors que le phlogistique était émis à partir de substances brûlées. Mais, à partir du moment où on établit que de nombreuses substances prennent du poids après la combustion, cette thèse fut menacée au point que pour surmonter cette falsification apparente, on attribua au phlogistique un poids négatif. De ce fait, même si toutes les modifications apportées à une théorie en vue de surmonter une difficulté ne sont pas nécessairement *ad hoc*, celle-ci l'était puisqu'elle ne pouvait être testée que sur des substances pesantes avant et après la combustion et ne conduisait à aucun test nouveau.

D'un autre côté, deux programmes de recherche peuvent exister ensemble à la même époque lorsqu'il n'est pas possible de considérer l'un d'eux comme étant falsifié rationnellement. Le falsificationnisme lakatosien se distingue de celui de son prédécesseur popperien par son holisme qui ne porte pas sur des hypothèses individuelles, à l'instar de la thèse développée par Karl Popper, mais se confronte plutôt à l'expérience comme totalité. En conséquence de quoi, s'il y a falsification, c'est le programme de recherche comme totalité qui est falsifié lorsqu'il est rejeté avec son noyau dur et qu'il n'est plus possible de ne modifier que sa ceinture protectrice avec des hypothèses *ad hoc*, alors il faudra accepter de relancer la science sur une nouvelle piste. Ainsi, l'analyse de Robert (sous la dir. de R. Nadeau, 2009, p. 407–435) dans le chapitre 15 de *Philosophie de la connaissance* rend manifeste le fait que le falsificationnisme sophistiqué comprend une mesure du degré de corroboration ou de non-corroboration des conséquences prédictives des hypothèses auxiliaires et réconcilie ainsi, de manière inattendue pour les poppériens orthodoxes, quelque chose du probabilisme carnapien avec le falsificationnisme. Et, le philosophe des sciences québécois termine cette partie de son propos sur Lakatos en soulignant les dernières caractéristiques suivantes :

> Enfin, ce falsificationnisme est également fondamentalement dynamique : ce qui est falsifiable, ce ne sont pas des hypothèses statiques, c'est plutôt la dynamique évolutive d'un système holiste d'hypothèses interdépendantes. Ce falsificationnisme dynamique est donc une théorie de la justification qui constitue, en même temps, une théorie de la découverte ou, plus précisément, une théorie de la justification qui n'est pas applicable aux hypothèses, mais bien plutôt à la dynamique historique des relations entre hypothèses. La logique de la justification devient, par le fait même, tout autant, une logique de la découverte. C'est en récupérant des résultats de l'épistémologie historique dans un cadre justificationniste que Lakatos développe cette logique de la découverte. La conséquence de sa position est non seulement de réconcilier la justification avec la découverte, mais également de les rendre inséparables : ce n'est que dans le développement de la découverte que la justification peut opérer et la justification est le moteur de la découverte. (Robert, 2009, p. 423)

En définitive, vue à travers les œillères théoriques de Lakatos, la science prend la forme d'un programme de recherche qui doit adopter une méthodologie inventive (*ars inveniendi*) caractérisée par une heuristique négative constituant son noyau dur et une autre dite positive formant la ceinture protectrice du noyau et la consolidant. À travers les hypothèses de la ceinture, le programme peut être mis à l'épreuve et, selon la manière dont elles sont réfutées ou corroborées. La théorie scientifique tombe en dégénérescence si l'on ne peut établir sa progressivité garante de la croissance du savoir rationnel par la confirmation de ce qui est avancé dans le cadre de cette théorie. En revanche, une science dont le caractère dégénérescent est établi sera remplacée par une autre. Ce changement de programme de recherche est considéré comme rationnel par Lakatos et ses héritiers, à tout le moins plus rationnel que l'approche largement distillée auprès des communautés scientifiques de l'époque. En somme :

> (...) La philosophie des mathématiques de Lakatos combine certaines parties des idées de Hegel, de Pólya et de Popper dans un équilibre délicat, mais passionnant, où les insuffisances d'une approche sont atténuées ou compensées par les forces de l'autre. Le faillibilisme de Popper atténue l'autoritarisme de Hegel. L'irrationalité de la découverte est remplacée par l'idée d'une rationalité qui se déploie de façon dynamique et selon des règles bien structurées de la découverte. Le subjectivisme de Pólya est remplacé par des procédés objectivés « aliénés » de Hegel. Il est important de souligner que ce n'est pas seulement un rapiéçage philosophique : comme nous le verrons dans la suite de ce texte, Lakatos a usé de l'appui de puissants instruments pour s'attaquer à un problème de la plus haute importance, – celui de la rationalité de la science et du changement de théorie qui aujourd'hui encore rechigne à toute solution. (Matteo Motterlini. 2002, p. 492)

Mais, comme nous allons le voir à présent, Serge Robert bien que se réclamant de Lakatos ne le suivra pas aveuglément sur le terrain du faillibilisme sophistiqué qui dissimule mal, selon lui, un « non-faillibilisme ». Puis, nous envisagerons les implications de leurs visions respectives lorsqu'elles sont confrontées à nos thèses sur les nanotechnosciences.

2.1.2. Le correctionnisme robertien

Alors que pour Lakatos la science se définit comme programme de recherche par la croissance, pour Robert les mécanismes de la découverte scientifique sont dans le changement et le progrès. En fait, Robert adhère bien au falsificationnisme sophistiqué de Lakatos, mais il considère qu'il faut le sauver de la dégénérescence comme celui-ci l'avait fait auparavant pour Popper. Il remarque d'abord que le falsificationnisme sophistiqué n'est pas un véritable falsificationnisme au sens popperien. En effet, pour Robert il ne permet pas vraiment de déterminer qu'un programme de recherche est objectivement faux puisque la thèse lakatosienne selon laquelle un programme n'est falsifié que s'il existe un meilleur programme concurrent montre bien qu'il ne s'agit pas d'une véritable falsification. C'est pourquoi il est plus exact de parler d'un abandon, que l'on peut expliquer en soutenant que la communauté scientifique juge que les modifications à faire pour tenter de rendre à nouveau le programme progressif n'en valent pas la peine, parce qu'elles risquent, par exemple, d'être trop nombreuses, ou trop complexes, ou trop incertaines quant à leurs résultats. Cela conforte l'analyse robertienne selon laquelle il n'existe pas de falsificationnisme lakatosien en dépit de ce qu'en dit Lakatos (Robert, 1993, p. 188). En fait :

> Le falsificationnisme sophistiqué est tel qu'un programme de recherche n'est considéré falsifié que lorsque ses adeptes l'ont abandonné. Il s'agit donc d'un abandon de fait et non d'une véritable falsification de droit. Rien ne permet en effet de considérer qu'un programme est objectivement faux simplement parce qu'on l'a abandonné. L'assomption de la thèse Duhem-Quine, par Lakatos, fait en sorte qu'il est toujours possible de reprendre un programme abandonné et de produire les hypothèses auxiliaires qui l'immuniseraient à nouveau contre les contre-exemples et qui pourraient même, qui sait !, accroître à nouveau sa prédictivité. (Robert, 1993, p. 187)

Ainsi, le falsificationnisme de Lakatos abandonne les théories plus qu'il ne les falsifie, ce qui fait dire à Robert qu'il n'y a point de falsificationnisme lakatosien (Robert, 1993, p. 187–188). En outre, le philosophe québécois décèle une ambiguïté dans la conception du noyau dur chez Lakatos. Il note que l'analyse du holisme de son mentor permet de mettre en évidence, d'une part le fait que le noyau dur apparaît comme formé d'hypothèses scientifiques ayant un contenu empirique suffisamment important pour rencontrer des contre-exemples empiriques et exiger des hypothèses auxiliaires pour neutraliser ces contre-exemples. D'autre part, le noyau dur peut aussi être considéré comme un creuset de thèses métaphysiques, distinctes, de par leur contenu, des propositions de la ceinture protectrice, ce qui les rendraient en tant que tel peu testables ou pas du tout. Dans le premier cas de figure, on comprend mal ce qui distingue les thèses du noyau dur des thèses scientifiques que l'on accepte de remettre en question et pourquoi on rechignerait davantage à questionner les thèses de ce noyau dur. Dans le second, si tel est le cas, alors on ne pourrait plus comprendre pourquoi il faut produire des hypothèses auxiliaires pour sauver celles-ci de la réfutation (Robert, 1993, p. 189–190). Robert pense que cette ambiguïté est corrélée à l'argumentation de Lakatos qui se réfère à la fois à l'histoire des sciences, où il constate de fortes résistances à remettre certaines thèses en question comparativement à d'autres thèses auxquelles on tient moins, et à la philosophie des sciences, où les thèses sont distinguées en différents types, selon la nature de leur contenu et leur rapport à l'empiricité. L'écueil ainsi dévoilé par le théoricien du correctionnisme l'amène à se proposer de le dépasser de la seule façon qui lui semble acceptable, en s'appuyant sur le holisme quinien et en considérant la science comme un système total où de la périphérie au centre les hypothèses ont un contenu de moins en moins empirique et de plus en plus théorique, sans pour autant perdre totalement de leur empiricité. Ainsi :

> Les thèses du noyau dur peuvent alors être considérées comme n'ayant pas un contenu historique et un contenu philosophique distincts : le caractère plus

> théorique et moins empirique des thèses du noyau dur fait qu'on refuse historiquement de les modifier (parce que cela aurait trop d'effets transformateurs sur le système total) et qu'en même temps, on les considère d'un point de vue philosophique comme métaphysiques. On lève ainsi l'ambiguïté lakatosienne en développant la portée de son holisme. Le caractère plus métaphysique et le caractère moins modifiable des thèses du noyau dur sont des propriétés inséparables, dépendantes de leur caractère plus théorique et moins empirique. (Robert, 1993, p. 190)

Bien que Lakatos reste falsificationniste, il n'en sera pas moins l'inspirateur du renforcement de la critique robertienne du falsificationnisme poppérien. En effet, Robert admet que si l'on rassemble certains des résultats importants auxquels Lakatos est parvenu, on arrive à certaines de ses positions anti-poppériennes. Sous l'influence combinée de Kuhn et du conventionnalisme, Lakatos reconnut la possibilité de sauver une théorie de la falsification par des hypothèses auxiliaires et découvrit que la formulation de ces hypothèses était un mécanisme essentiel de la découverte scientifique et de la croissance de la scientificité des programmes de recherche. Aussi, en s'intéressant de plus près au conventionnalisme, il se rendit compte du lien profond existant entre les contextes de découverte et de justification. En vérité, juger de la valeur objective de la science, c'est aussi évaluer sa capacité à réagir aux contre-exemples. Du coup, la découverte scientifique apparaît comme une réaction prédictive à des contre-exemples alors que la justification se focalise sur la réalisation ou la non-réalisation de ces prédictions.

Ce constat fait dire à Robert que « la théorie lakatosienne implique que la justification porte sur la valeur prédictive des stratégies de découverte, tout comme la découverte est élaborée pour contrer les prédictions déçues. » (Robert, 1993, p. 188). Considérant tout ceci, il estime que l'on peut conclure que la connaissance peut se définir essentiellement par la capacité de la représentation à prédire l'expérience en cherchant toujours à déduire les phénomènes qui structurent le monde à partir d'un jeu de corrections des idées que nous nous en faisons. Ce qui lui fait dire que « la pensée de Lakatos contient une thèse de l'interaction entre les contextes de découverte et de justification. » Tout comme Robert, il refuse la posture objectiviste de Popper qu'il juge trop rigide, réussissant ainsi à concilier l'inductivisme avec le psychologisme de Carnap. Ce qui conforte l'auteur de *Mécanismes de la découverte scientifique* dans l'idée qu'il fait bien de fonder son rejet du « falsificationnisme poppérien sur un inductivisme, un psychologisme, un conventionnalisme, un holisme et une interaction entre les contextes de découverte et de justification. » (Robert, 1993, p. 188).

De son interprétation de la théorie lakatosienne, Robert construit sa méthodologie du travail scientifique qu'il appelle correctionnisme. Il remarque que ce qui découle de la philosophie des sciences du Magyar est que les programmes de recherche ne sont pas vraiment objectivement faux ou vrais, mais plus ou moins fiables pour le sujet connaissant, en vertu de leur valeur prédictive plus ou moins corroborée. Robert identifie alors ce qu'il considère comme une position implicite en matière de justification chez Lakatos et qu'il situe entre le falsificationnisme poppérien et le probabilisme carnapien. Tout en prenant ses distances d'avec le falsificationnisme de Popper et le probabilisme de Carnap, Lakatos retient du premier que notre rencontre objective avec le monde empirique se fait par la résistance de ce dernier à nos anticipations ; et du second il reprend l'idée que ce n'est que de façon comparative que l'on peut juger de la valeur objective de nos théories, selon le degré comparé de corroboration de leurs prédictions. En conséquence de cette situation implicite chez Lakatos, Robert tire la théorie explicite de la justification qu'il va nommer « correctionnisme » (Robert, 1993, p. 189). Cependant, comment Robert passe-t-il des thèses lakatosiennes au rationalisme interactionniste et au correctionnisme qu'il préconise ?

Il prétend que « pour passer des thèses lakatosiennes au rationalisme interactionniste et au correctionnisme, il a fallu non seulement découvrir le non-falsificationnisme implicite de Lakatos, mais aussi identifier son holisme, critiquer son concept de noyau dur et penser les relations du noyau et de la ceinture de façon interactionniste. » (Robert, 1993, p. 189). Examinons de plus près cette théorie de Serge Robert qui procède à l'application de sa méthode correctionniste à la méthodologie des programmes de recherche qui l'inspire. Dans cette optique, permettons-lui de préciser le projet qui est le sien :

> Faisant mien le slogan de Lakatos, je considère que la philosophie des sciences sans l'histoire des sciences est vide et que l'histoire des sciences sans la philosophie des sciences est aveugle. Une théorie philosophique de la justification non basée sur l'étude empirique de ce que l'histoire des sciences a été est un ensemble vide de prescriptions peut-être jamais réalisées. De même, la narration descriptive du développement historique des sciences est aveugle quand elle ne voit pas que chaque description n'est rendue possible qu'à travers un point de vue sélectif obtenu à partir d'une conception normative de la distinction entre de la science authentique et de la pseudo-science (*sic*).
>
> Ainsi, au-delà de la distance traditionnelle entre la philosophie des sciences et l'histoire des sciences, et suivant la perspective lakatosienne, je propose une théorie de la science qui fait une démarcation entre la science et la pseudo-science et

> qui tient compte de l'histoire des sciences. Ici, l'histoire des sciences ne doit pas être comprise comme une narration empirique de la succession des événements scientifiques, mais comme étant plutôt une reconstruction rationnelle du développement des théories scientifiques. (Robert, 1993, p. 7)

Dans son entreprise de reconstruction rationnelle du développement des théories scientifiques, Robert entreprend de marcher sur les traces de Lakatos sans hésiter à le reprendre chaque fois qu'il repère un défaut ou une inconsistance susceptible de porter préjudice au programme de recherche en le falsifiant temporairement ou durablement. C'est ainsi qu'il compte, à la manière correctionniste, sauver le programme lakatosien comme celui-ci avait tenté de le faire antérieurement pour le falsificationnisme popperien, afin disait-il de le préserver de la dégénérescence. Au fond, la thèse de Robert est *mutatis mutandis* une sorte de réplique symétrique de celle de Lakatos. En effet, on peut substituer le rationalisme interactionniste au programme de recherche et le correctionnisme au falsificationnisme sophistiqué. Mais, qu'est-ce que le rationalisme interactionniste ?

On peut dire d'emblée que l'interactionnisme ou le rationalisme critique que nous allons tenter d'exposer ici, dans le sens où Serge Robert l'entend, comprend « une théorie abductionniste et correctionniste de la découverte et une théorie correctionniste de la justification. » (Robert, 1993, p. 218). Le rationalisme critique de Robert s'inscrit dans le sillage lointain d'Aristote et à proximité de celui de Carnap et de Popper. L'origine aristotélicienne de ce rationalisme tient à sa théorie de la vérité-correspondance qui préfigure son rationalisme dogmatique qui définissait la connaissance vraie comme une correspondance entre la connaissance et ses objets. Cependant, Aristote mesure bien la difficulté d'une telle entreprise compte tenu du fait que le savoir humain à l'instar de toute expérience humaine est fatalement imprégné de contingence et d'imperfection. Plus près de nous, Robert attribue à Kant, par sa critique de la raison pure qui établit l'impossibilité de connaître les choses en soi, le statut de précurseur de son propre rationalisme critique qu'il définit comme « soutenant que la relation cognitive du sujet connaissant aux objets est une interaction dynamique dans laquelle la vérité est, plutôt qu'une correspondance accessible, une limite inaccessible à laquelle nous tendons à travers un processus d'adaptation infinie à notre environnement. » (Robert, 1993, p. 5).

Cette idée fondamentale dans l'approche interactionniste, Robert reconnaît qu'elle s'apparente à celle de quelques-uns de ses prédécesseurs, à l'instar de Carnap avec sa notion de progrès par accroissement du degré de probabilité de vérité et Popper avec sa théorie du progrès par augmentation du degré de vérisimilitude. Ainsi, *Les mécanismes de la découverte scientifique*, dont le titre initial était

Découverte, justification et cognition : une épistémologie rationaliste interactionniste, s'inscrit dans la tradition rationaliste critique en philosophie des sciences. Pour Robert, le vérificationnisme probabiliste de Carnap ainsi que le falsificationnisme de Popper se situent plus ou moins à mi-chemin entre l'aristotélisme et son criticisme, qu'il préfère désigner par « rationalisme interactionniste ». Par conséquent, le rationalisme interactionniste de Robert est un rationalisme critique ou son rationalisme critique est un interactionnisme qui vise à analyser les interactions cognitives entre les humains et leur environnement (Robert, 1993, p. 6–10). Au fond, Robert pense que compte tenu du fait que depuis Aristote, la philosophie occidentale peut s'interpréter comme un long et sinueux débat entre rationalisme, dogmatisme et anarchisme, les rationalistes ont dû apprendre la modération en se dotant d'une philosophie mesurée à l'abri de toute forme d'extrémisme. Ainsi, plus l'anarchisme épistémologique s'est acharné sur la philosophie rationaliste par son questionnement déstabilisant, plus le rationalisme s'est tourné vers le criticisme que Robert et certains de ses prédécesseurs ont adopté chacun à sa manière.

Lors du *Séminaire sur la représentation* du mois de février 1992 à l'initiative du Centre Interdisciplinaire de la Recherche sur l'Apprentissage et le Développement en Éducation (CIRADE) Robert présenta un article intitulé « Abduction, correction et apprentissage » qui fut publié dans le numéro 69 de novembre de la même année sous l'égide de l'organisme susnommé. À cette occasion, il exposa son rationalisme interactionniste comme « une théorie interactionniste de la connaissance humaine ». Cette théorie se propose de suggérer des pistes de développement à la science. Les principaux résultats auxquels ont abouti les travaux du logicien de l'UQÀM lui permettent de présenter une philosophie très élaborée basée sur une approche cognitiviste de nos interactions avec notre environnement. Selon ce qu'il en dit dans son article, sa théorie de la connaissance commence dans la perception qu'il conçoit comme une expérience empirique se manifestant par une rencontre de notre expérience physique et de notre expérience psychologique. En fait, il définit quatre niveaux épistémiques dont la perception constitue l'ordre zéro, la description l'ordre un, l'explication et/ou la prédiction l'ordre deux et la justification ou le niveau métascientifique l'ordre trois. Le philosophe des sciences pense ainsi mettre en place une approche de la perception et de la signification qui permette de mieux saisir comment l'observation, le langage observationnel et le langage théorique sont distincts et agissent de façon déterminée les uns sur les autres. Ainsi, « nous devons (…) jouer sur plusieurs ordres épistémiques, ou intensionnels (descriptifs, explicatifs et justificatifs) pour connaître le seul ordre épistémique, ou extensionnel, de notre expérience empirique. » (Robert, 1993, p. 94).

Dans ce contexte, la perception, en tant que construction reposant sur un donné sensoriel, est abductive du fait qu'elle « sélectionne des différences sensorielles de façon à nous faire percevoir des objets, elle induit à partir de ressemblances sensorielles pour nous faire percevoir des propriétés et des relations sur les objets et, à partir de là, elle déduit de façon anticipative des événements empiriques, comme étant des liens entre des objets et des propriétés ou relations perceptibles. » (Robert, 1992, p. 9). Cependant, ce que nous retenons de notre écosystème n'est que le reflet de nos centres d'intérêt et préoccupations du moment. Il en va de même des fondements de nos inductions qui sont ancrées dans notre propre expérience sensible répétée. Quand, par la suite, l'imagination entre en jeu, elle chamboule les acquis de notre perception dont elle décompose et recompose *ad libitum* les contenus, allant des objets concrets aux évènements imaginaires. Ensuite, Robert recourt au premier ordre épistémique[12] que nous avons présenté comme l'ordre descriptif et qui correspond à la représentation verbale qui rend possible la présentation des résultats de la perception et de l'imagination dans le langage verbal. Cet ordre est obtenu grâce à une démarche abductive qui fait la synthèse de l'induction verbale qui part du particulier au général, ou de la déduction qui adopte la méthode inverse, ou encore en sollicitant l'inventivité de l'imagination :

> Ainsi, la connaissance humaine se joue principalement sur trois niveaux de langage : un premier niveau dont la fonction est descriptive, un deuxième niveau, qui est explicatif et, enfin, un troisième niveau, lequel est justificatif (ou apte à expliquer des explications). Alors que le niveau explicatif est celui où, à travers des définitions et des hypothèses causales, on retrouve le discours scientifique, le niveau justificatif est celui des fondements métascientifiques de la connaissance, comme ce qu'on retrouve dans les lois logiques ou mathématiques, dans les hypothèses de la physique théorique ou dans les théories épistémologiques. (Robert, 1992, p. 10)

Selon cette conception de la rationalité, connaître se réduit à trouver des solutions acceptables aux incohérences du « système total de la connaissance ». Elle conçoit plusieurs types d'inconsistances dont certaines sont horizontales ou internes à un même niveau de langage, d'autres sont verticales ou entre deux niveaux de langage successifs, comme le descriptif et l'explicatif, ou l'explicatif et le justificatif. Dans une telle perspective, le progrès cognitif consiste en l'élimination des inconsistances. Et, lorsque des « inconsistances verticales » sont constatées, elles doivent être traitées soit par une restriction au niveau de la portée causale (révision des entités concernées au niveau descriptif), soit par une mise au point définitionnelle qui permet de prendre en compte une ou plusieurs classes d'objets (révision des critères au niveau explicatif). On peut donc dire sous le contrôle de Robert que selon sa théorie rationaliste interactionniste, « la connaissance est une activité de représentation psychologique de notre expérience physique, par la médiation de notre expérience empirique, par le biais d'opérations abductives (sélection, induction, réorganisation imaginaire et déduction) et d'opérations correctives (exclusion extensionnelle et remaniement intensionnel). » (Robert, 1992, p. 10). Cependant, en quoi consiste la correction des inconsistances dont parle Robert ?

En réalité, le correctionnisme, répétons-le, est un affaiblissement du falsificationnisme sophistiqué de Lakatos, qui récupère le probabilisme carnapien contre lequel le falsificationnisme poppérien s'était défini (Robert, 1993, p. 206). Il établit un critère de démarcation entre science et non-science pour le rationalisme interactionniste fondé sur la capacité du discours scientifique à réagir aux contre-exemples par des modifications. En effet, la science tente de résoudre ses problèmes et de se corriger. Elle prend le risque d'essayer d'accroître son objectivité ou de la diminuer, et ainsi, de progresser ou de dégénérer. Le discours non scientifique, en revanche, ne réagit jamais de manière autocritique aux contre-exemples opposés à ses prédictions et ne court ainsi aucun risque de progresser ou de dégénérer par ses modifications, même s'il peut avoir des conséquences prédictives. Dans le fond, Robert observe que tout discours qui tente d'exprimer une connaissance est généré par abduction (sélection, induction, réorganisation imaginaire et déduction). Dans cette optique, le discours scientifique est modifié par des stratégies de correction horizontale et de correction verticale (exclusion extensionnelle et remaniement intensionnel). Mais, le discours de connaissances non scientifiques au contraire limite l'interaction entre niveaux discursifs à l'abduction et parfois aux corrections horizontales, sans avoir recours aux corrections verticales. En procédant de la sorte, il fait fi des problèmes cognitifs empiriques du système de connaissance. D'une certaine façon, le correctionnisme est le pendant interactionniste du falsificationnisme des programmes de recherche. Pour son concepteur :

> En fait, du point de vue du rationalisme interactionniste, le discours épistémologique, en tant qu'élaboration de conditions transcendantales de la connaissance, traite ces conditions comme suffisantes et non nécessaires pour le discours scientifique (ou explicatif), Le discours épistémologique est ainsi, comme tout discours justificatif, un ensemble d'hypothèses corrigibles pour rendre compte de la science, comme la science est, à son tour, faite d'hypothèses corrigibles pour rendre compte du langage observationnel et de l'observation. Après avoir découvert l'interaction du langage observationnel et du langage scientifique,

> on peut concevoir un troisième ordre discursif comme étant un langage métascientifique, qui prend le langage scientifique pour objet et entretient avec lui le même rapport que le langage scientifique a avec le langage observationnel. (…). Si le discours épistémologique soutient des hypothèses comme conditions suffisantes de la connaissance, et non plus comme conditions nécessaires, la catégorie du nécessaire ne s'applique plus au discours épistémologique, comme c'était le cas chez Kant, et on peut commencer à parler d'une science corrigible du transcendantal. (Robert, 1993, p. 117)

D'un point de vue interactionniste, le langage observationnel et le langage théorique n'apparaissent plus ni indépendants, ni réductibles l'un à l'autre par des règles de correspondance où l'observation et le langage observationnel sont chargés de théorie. En outre, ces deux langages ne sont plus le cadre où la science forme un système holiste de génération et de va1idation d'énoncés descriptifs, explicatifs et justificatifs interdépendants les uns des autres. De plus, l'observation et le langage observationnel ne peuvent plus être pris pour des tribunaux neutres qui permettraient de faire la somme des corroborations et des non-corroborations des hypothèses scientifiques, y compris celles qui sont théoriques (Robert, 1993, p. 162).

De façon plus élargie, si l'on veut parler d'un programme de recherche épistémologique rationaliste critique, dont Robert reconnaît la pertinence, la théorie lakatosienne pré-interactionniste et son rationalisme interactionniste apparaissent alors comme deux remaniements successifs du programme falsificationniste lancé antérieurement par Popper (Robert, 1993, p. 209). En outre, rappelons aussi que pour passer des thèses lakatosiennes au rationalisme interactionniste et au correctionnisme, il a fallu que Serge Robert démasque non seulement le non-falsificationnisme de Lakatos, mais encore qu'il identifie le holisme de celui-ci, critique son concept de noyau dur et repense les relations du noyau et de la ceinture de façon interactionniste (Robert, 1993, p. 189). Robert remarque que le holisme lakatosien révèle une certaine ambiguïté dans le concept de noyau dur. De son analyse il ressort, d'une part que le noyau dur paraît formé d'hypothèses scientifiques ayant un contenu empirique suffisamment important pour être confrontées à des contre-exemples empiriques et risquer des hypothèses auxiliaires afin de les neutraliser. Si tel est le cas, le philosophe se demande alors ce qui distingue les thèses du noyau dur des thèses scientifiques que l'on accepte de remettre en question et pourquoi on résisterait davantage à questionner les thèses de ce noyau dur. D'autre part, considérant le fait que le noyau dur peut aussi être considéré comme un ensemble de thèses métaphysiques qui se distingue, par son déficit ou son absence de testabilité outre son contenu, des thèses de la ceinture protectrice, Robert s'interroge sur la nécessité de produire des hypothèses auxiliaires pour les sauver de la réfutation. Le père du correctionnisme attribue cette inconséquence dans la théorie du Magyar au fait que l'argumentation de Lakatos se réfère à la fois à l'histoire des sciences et à la philosophie des sciences. Selon son analyse :

> Cette ambiguïté m'apparaît basée sur le fait que l'argumentation de Lakatos se réfère à la fois à l'histoire des sciences, où il constate de fortes résistances à remettre certaines thèses en question comparativement à d'autres thèses auxquelles on tient moins, et à la philosophie des sciences, où les thèses sont distinguées en différents types, selon la nature de leur contenu et leur rapport à l'empiricité. La seule façon acceptable selon moi de lever cette ambiguïté est de s'appuyer sur le holisme quinien et de considérer la science comme un système total, où, de la périphérie au centre, les hypothèses ont un contenu de moins en moins empirique et de plus en plus théorique, sans pour autant être dépourvues totalement d'empiricité. Les thèses du noyau dur peuvent alors être considérées comme n'ayant pas un contenu historique et un contenu philosophique distincts : le caractère plus théorique et moins empirique des thèses du noyau dur fait qu'on refuse historiquement de les modifier (parce que cela aurait trop d'effets transformateurs sur le système total) et qu'en même temps, on les considère d'un point de vue philosophique comme métaphysiques. On lève ainsi l'ambiguïté lakatosienne en développant la portée de son holisme. Le caractère plus métaphysique et le caractère moins modifiable des thèses du noyau dur sont des propriétés inséparables, dépendantes de leur caractère plus théorique et moins empirique. (Robert, 1993, p. 190)

La thèse Duhem-Quine que nous avons évoquée dans notre précédent sous-chapitre a conduit Duhem au simplicisme qui postule que face à deux théories concurrentes, on ne peut que choisir la plus simple, c'est-à-dire celle qui recourt au plus petit nombre d'hypothèses *ad hoc* pour sauver les phénomènes. Par contre, elle a amené Quine à son holisme épistémologique qui stipule qu'aucune hypothèse scientifique ne peut être testée individuellement puisqu'elle n'est jamais confrontée à l'expérience que comme totalité. Ce qui signifie que les hypothèses de la physique subissent collectivement le test expérimental. Le holisme lakatosien quant à lui se manifeste dans sa manière de faire dépendre la survie du noyau dur au progrès ou à la dégénérescence des hypothèses de la ceinture protectrice. En effet, si nous suivons Robert dans son analyse, il apparaît qu'« en reconnaissant que les contre-exemples aux théories scientifiques peuvent toujours être éliminés par des hypothèses auxiliaires, Lakatos aboutit à un certain holisme, où le programme de recherche est confronté comme totalité à l'expérience. » (Robert, 1993, p. 189).

D'un autre côté, en affectant les énoncés empiriques d'une charge théorique certaine, Lakatos affaiblit la démarcation naguère radicale entre ce qui relève du théorique et ce qui revient à l'empirique. De ce fait, il admet la possibilité que des énoncés hautement théoriques puissent avoir une part de contenu empirique qui les rend empiriquement « éprouvables ». C'est ce qui lui permet de concevoir des programmes de recherche scientifiques tant en mathématiques qu'en épistémologie. Ce constat fait dire à Robert que le programme de recherche, qu'il soit mathématique ou épistémologique, est un système total composé d'un noyau dur non testable empiriquement ainsi que d'une ceinture protectrice destinée à être confrontée aux expériences et susceptible de subir des modifications fréquentes en fonction de la portée des contre-exemples rencontrés. À son avis, « c'est cette part de holisme qui, dès le travail de Lakatos sur les mathématiques, avait (…) instauré la rupture entre Lakatos et Popper. » (Robert, 1993, p. 189). C'est de la conscience des implications de ce holisme que le rationalisme interactionniste dont il est question ici tire son origine. Et, sa non-prise en compte a maintenu Lakatos dans le giron falsificationniste popperien, dont il n'est pas totalement sorti.

En définitive, c'est l'opposition trop rigide entre noyau dur et ceinture protectrice qui pousse Robert à proposer un affaiblissement du système lakatosien. Ainsi, considérant que le noyau n'est pas aussi dur que cela et que la ceinture n'est pas aussi protectrice qu'on ne le prétendait au vu de l'histoire des sciences, le père du correctionnisme en arrive à soutenir l'idée qu'au fond l'attachement plus grand aux thèses du noyau qu'à celles de la ceinture protectrice n'est qu'une question de degré (Robert, 1993, p. 190). Voici comment, de son propre aveu, il en arrive à son holisme à double entrée :

> C'est donc en explicitant la portée holiste antipoppérienne de l'œuvre de Lakatos et en la rapprochant du holisme de Quine que j'ai été amené au rationalisme interactionniste. Comme on l'a vu précédemment, j'ai dû également proposer des modifications au holisme quinien, en remettant en question son empirisme trop radical, pour arriver à un holisme à deux entrées, l'une étant empirique et sélectivo-inductive, à partir de la périphérie du système de la science, l'autre étant théorique et déductive, à partir du centre du système. (Robert, 1993, p. 191)

Ainsi Robert propose de reformuler son holisme à trois niveaux du langage cognitif (niveau zéro de l'observation, premier ordre discursif-descriptif et deuxième ordre discursif-explicatif/prédictif) et deux entrées. D'abord, il convient de préciser que chaque niveau de langage inférieur, relativement au niveau qui lui est immédiatement supérieur, est plus empirique, moins théorique, plus donné, moins construit, et l'ensemble des niveaux inférieurs jouent le rôle de ceinture relativement au niveau supérieur ultime que constitue le noyau. Cependant Robert nous met en garde contre toute velléité de figer ces différents niveaux. Car, pour lui, ces rôles de noyau et de ceinture ne doivent pas être interprétés dans le cadre d'une opposition tranchée, mais plutôt comme une simple différence de degré. Ce qui implique, conformément aux enseignements de l'histoire des sciences, que devant une inconsistance entre deux niveaux de langage contigus (un problème scientifique vertical), l'on modifie plus promptement le niveau inférieur que le niveau supérieur. Cela semble tenir au fait que la relation des niveaux supérieurs du langage cognitif aux niveaux inférieurs est de nature déductive et que plus le niveau auquel on apporte une modification est élevé, plus la portée des transformations qui résultent du système total de la science est conséquente. C'est pourquoi, pour Robert, modifier une loi logique ou mathématique, une équation physique ou un postulat épistémologique, a davantage d'impact sur l'histoire des sciences qu'un changement de niveau explicatif au sein d'une définition ou d'une hypothèse causale (Robert, 1993, p. 191). En résumé :

> (…) le rationalisme interactionniste est une théorie épistémologique qui s'appuie sur les postulats ontologiques suivants: 1) il existe un monde physique minimalement capable de nous procurer des sensations de ressemblance et de différence (physicalisme minimal) et des agents cognitifs, à savoir, perceptifs, imaginatifs et représentatifs, qui émergent du monde physique (matérialisme émergentiste) ; 2) pour bien connaître le fonctionnement de la connaissance de ces agents, il faut postuler qu'ils ont des états mentaux, irréductibles à ce que nous savons jusqu'à maintenant des états physiques (mentalisme méthodologiquement faible), et que cependant ces états mentaux ne semblent pas pouvoir exister sans support matériel, comme le cerveau (mentalisme ontologiquement faible) ; 3) les agents cognitifs n'ont un accès cognitif au monde physique que par la médiation incontournable de l'expérience empirique, rencontre indissociable d'une expérience physique et d'une expérience mentale ; 4) les agents cognitifs doivent, pour connaître leur environnement, le considérer comme étant fait d'entités distinctes (essentialisme méthodologique) et reliées causalement (causalisme méthodologique) ; 5) en se représentant les événements à travers des classifications d'entités et des chaînes causales, la connaissance produit des explications et des prédictions d'événements qui s'inscrivent dans une lutte pour la survie. (Robert, 1993, p. 253)

Pour Robert, le rationalisme interactionniste ainsi présenté est une théorie correctionniste sur le plan de la justification. Car, ce qui distingue une théorie scientifique d'une théorie non scientifique, ce sont ses corrections verticales pour tenter de résoudre des problèmes relatifs aux relations du théorique et de l'empirique.

Dans cette perspective robertienne, une entreprise scientifique n'a de valeur objective comparable à ses concurrentes que si les quatre conditions suivantes sont respectées: d'abord, les deux entreprises doivent avoir le même niveau de langage ; puis elles s'intéressent au même genre de problèmes ; ensuite elles ont en commun plusieurs présupposés de niveau supérieur ; et enfin, elles sont des étapes successives ou contemporaines d'une même dynamique corrective du système de la science. Il en découle qu'une entreprise scientifique n'est alors ni vraie ni fausse, ni vérifiable, ni falsifiable. Mais, cela ne l'empêche pas d'avoir une valeur objective puisqu'elle est en « devenir-vrai », en « devenir-neutre » ou en « devenir-faux » relativement à une entreprise concurrente, selon qu'elle réussit à diminuer, maintenir ou augmenter le nombre de problèmes rencontrés par sa rivale. En effet, une entreprise scientifique en « devenir-vrai » est confrontée à de moins en moins de « problèmes verticaux et réalise ainsi un progrès empirique, soit par un allongement d'une chaîne causale, lors d'une restriction extensionnelle, soit par la découverte d'une nouvelle classe d'entités, lors d'un remaniement intensionnel. » (Robert, 1993, p. 252). En plus, la part de donné dans la perception paraît suffisante à Robert pour imprégner le système de la science et pour permettre de conclure qu'une correction qui élimine une inconsistance est une réponse du tribunal de la nature qui doit être interprétée comme favorable à cette correction et défavorable à son absence. Au fond, que faut-il entendre par « correction » ?

Robert avoue que son « rationalisme interactionniste s'est (…) développé en bonne partie en réaction contre la philosophie poppérienne, mais en retenant quelque chose qui s'apparente au falsificationnisme en ce qui concerne la confrontation des idées au monde empirique, et que j'appellerai le « correctionnisme ». » (Robert, 1993, p. 170). Il reconnaît ainsi, d'une part que la théorie poppérienne de la falsifiabilité est logiquement satisfaisante en ce sens que c'est dans la rencontre de contre-exemples qu'une théorie scientifique se confronte objectivement à l'expérience empirique, mais la conception poppérienne de l'objectivité scientifique est trop forte. D'où l'idée qu'il faut affaiblir la falsifiabilité originelle en restaurant la place du sujet connaissant. D'autre part, le philosophe québécois admet que la théorie carnapienne de la probabilité respecte la valeur du sujet dans la connaissance, mais qu'elle néglige, par contre, la part de construit et manque la part d'objectivité qu'on trouve dans la perception et dans la théorie scientifique. Ce qui implique pour Robert la nécessité de la mise en question du probabilisme avec en ligne de mire une perspective plus constructiviste et plus objectiviste. Ainsi, affirme le théoricien du rationalisme interactionniste, « par opposition au probabilisme et au falsificationnisme, la théorie de la démarcation qui résultera de ma démarche sera ce que j'appellerai le « correctionnisme ». »

(Robert, 1993, p. 174). Il décrit ci-après le processus par lequel son approche devrait s'imposer :

> Un remaniement d'une théorie épistémologique pour tenir compte des théories explicatives qui entrent en contradiction avec elle est une modification de ses critères de scientificité, lorsque la démarcation qu'ils établissent entre science et non-science est inadéquate. C'est ce que Lakatos fait en proposant de corriger le falsificationnisme poppérien par le falsificationnisme sophistiqué, pour tenir compte des travaux de Kuhn et de la thèse Duhem-Quine. C'est aussi le sens de ma présente démarche, qui va suggérer de remplacer le falsificationnisme sophistiqué par le correctionnisme. Lors de tels remaniements épistémologiques, il se produit un changement de problématique : si on change de critères de scientificité, on doit montrer que les nouveaux critères sont mieux en mesure de prédire les décisions de la communauté scientifique en matière de scientificité des théories qu'elle rencontre et qu'elle juge. Le critère du progrès est alors la découverte de critères plus pertinents pour les jugements portant sur la scientificité, en l'occurrence des critères qui s'appliquent à une classe d'énoncés auxquels les critères précédents ne pouvaient s'appliquer. (Robert, 1993, p. 197–198)

À l'instar de Lakatos qui a modifié par le haut l'épistémologie popperienne, en construisant un remaniement progressif de son falsificationnisme, par la proposition notamment d'un nouveau critère de scientificité distinguant noyau/ceinture et par la mise en place d'une théorie des changements de problématiques, Robert propose le rationalisme interactionniste à partir de l'idée lakatosienne de la possibilité de progrès par l'élaboration d'hypothèses auxiliaires immunisantes. Ce remaniement est progressif puisque le nouveau critère de scientificité qu'il préconise permet, avec la distinction noyau/ceinture et la théorie des changements de problématiques, de mieux rendre compte de l'histoire des sciences que ne pouvait le faire le falsificationnisme poppérien.

Les principales contributions que la théorie épistémologique de Robert tente de réaliser consistent à formuler une théorie interactionniste, c'est-à-dire abductionniste et correctionniste de la découverte et de la justification, de façon à formuler un critère de scientificité plus satisfaisant tout en rendant compte de l'histoire de la connaissance avec un instrument encore plus souple et plus prédictif que l'opposition du noyau dur et de la ceinture protectrice. Alors que le caractère falsificationniste de l'épistémologie lakatosienne fait de Lakatos un néo-popperien, le rationalisme interactionniste se considère comme un nouveau programme de recherche non falsificationniste. L'interactionnisme implicite de Lakatos fait du rationalisme interactionniste un programme de recherche qui se décline comme un remaniement d'un programme lakatosien implicitement interactionniste.

Le système total de la connaissance

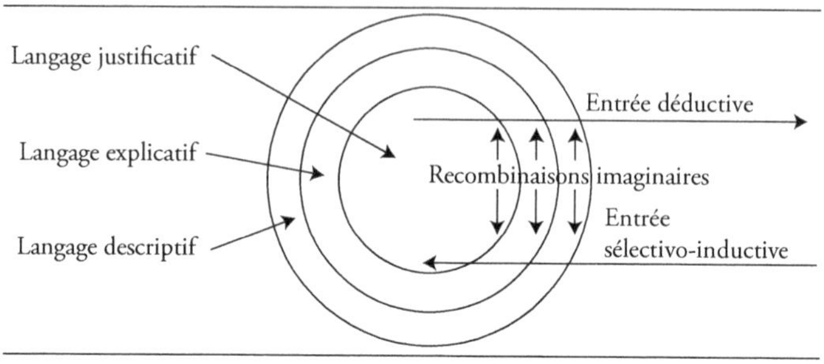

Figure 2.1: Le système total de la connaissance selon Serge Robert, *Les mécanismes de la découverte scientifique*, p. 120.

Ainsi, la valeur en « devenir-vrai » ou en « devenir-faux » d'un projet ou d'un programme de recherche est considérée comme une valeur à la fois relative à la valeur des thèses concurrentes et à la valeur des thèses de niveau supérieur sur lesquelles il s'appuie. Cette valeur étant toujours également relative à nos intérêts de connaissance et aux limites de notre environnement, diversifier nos intérêts ou reculer les limites de notre environnement, tout en circonscrivant la portée de notre savoir, crée de nouveaux problèmes cognitifs à résoudre. En conséquence, pour le philosophe correctionniste, la science est objectivement valable, bien qu'elle soit en partie construite par une activité psychologique intense (Robert, 1993, p. 252–253). Le correctionnisme présente l'activité scientifique comme une fonction de correction sur un système à trois niveaux de langage, par des modifications qui ont pour but d'éliminer les inconsistances qui peuvent être soit horizontales, c'est-à-dire internes à un niveau de langage, ou verticales ce qui signifie qu'elles portent sur la relation théorie/expérience impliquée par la relation entre deux niveaux de langage successifs. Résoudre un problème horizontal est une question essentiellement théorique qui nécessite des ajustements logiques au sein des théories pouvant mener ainsi prioritairement à un progrès théorique. Résoudre un problème vertical, en revanche, consiste à ajuster entre eux des niveaux de langage différents, afin de mieux harmoniser les dimensions théorique et empirique du langage cognitif de manière à corroborer davantage le système de la connaissance dans ses prédictions qui progressent empiriquement de cette façon. Dans cette veine, on peut convenir avec Robert qu'une théorie scientifique est un cadre où se produisent les corrections verticales et horizontales en vue de faire progresser empiriquement la théorie. Toutefois, même s'il arrive qu'une théorie non scientifique résolve des problèmes horizontaux, c'est son incapacité à résoudre ses problèmes verticaux qui la caractérise et qui fait que nul n'est en mesure de dire si elle progresse ou dégénère (Robert, 1993, p. 206). En fait, nous dit Robert :

> Devant une théorie qui n'a pas été modifiée et qui n'a pas encore rencontré de contre-exemple, on est incapable de déterminer sa valeur cognitive, parce qu'elle ne s'est pas encore frottée au tribunal de l'expérience, elle n'a pas tenté de résoudre des problèmes verticaux. Sans contre-exemples, une théorie ne peut se faire assigner qu'une valeur subjective de probabilité, mais pas une valeur objective. Après qu'une théorie a subi au moins une modification pour résoudre un problème vertical, on est assuré qu'elle est confrontée minimalement à l'expérience, assurance qui était précisément ce qui manquait à la théorie probabiliste carnapienne. On peut donc utiliser le probabilisme carnapien dans un cadre correctionniste et lui donner une valeur de mesure objective, si on interprète cette mesure de probabilité comme une plus ou moins grande réussite dans la résolution de problèmes verticaux, dont le contenu comprend une part d'objectivité. Mesurer le degré de corroboration des prédictions d'une hypothèse possède une valeur objective, quand cette hypothèse est une réaction à une première hypothèse qui a rencontré des contre-exemples. En effet, si la première hypothèse a rencontré des contre-exemples, c'est qu'elle fait objectivement problème. Si la deuxième est un remaniement de la première et est plus corroborée, elle résout, au moins partiellement, un problème objectif, et est donc objectivement plus valable que la première. Si, par contre, la deuxième vient s'ajouter à la première et donne un tout plus corroboré, alors la première hypothèse augmentée de la deuxième est objectivement plus valable que la première seule. Si, au contraire, une modification à une théorie scientifique accroît les problèmes verticaux, alors la modification est une perte d'objectivité relativement à l'état antérieur de la théorie. (Robert, 1993, p. 205)

On peut donc conclure avec le correctionniste que les théories scientifiques ne sont pas objectivement falsifiables, mais elles sont objectivement corrigibles. Ce qui implique que l'on ne peut pas déterminer la valeur objective absolue des théories scientifiques. Par contre, on peut comparer leur valeur objective relative à condition que les théories évaluées appartiennent à la même dynamique cognitive et qu'elles constituent des états historiques distincts et successifs d'un même processus cognitif, comme nous l'avons indiqué précédemment. Le correctionnisme s'impose ainsi comme le critère de la scientificité pour le rationalisme interactionniste (Robert, 1993, p. 205).

Par ailleurs, le correctionnisme fournit un critère de choix rationnel entre théories scientifiques concurrentes. Ainsi, si une théorie scientifique a le degré de corroboration de ses prédictions le plus élevé relativement à ses concurrentes et qu'elle résout mieux les problèmes, alors c'est elle qui a le plus haut taux de progrès. Une telle théorie serait donc progressive, contrairement à une autre chez qui ce niveau de performance diminuerait, la rendant dégénérescente *de facto*. Par contre, lorsque la corroboration des prédictions après modification est totale, le problème qui a présidé à la modification peut être considéré comme résolu jusqu'à l'apparition des prochains contre-exemples. Même si le problème auquel est confronté le programme de recherche n'est pas nécessairement éliminé, mais juste atténué, dès que le degré de corroboration des prédictions augmente, on est fondé de dire qu'il y a néanmoins progrès. En revanche, lorsque le degré de corroboration des prédictions diminue, le problème est amplifié, ce qui est synonyme d'une certaine dégénérescence. Ainsi, soutient Robert, « la progressivité d'une théorie scientifique, qui est sa valeur objective relative à la valeur des autres théories, est inversement proportionnelle à l'envergure de ses problèmes non résolus. » (Robert, 1993, p. 207).

Se référant au pragmatisme de Laudan (1977) qui soutient que c'est parce que la science progresse en résolvant des problèmes qu'elle est rationnelle, Robert défend l'idée que le correctionnisme peut être considéré comme un rationalisme pragmatique dans le cadre duquel être rationnel et tenter de résoudre des problèmes sont équivalents. Il s'oppose ainsi au point de vue rationaliste de Popper et de Lakatos soutenant que c'est la relation inverse, à savoir que c'est être rationnel qui entraîne que l'on progresse. Il convient aussi de préciser que le correctionnisme s'applique indifféremment aux hypothèses universelles strictes ou statistiques strictes puisque les modifications à une hypothèse universelle stricte apportent habituellement des corrections qualitatives à propos du contenu des hypothèses ; alors que les modifications à une hypothèse statistique stricte apportent habituellement des corrections quantitatives, en termes de correction des pourcentages d'individus affectés par telle ou telle propriété. De plus, il n'est pas exclu que l'on corrige une hypothèse universelle stricte en la rendant statistique stricte, ou que l'on corrige une hypothèse statistique stricte par des modifications de contenu. Pour Robert, quoi qu'il en soit, et quel que soit le cas de figure, le degré de progressivité reste évaluable objectivement (Robert, 1993, p. 207). Il conçoit les énoncés descriptifs ainsi que tout notre système de connaissance comme étant relatifs aux sélections et aux inductions que nous faisons dans notre perception. Ils sont donc relatifs aux limites de notre environnement et aux limites de nos intérêts pour connaître. Quand on réussit, en adéquation avec les critères correctionnistes du progrès, à établir qu'un projet ou programme de recherche est plus progressif qu'un autre, on lui accorde, par le fait même, qu'il est plus objectif, plus près de la vérité que son concurrent. En effet, il ressort clairement qu'il résout plus de problèmes verticaux de consistance entre le théorique et l'empirique (Robert, 1993, p. 216).

Enfin, par son correctionnisme, Serge Robert pense résoudre de nombreux problèmes en rendant possible la connaissance humaine par notre sensibilité perceptuelle aux contre-exemples relatifs à nos anticipations et par notre aptitude mentale à la correction de nos hypothèses face à ces contre-exemples. Il espère ainsi arriver à faire de notre activité cognitive une fonctionnalité gérée par un principe statique d'inertie qui nous porte à garder nos hypothèses lorsqu'elles ne rencontrent pas de contre-exemple. Et, un principe dynamique de consistance, qui nous incite à corriger ces hypothèses devant les contre-exemples, de façon à parvenir à rétablir la consistance entre nos hypothèses et les observables. Une fois cette consistance rétablie par une correction appropriée, on peut parler de progrès cognitif ou d'apprentissage. Pour terminer notre propos sur le modèle robertien, laissons à son concepteur le soin de résumer sa démarche :

> Notre critique nous amène à parler d'abandon du programme de recherche, plutôt que de falsification, et nous conduit précisément à l'idée d'introduire une nouvelle norme. Pour éviter de sombrer dans l'erreur inductiviste, on peut dire que le processus qui se produit est le suivant : lorsque le centre plutôt rigide du programme rencontre un contre-exemple empirique, on est porté à lui ajouter une hypothèse auxiliaire, qui constitue une correction du système cognitif. La corroboration des conséquences prédictives de cette correction nous incite à maintenir le système dans sa nouvelle version. Par contre, une non-corroboration de ces conséquences nous incite plutôt à faire une nouvelle correction, et ainsi de suite. Quand la correction est plus majeure, elle peut aller jusqu'à remanier les thèses plus centrales et constituer quelque chose comme ce qui correspond chez Lakatos à un changement de programme de recherche. Par contre, lorsqu'elle est plus mineure, la correction ne concerne que la ceinture. Dans cette perspective, la position épistémologique qui nous apparaît la plus pertinente n'est pas un falsificationnisme, mais ce que nous appelons un « correctionnisme ». (Robert, 2009, p. 426)

Au terme de cette analyse des philosophies des sciences lakatosienne et robertienne, il apparaît qu'il n'a pas été beaucoup question de technologie dans leurs systèmes respectifs. Or, nous avons établi que pour prétendre au titre de philosophie des nanotechnosciences, une condition *sine qua non* est d'accorder à la dimension technologique une place et un rôle au moins tout aussi importants que ceux habituellement accordés à la théorie. Nous allons donc essayer de voir quel traitement a été fait de ce volet fondamental dans les programmes de recherche développés respectivement par Imre Lakatos et Serge Robert.

2.2. Programme de recherche, correctionnisme et technologie

Dès *La formation de l'esprit scientifique*, c'est-à-dire quatre ans après la publication de *La logique de la découverte scientifique* de Karl Popper, Gaston Bachelard soutenait l'idée d'un « nouveau rationalisme » correspondant, selon lui à « une forte union de l'expérience et de la raison. » (Bachelard, 2004/1938, p. 74). Dans cette optique, il soutenait :

> Un concept est devenu scientifique dans la proportion où il est devenu technique, où il est accompagné d'une technique de réalisation. On sent donc bien que le problème de la pensée scientifique moderne est, de nouveau, un problème philosophiquement intermédiaire. (Bachelard, 2004, p. 75)

Dit autrement, la philosophie des sciences post-bachelardienne, celle de Kuhn, Lakatos et Robert, ne devrait pas pouvoir faire l'économie de la technologie dans ses programmes de recherche. Si elle y est arrivée malgré tout, l'avènement des nanotechnosciences lui laisse moins d'échappatoires. En effet, la charge technologique y est tellement perceptible qu'il serait vain de la nier ou de vouloir en faire abstraction. C'est la raison pour laquelle nous cherchons à déterminer la place réservée à la technologie par les différentes philosophies que nous venons d'examiner avant de les envisager comme possibles philosophies des nanotechnosciences. Cette condition pourrait ne pas être suffisante, mais elle est bien nécessaire à la réalisation de tout projet de construction d'une « nanophilosophie ».

Par une analyse lexicométrique approximative et comparative, nous tenterons ci-dessous d'établir les carences des philosophies lakatosienne et robertienne qui, en définitive, n'ont pas pu amender ni la pensée de Kuhn ni celle de Popper sur cette question précise de la place à accorder à la technologie.

2.2.1. La place de la technologie dans le falsificationnisme lakatosien

Convenons du fait que Lakatos reconnaît bien l'importance de la dimension technologique dans la vie du programme de recherche, mais à l'instar de Kuhn, il l'externalise et la subordonne à son tour à la théorie tout en étant conscient du rôle clef qu'elle devrait jouer dans son système. Dans le premier volume des *Philosophical Papers*, il affirme que « la méthodologie des programmes de recherche – comme toute autre théorie de la rationalité scientifique – doit être complétée par une histoire empirique-externe. » (Lakatos, 1978a, p. 114).

En cherchant les occurrences de lexèmes indicateurs susceptibles de révéler la place accordée à tout ce qui touche la technologie dans différents ouvrages de Lakatos, les deux *Philosophical Papers* notamment, ainsi que la traduction de Luce Giard que nous avons évoquée à de nombreuses reprises précédemment, nous nous apercevons que la dimension technologique inséparable de la science n'est vraiment pas le point focal chez Lakatos. En effet, en nous intéressant de plus près à *Histoire et méthodologie des sciences*[13], nous avons noté 34 occurrences du mot « technique » et quelques dérivés dont 6 sont à mettre sur le compte de l'auteur de la longue introduction qui présente Lakatos et sa philosophie. Ce qui ramène ce nombre à 28. En examinant les différents recours à ces termes, nous nous rendons compte du fait qu'alors que le concept « science » revient au moins 585 fois tout au long de l'ouvrage, celui relatif à tout ce qui est technique peine à atteindre la quarantaine d'occurrences.

Même en appliquant le principe de charité à Lakatos, en cherchant d'autres formes de référence à la dimension empirique de sa théorie, nous obtenons dans la totalité du texte une seule occurrence du mot « outillage », une d'« appareillage » et une d'« appareil » qui est trompeuse, comme cela arrive bien souvent chez le Magyar, puisqu'elle se réfère à l'« appareil mathématique du programme » (Lakatos, 1994, p. 164). Puis nous avons cinq usages des lexèmes « machine » et deux de « machinerie ».

En poussant plus loin nos investigations, notamment dans les volumes 1 et 2 des *Philosophical Papers*, nous recensons dans le premier tome[14] 3067 recours au terme « *science* » et ses dérivés excluant « *pseudoscience* ». Mais à ce chiffre, nous n'avons pu opposer que 70 utilisations des mots « technique » et ses dérivés dans le même ouvrage (titres et références exclus), « *instrument* », « *tool* », « *machine* », « *apparatus* » et « *device* », soit 37 usages de « *technique* », 12 de « *machine* », 11 de « *instrument* », 6 de « device », 2 d'« *apparatus* » et 2 de « *tool* » leurs dérivés y compris, bien entendu. Ce qui signifie que pour 100 utilisations du mot « *science* », il y a moins de 3 références à un morphème qui pourrait renvoyer à la technologie (le ratio exact est de 2,28%). Cet état de fait pourrait permettre d'affirmer que la partie technologique de la science n'est pas au cœur du propos de Lakatos. Et ce, d'autant plus qu'une bonne partie de ces mots-clefs est utilisée dans un sens qui n'a rien à voir avec un contenu technologique quelconque. On peut dénoter effectivement dans ce premier volume que technique renvoie bien souvent à des expressions comme « *sophisticated mathematical techniques* » (Lakatos, 1978a, p. 4, 12), « *technical terms* » (Lakatos, 1978a, p. 27, 47, p. 61, p. 69, p. 136, p. 178), « *statistical techniques* » (Lakatos, 1978a, p. 88) « *technical sens* » (Lakatos, 1978a, p. 101, 113), « *technical term* » et « *technical conception* » (Lakatos, 1978a, p. 101), etc.

Quant au second volume[15], même si la science n'y fut pas le principal sujet d'étude (voici l'intitulé de l'ouvrage: *Mathematics, science and epistemology. Philosophical Papers*), Lakatos y recourt bien plus que dans le précédent à l'univers lexicologique de la technologie. Ainsi, nous y avons répertorié 1120 recours au mot « *science* » ainsi que ses dérivés contre 101 références à « *technique* » sans que celles-ci ne renvoient systématiquement, nous le verrons, à leur sens empirique ou expérimental. Ainsi, toujours en excluant les apparitions dans les titres et les références, nous avons comptabilisé 62 usages des mots « *technic* » et ses dérivés, 24 occurrences de « *machine* », 7 de « *instrument* », 6 de « *tool* » et 2 occurrences d'« *apparatus* » et leurs dérivés, le mot « *device-s* » n'y figurant nulle part. Il ressort de notre analyse qu'il y a un ratio plus élevé de charge technologique dans ce volume qui traite de mathématiques, science et épistémologie que dans le précédent. Néanmoins, il reste assez insignifiant, car pour 10 recours au concept de « science » et ses dérivés, il y a environ deux références à un mot susceptible de renvoyer à la dimension technologique de l'activité scientifique, soit 21,51%. Cependant, même ces proportions finissent par retomber beaucoup plus bas, dès que l'on s'intéresse au contexte d'utilisation de chaque terme. On verra alors que « *technique* » renvoie bien souvent à des expressions comme « *statistical techniques* » (Lakatos, 1978b, p. 199), « *technical sens* » (Lakatos, 1978b, p. 176), « *technical term* » (Lakatos, 1978b, p. 119, 136, 230, 231, 232, 234), etc. Du coup, nos statistiques lexicométriques retombent plus bas que ce qu'ont révélé nos premiers chiffres. Néanmoins, nous ne pouvons encore conclure à l'externalisation, la sous-traitance ou l'insignifiance de la dimension technologique dans le système lakatosien.

En effet, plutôt que de nous limiter à ces premières données livrées par notre première analyse, ajoutons « expérience » et « expérimental » à nos mots-clefs. Dès lors, les choses changent assez significativement. Si nous revenons à la traduction française de Luce Giard que nous avons examinée en premier ci-dessus, en intégrant ces deux concepts et leurs dérivés nous obtenons 273 occurrences, soit un ratio de 46.66%, c'est-à-dire quasiment pour chaque référence à l'expérimental nous pouvons rapporter 2 recours aux morphèmes « science » et ses dérivés. Ce rapport atteint les proportions les plus élevées quand nous examinons *The methodology of scientific research Programmes. Philosophical Papers,* Volume I (1978a). Dans cet ouvrage, nous pouvons relever un recours quasi équivalent aux termes relatifs à l'expérimentation qu'à ceux évoquant la science. Ainsi, sur 10 recours aux mots « science » et ses dérivés, nous pouvons en compter 8 pour « expérience », « expérimental » et leurs dérivés, soit de 80,36%. En revanche, dès que l'on passe à l'examen du second volume des *Philosophical Papers* (1978b), ce ratio tombe à environ 1,5 pour 10 ou 14% précisément. Il n'en demeure pas moins qu'au total, en prenant ensemble ces trois ouvrages de Lakatos, le taux d'usage des lexèmes relatifs à l'expérimental par rapport à la science est de 47%. Et, si nous excluons la traduction française qui reprend quelques chapitres du tome 1 des *philosophical Papers*, nous obtenons un bien meilleur score de 63,51% qui est très respectable, relativement notamment à celui de Thomas Kuhn dans *La structure des révolutions scientifiques* qui ne dépasserait pas 19,29%, soit 2 pour 10.

Néanmoins, comme le dit Lakatos lui-même dans le second volume des *Philosophical Papers* (1978b, p. 183) « le choix technologique suit le choix scientifique ». Ce qui signifie qu'il ne nie pas l'importance de la dimension technologique dans son entreprise gnoséologique, mais celle-ci reste tributaire de la théorie scientifique qui mène la danse. Nonobstant cette catégorisation, dans sa philosophie il reste conscient de l'importance de la technologie et reproche même à Popper de ne pas lui accorder assez d'importance. C'est dans cette optique qu'il se joint à Watkins pour reprocher au père du faillibilisme, d'abord d'avoir une théorie de la corroboration-évaluation qui est analytique et n'a pas d'implications prédictives, puis le fait que la doctrine de la corroboration de Popper maintient un silence de plomb sur les perspectives d'avenir de la théorie scientifique (Lakatos, 1978b, p. 189). Mais, estime-t-il, si tous les états encore non vérifiés des choses étaient également possibles, le degré de rationalité de la croyance en une proposition particulière encore non testée serait nul. En effet, parfois il y a de quoi se demander si Popper et Watkins ne regarderaient pas toute estimation de l'acceptabilité$_3$, comme un acte criminel d'« induction ». Qu'est-ce, donc, que l'acceptabilité$_3$?

En fait, « acceptabilité$_3$ » est un des trois modes d'acceptation possibles des théories scientifiques permettant de caractériser leur vérisimilitude. Ainsi, à la question : « quelles sont les théories les plus « vérisimilaires » ? », Lakatos répond :

> Je pense que celles-ci peuvent (en principe) être construites de la manière suivante : nous prenons le « corps de la science » existant et remplaçons chaque théorie réfutée en lui par une version plus faible non réfutée. Ainsi, nous augmentons la vérisimilitude présumée de chaque théorie, et tournons le corps incohérent des théories scientifiques (acceptée$_1$ et acceptée$_2$) en un ensemble cohérent de théories accepté$_3$ que nous pouvons appeler, car elles peuvent être recommandées pour l'usage dans la technologie, le « corps des théories technologiques ». Bien sûr, certaines théories accepté$_3$, ne seront pas acceptable$_1$ ou acceptable$_2$, puisque nous sommes arrivés à eux par des stratagèmes de réduction de contenu ; mais ici, nous ne visons pas la croissance scientifique, mais à la fiabilité.
>
> Ce modèle simple est une reconstruction rationnelle de la pratique réelle du choix de la théorie la plus fiable. Le choix technologique suit le choix scientifique: les

> théories acceptable$_3$ sont des versions modifiées des théories acceptable$_1$ et acceptable$_2$: le chemin des théories acceptable$_3$ mène à travers les théories acceptable$_1$ et acceptable$_2$. *Parce que l'évaluation de la fiabilité des expertises méthodologiques est indispensable.* (Lakatos, 1978b, p. 183, traduction proposée par T. Guèye)

Il convient de préciser ici que « acceptable$_1$ » et « acceptable$_2$ » évaluent la croissance réalisée par une théorie par rapport à une théorie de base. Ainsi, la première évaluation, basée sur l'excès de contenu empirique, est une question de logique et on peut dire qu'elle est tautologique. La deuxième évaluation, quant à elle, a deux interprétations. En effet, entendue comme une évaluation « tautologique », elle affirme que la nouvelle théorie a survécu à un test auquel la théorie de référence n'a pas survécu. Pour Lakatos, « cela seul peut servir d'évaluation de la croissance. » (Lakatos, 1978b, p. 191). En revanche, soutient-il, interprétée comme une appréciation synthétique, avec le lemme métaphysique faillible selon lequel excès de corroboration signifie excès de contenu de vérité, la deuxième évaluation estime de façon optimiste que la croissance est réelle, que la nouvelle théorie au moins dans le « champ d'application » du test, est plus proche de la vérité que sa théorie de référence. C'est ainsi que se démarquant une fois de plus de Popper, Lakatos considère la théorie acceptée$_0$ comme un principe régulateur des programmes de recherche caractérisée par la réfutabilité, mais insuffisante pour décider de l'élimination d'une théorie (Lakatos, 1978b, p. 177). Puis, vient l'étape qui constitue la première évaluation préalable de la théorie qui suit immédiatement sa proposition : celle de son « audace » dont un des aspects les plus importants peut être caractérisé en termes d'« excès de contenu empirique[16] » ou d'« excès de contenu », ou encore d'« excès d'informations » ou d'« excès de falsifiabilité », selon Lakatos. De ce fait, pour ce dernier, une théorie audacieuse doit avoir de nouveaux falsificateurs potentiels qu'aucune des théories dans le corps existant de la science n'a eus avant elle. En particulier, elle doit avoir un contenu dépassant celui de sa « théorie de base » (ou « théorie de référence »), soit plus que la théorie qu'il remet en cause.

La théorie de base en question peut n'avoir pas été formulée au moment où la nouvelle théorie est proposée ; mais, dans un tel cas, elle peut facilement être reconstruite. Celle-ci peut être un double ou même une théorie multiple dans le sens où « si les connaissances de base pertinentes consistent en une théorie T_1 et en son hypothèse de falsification T'_1 alors une théorie concurrente T_2 n'est audacieuse que si elle entraîne une nouvelle hypothèse factuelle qui n'avait été impliquée ni par T_1 ni par T'_1. » (Lakatos, 1978b, p. 170, traduction proposée par T. Guèye). Acceptabilité$_2$, par contre, est axée sur la corroboration, puisque s'il n'y a pas d'excès de corroboration, il n'y a pas de faits nouveaux, ce qui conduit à l'élimination de la théorie (Lakatos, 1978b, p. 177). En conséquence:

> Les théories audacieuses après avoir été sévèrement testées sont soumises à une deuxième évaluation « postérieure ». Une théorie est « *strictement corroborée* » si elle a résisté à *quelque* hypothèse falsifiante, ce qui signifie, si *quelque* conséquence de la théorie survit à un test sévère. Il devient alors « acceptée$_2$ » dans le corps de la science. Une théorie est « *strictement corroborée au temps t* » si elle a été soumise à des tests sévères et n'a été réfutée par aucun test après cet instant t.
>
> Un test sévère de T par rapport à une théorie de base T' teste, par définition, l'excès de contenu de T sur T'. Mais alors une théorie T est corroborée par rapport à T' si le dépassement de T' est corroborée ou si elle a un « excédent de corroboration » sur sa théorie de base. Nous pouvons aussi dire qu'une théorie est corroborée ou acceptée$_2$ s'il est démontré qu'elle entraîne certains nouveaux faits. Ainsi, tout comme « acceptabilité$_1$ » est liée à l'excès de contenu, « acceptabilité$_2$ » est liée à l'excès de corroboration. Ceci est bien sûr en accord avec l'idée (popperienne) selon laquelle ce sont les frontières à l'évolution problématiques de la connaissance, et non le contenu de sa base relativement solide, qui donne à la science son caractère scientifique ; selon le justificationnisme c'est tout l'inverse. (Lakatos, 1978b, p. 174, traduction proposée par T. Guèye)

La troisième évaluation correspondant à l'acceptation$_3$ qui, en ce qui la concerne, compare la totale corroboration des preuves à l'appui des théories. Du coup, prévient le Magyar, si nous l'interprétons comme une évaluation « tautologique », il se bornerait à établir un bilan des succès et des échecs des programmes de recherche qui ont mené aux théories comparées. Mais alors, il pourrait être trompeur de l'appeler évaluation de « corroboration de preuve », car pourquoi même les plus grandes victoires passées donneraient-elles, sans aucune hypothèse métaphysique supplémentaire, une véritable « corroboration » à la théorie ? En fait, ils ne corroborent la théorie qu'en supposant le principe métaphysique selon lequel l'augmentation de la corroboration est un signe de vérisimilitude croissante. Ainsi y a-t-il deux concepts de « corroboration de preuve » : l'un, évaluant « tautologiquement » les tests auxquels la théorie dans sa préhistoire (ou le « programme de recherche » menant à elle) a survécu ; l'autre, avec l'aide de lemmes métaphysiques, évaluant synthétiquement son aptitude à survivre dans le sens où plus elle aura de vérisimilitude, plus elle sera en mesure de « survivre ». (Lakatos, 1978b, p. 191).

Afin de mieux comprendre cette catégorisation en trois moments, il peut être utile de recourir à celle de Carnap dont Lakatos salue l'importance et la pertinence pour définir les degrés de confirmation ou de fiabilité en trois approches. La première, « *l'approche théorique* », commence par définir la fiabilité des théories et la fiabilité des « prédictions » en découle. La seconde, « *l'approche non-théorique* », quant à elle, se déroule en sens inverse. Elle commence par définir la fiabilité des prévisions tout en étant garante de celle des théories qui en découlent. La troisième enfin, qualifiée d'« *approche mixte* », définit la fiabilité tant des théories que des prédictions en une seule formule. Cela étant, alors que Carnap hésite entre la deuxième et la troisième formule, Lakatos dit opter pour la première, c'est-à-dire l'approche théorique, qu'il considère comme ayant été systématiquement ignorée par les logiciens inductivistes malgré le fait qu'elle est généralement utilisée dans la pratique. Le concepteur des programmes de recherche croit bon de prodiguer aux ingénieurs le comportement idéal suivant : « au lieu de faire confiance à une prédiction selon les *c*-valeurs obtenues par une méthode athéorique compliquée basée sur un langage formel, l'ingénieur va, en matière de fait, préférer les prédictions de la théorie la plus avancée du moment. » (Lakatos, 1978b, p. 192). Ce qui confirme la subordination de la technologie à la théorie la plus avancée. Afin de déterminer cette dernière, il recommande de recourir à ce qu'il appelle un « quotient rationnel de pari » (Lakatos, 1978b, p. 192–193) sur la probabilité de la théorie la plus fiable. D'un autre côté, il suggère une règle pratique selon laquelle, il faut « *agir sur les théories non réfutées qui sont « contenues » dans le corps existant de la science, plutôt que sur des théories qui ne le sont pas.* » (Lakatos, 1978b, p. 192, c'est Lakatos qui souligne).

En outre, il déplore l'une des implications d'une appréciation analytique des théories scientifiques par Popper qui entraînerait que celui-ci ne pourrait pas expliquer comment la science peut être un « guide de vie ». En effet, selon le philosophe hongrois, « si le degré de corroboration ne sert pas comme une estimation, quoique faillible, de la vérisimilitude, alors Popper ne peut pas expliquer la rationalité de nos actions concrètes, ne peut avoir aucune philosophie pratique et surtout, une philosophie de la technologie *basée sur la science.* » (Lakatos, 1978b, p. 189). Il poursuit sa critique en précisant que l'une des réactions de Popper et de certains de ses disciples ajoute à une doctrine curieuse l'idée que la rationalité pratique est indépendante de la rationalité scientifique. Popper va jusqu'à soutenir que, pour des raisons pratiques, de fausses théories s'appliquent souvent assez bien et que la plupart des formules utilisées dans l'ingénierie ou la navigation sont connues pour être fausses[17]. On peut donc comprendre aisément pourquoi Popper snobe la technologie et la relègue au second plan dans sa conception épistémologique ; et ce d'autant plus qu'il soutient en le soulignant que « *seule la fausseté d'une théorie est susceptible d'être inférée des données empiriques, et cette sorte d'inférence est purement déductive.* » (Popper, 2006 [1963], p. 91). Par conséquent, il ne serait pas faux de dire que chez Popper, il n'y a de science que déductive.

D'un autre côté, Watkins renforce l'idée que Lakatos se fait de la position des popperiens quand il explique que leur méthode de « sélection-d'hypothèses » (*hypothesis-selection*) dans la vie pratique devrait être bien adaptée à nos objectifs pratiques, tout comme les méthodes de « sélection-d'hypothèses » dans les sciences théoriques doivent être bien adaptées à nos objectifs théoriques, et que les deux types de méthode pourraient très bien produire des réponses différentes. Par ailleurs, Watkins affirme qu'une théorie peut très bien être à la fois mieux corroborée par les tests passés et être moins susceptible de survivre à de futurs tests. Donc, la fiabilité peut même être inversement proportionnelle à la corroboration. Ce qui permet à Lakatos de se demander si cela ne signifie pas pour Popper et ses disciples : « à bas la science appliquée ? » (Lakatos, 1978b, p. 189–190). Et pourtant, Lakatos reconnaît qu'il y a malgré tout de solides indications qui permettent d'affirmer que pour les popperiens, la science est un guide de vie.

> Par exemple, nous dit-il, Popper écrit : « Certes, il est parfaitement raisonnable de croire que… les lois bien testées continueront à tenir (car nous n'avons pas de meilleure hypothèse pour les changer), mais il est aussi raisonnable de croire qu'une telle démarche nous conduira parfois vers de graves ennuis. » Par ailleurs, il semble même insinuer que ce degré de corroboration peut être une estimation raisonnable de vérisimilitude. Et j'ai déjà mentionné son unique déclaration selon laquelle le « degré de la corroboration » peut être interprété comme un « degré de croyance rationnelle ». (Lakatos, 1978b, p. 189–190, traduction proposée par T. Guèye)

En fait, Lakatos estime que la position de Popper est plutôt ambiguë et difficile à déterminer puisqu'elle se présente parfois comme « guide de vie » et d'autre fois non. Selon le Magyar, cela est lié à son rejet catégorique de la méthode inductive qu'il a préféré remplacer par une logique de la découverte dominée par la théorie. De son avis, Popper rejette toute possibilité de logique inductive puisque celle-ci reposerait sur quelque principe synthétique *a priori*. Aussi soutient-il :

> Sur cette interprétation de la position de Popper, une théorie de l'acceptabilité$_3$ ne serait inductiviste que si elle prétendait être a priori vraie et/ou si elle était probabiliste, et il n'y aurait rien de mal à une estimation conjecturale, non probabiliste de l'acceptabilité$_3$ des théories ou avec les spéculations métaphysiques non-inductives qui peuvent sous-tendre une telle estimation. Mais l'insistance de Popper, que son degré de corroboration – contrairement à Reichenbach ou au degré de confirmation de Carnap – est analytique et ne doit pas être interprété

> comme étant synthétique, équivaut à une opposition à toute idée d'acceptabilité. Cela implique une séparation nette entre la rationalité scientifique et la rationalité pratique, que, en effet, tant Popper que Watkins semblent défendre. Une telle séparation peut en effet être « louche et hypocrite », et mène à une mauvaise interprétation de ce qui se passe réellement dans la technologie. Une escalade de la croisade anti-inductiviste qui fait de toute idée d'acceptabilité$_3$ une cible ne peut que vicier son efficacité. Elle devrait être explicitement abandonnée, et il faudrait admettre que la science est au moins un guide de vie. (Lakatos, 1978b, p. 190–191, traduction proposée par T. Guèye)

À l'égard de la place de la technologie dans leurs doctrines, Lakatos estime que le désarroi du camp de Carnap est bien pire que celui des popperiens puisque, selon lui, la métaphysique aprioriste de Carnap est dissimulée sous un manteau d'analyticité. Les carnapiens, précise-t-il, doivent soit s'en tenir vaille que vaille à l'analyticité de leur logique inductive, sachant que leur probabilité ne peut pas être un guide de vie ; soit ils peuvent décider que la logique inductive est un guide de vie, mais alors ils devront admettre que leur logique inductive est un système complexe de métaphysiques spéculatives (Lakatos, 1978b, p. 191). Peut-être faudrait-il rappeler avec Lakatos qu'une autre raison de la difficulté de ces philosophes des sciences à intégrer la technologie dans leur dispositif théorique tient au fait qu'il est impossible de comparer les degrés de corroboration de nos théories les plus avancées et que dans de nombreuses décisions technologiques les considérations épistémologiques pures jouent un rôle quasi insignifiant. En outre « (…) le fait que bien souvent la fiabilité des théories ne peut pas souffrir la comparaison rend la rationalité pratique *plus indépendante* de la rationalité scientifique que ne le suggère la trop optimiste logique inductive. » (Lakatos, 1978b, note de bas de page n° 1, p. 191).

Après ces critiques cinglantes du philosophe hongrois à l'encontre de Popper et de Carnap sur la question de la place de la dimension technologique dans leurs conceptions épistémologiques respectives, on pourrait croire qu'il en tirera toutes les conséquences qui semblent s'imposer afin de donner à l'équation expérimentale la place qu'elle mérite dans la théorie des programmes de recherche. Malheureusement, dans les faits, Lakatos reste un « logothéoricien », selon le mot de Gilbert Hottois. L'explication de ce rendez-vous manqué entre théorie et expérimentation chez Lakatos pourrait venir de Luce Giard qui, dans l'introduction qu'elle a consacrée à la traduction d'une partie du premier volume des *Philosophical Papers*, soutenait que le désir de rationalité de Lakatos avait pris le pas sur toutes les autres considérations, en définitive. Il serait peut-être plus édifiant à notre avis de reproduire ici, *in extenso*, son analyse sur la question. Selon Giard, en effet :

> Un tel désir de rationalité était bien adapté à un certain type de compréhension des mathématiques, qui furent le premier objet d'étude de Lakatos et ce à quoi l'on doit ses meilleurs textes en épistémologie. Mais il eut, dans ses dernières années, la volonté d'élargir son champ d'investigation à la physique pour éclaircir les problèmes d'empiricité. En fait, quand il traite de physique, il s'occupe de théories, non de processus d'expérimentation. Quand il discute le problème des « expériences cruciales », c'est encore *de jure*, non *de facto*, en relation à sa théorie des « programmes de recherche ». Il a fort clairement expliqué la chose dans son dialogue avec Grünbaum : « Arrivée à maturité, une science n'est pas une procédure par essais et erreurs, consistant en hypothèses isolées, plus leurs confirmations ou leurs réfutations. Les grandes réussites, les grandes « théories » ne sont pas des hypothèses isolées ou des découvertes factuelles, mais des programmes de recherche. (…) Aucune expérience à elle seule ne peut jouer un rôle décisif, et encore moins « crucial », en faisant pencher la balance entre deux programmes de recherche rivaux. (…) Cependant je ne nie pas que quelques expériences ont un effet *psychologique* décisif dans la guerre d'usure entre deux programmes. » Quand Lakatos s'occupe de physique, il s'agit encore de théories et d'équations ; instruments, mesures ou techniciens y font très pâle figure. Ce qu'il préfère en physique, c'est suivre les affrontements théoriques entre deux seigneurs de guerre, capables de produire une physique mathématisée. Rien d'étonnant à ce qu'il ait beaucoup fréquenté Cauchy, homme clé dans la mathématisation de la physique du XIXe siècle. Cette dominante mathématique et théorique de sa pensée ne doit pas induire un contresens sur sa conception des mathématiques. Dans cette science, il s'intéresse au non formalisé, à la production de la connaissance qu'il situe dans la relation entretenue avec l'empirie. Pour lui, les mathématiques constituent une science « quasi empirique », d'où son idée de leur appliquer, à titre d'essai, la logique de la découverte scientifique décrite par Popper pour les sciences empiriques. Le cheminement de la preuve mathématique, il le suit à travers l'expérience du travail mathématique. Autant il appelle de ses vœux l'advenue d'un « plus de rationnel », autant il se méfie de la construction exclusivement logique que les formalistes ont voulu imposer comme idéal de perfection. (Giard, 1994, Introduction à Lakatos, p. XXIV–XXV)

Ce ne sera donc pas dans la philosophie de Lakatos que nous pourrons espérer trouver la philosophie des nanotechnosciences sur la voie de laquelle nous espérons être menés par une philosophie des sciences qui attribuerait au préalable à la technologie la place qui devrait être la sienne. Mais, il serait injuste de ne pas admettre que relativement aux philosophies de Kuhn, Popper et Carnap, Lakatos a une pleine conscience du problème posé par l'exclusion de la technologie du système théorique des épistémologues, mais malheureusement il continue d'en négliger les implications et les conséquences pour la philosophie des sciences en général et la sienne en particulier. Peut-être le correctionnisme de Serge Robert arrivera-t-il a appliquer au falsificationnisme sophistiqué la correction attendue pour lui éviter la dégénérescence, à tout le moins sur ce problème précis ? C'est ce que nous allons examiner à présent.

2.2.2. La place de la technologie dans le correctionnisme robertien

La tournure lakatosienne qu'emprunte la philosophie de Robert pourrait laisser croire que les critiques adressées à son mentor lui seraient opposables, si ce n'est en totalité, au moins en partie. Mais les développements du correctionnisme ne permettent pas de le confondre avec le falsificationnisme sophistiqué du Magyar au point de lui appliquer exactement les mêmes remarques sur la place et le rôle de la technologie, toutefois une partie de cet héritage assumée par Robert s'y prête bien. Tout compte fait, nous ne reviendrons pas sur ce qui a déjà été dit sur les limites de ces aspects de la philosophie des programmes de recherche partagés et revendiqués par le philosophe canadien. En revanche, nous le soumettrons au test lexicométrique à l'instar de ses prédécesseurs, puis nous montrerons que la technologie reste une question importante dont la nécessité est reconnue dans la philosophie correctionniste, mais qu'à l'instar de Kuhn et de Lakatos elle est sous-traitée et assujettie à la théorie qui concentre toutes les attentions et tous les honneurs. Enfin, nous tenterons de montrer qu'il y a probablement une issue possible pour la philosophie robertienne en revisitant son holisme à double entrée et en lui suggérant de reconsidérer plus sérieusement l'apport indispensable de la technologie dans l'ensemble du processus de formation du discours et de l'activité scientifique.

Ainsi, en faisant l'analyse lexicographique de *Mécanismes de la découverte scientifique* (Robert, 1993), il apparaît que Robert recourt 1072 fois aux termes « science, scientifique » et leurs dérivés soit comme radicaux ou dans des mots composés (sciences, scientifique-s, scientificité, pseudo-scientifique, métascientifique, etc.). Mais, dès que l'on en vient à s'intéresser à des termes comme « technique » ou « technologie » et leurs dérivés, ce chiffre tombe à 20 occurrences, dont une en note de bas de page. Ce qui correspond à un prorata inférieur à 2 usages d'un terme référant à la technologie pour 10 autres parlant de « science », soit une valeur relative de 1,86%. Cependant, en ajoutant d'autres mots associés à la technologie telle qu'« instrument », « outil », ou « appareil » et leurs dérivés, nous obtenons 11 occurrences pour le premier terme au singulier et au pluriel, 6 occurrences pour le second et 4 pour le troisième et leurs dérivés. Ces données rajoutées à celles livrées précédemment par le recensement des occurrences de « technologie » et ses dérivés font remonter le ratio du nombre de références à la dimension technologique dans la philosophie des sciences robertienne à près de 4 pour 10, soit une valeur absolue de 41 apparitions. En poussant l'examen un peu plus loin, nous nous apercevons qu'en nous intéressant à des termes comme « expérience », « expérimental », « expérimentation » et leurs dérivés, nous obtenons un rapport encore plus élevé de l'ordre de 140 occurrences, ce qui correspond à 13,05%. En définitive, même en mettant bout à bout ces différentes familles de mots, nous ne dépassons guère une référence à la dimension technologique contre cinq à la science, le prorata étant de 18,73%. De plus, si l'on exclut de ces lexèmes ceux qui sont utilisés dans un sens non technologique comme « instruments mathématiques » (Robert, 1993, p. 5), « instrument social » (Robert, 1993, p. 55), « appareil perceptif » (Robert, 1993, p. 57), « instrument formel » (Robert, 1993, p. 150), « techniques de décision » (Robert, 1993, p. 160), « appareil classificatoire » (Robert, 1993, p. 208), etc., ce rapport pourrait tomber bien plus bas. Ainsi, on peut dire que dans ce texte central de Robert, il est surtout question de « science » et très peu de « technologie ». Mais, comme nous l'avons vu autant avec Kuhn qu'avec Lakatos, cette sous-représentation des morphèmes relatifs à la technologie ne signifie pas automatiquement son exclusion du champ scientifique, mais implique bien souvent sa subordination à la théorie.

En fait, tout se passe comme si ces philosophies des sciences souffraient d'une vision parcellaire qui pourrait être liée au dogme de l'origine grecque de la philosophie qui n'est pas sans rappeler la manière dont le dogme du cercle a pendant longtemps empêché le développement de l'astronomie moderne avec la rupture épistémologique introduite par Képler en recourant aux trajectoires elliptiques des astres après plusieurs siècles d'adhésion aveugle au postulat de la circularité. En effet, si l'on remonte à l'analyse de la philosophie réaliste faite par Serge Robert dans *Les révolutions des savoirs scientifiques* (1978) on s'aperçoit que dans la perspective évolutionniste du développement des savoirs qu'il y prône, la connaissance, à l'image de l'enfance, se forme à l'échelle historique d'abord de façon inductive puisqu'elle s'affûte et se perfectionne en s'émancipant de plus en plus de ses origines matérielles. En fait, tout part de la volonté des présocratiques de trouver un principe universel d'unité et de stabilité du Cosmos. Selon Robert :

> Il s'agit donc de rechercher l'unité derrière la multiplicité, la stabilité derrière le mouvement. On accède ainsi à une dissociation de la perception et de la représentation : c'est là le premier signe d'une théorie opératoire de la représentation. Le langage sera totalement dépris des choses, sans qu'aucune analogie ne subsiste

> entre elles. La science se produira comme organisation représentative du monde que nous livre la vision, mais dans un système rationnel complètement émancipé du monde perçu, ce dernier étant désormais considéré comme chaotique (multiple et sans permanence). (Robert, 1978, p. 200–201)

Selon le père du correctionnisme, la connaissance théorique s'est développée dans la philosophie grecque en plusieurs étapes. D'abord, il y a eu le moment où le principe d'unité et de stabilité était un élément matériel comme l'Eau (Thalès), l'Air (Anaximène), le Feu (Héraclite), tous promus au rang de principe. Puis, il y a eu l'émergence d'un principe rationnel sans matérialité perceptible comme le nombre et le N*ous* (*νοῦς*) respectivement de Pythagore et d'Anaxagore. Cette phase est suivie d'un troisième moment de rupture caractérisé par le refus du changement générateur de contradictions intolérables pour Parménide qui décrète donc l'unité et la stabilité inaltérable de l'être en niant la possibilité de tout discours sur lui et en tenant la multiplicité et le mouvement pour des apparences trompeuses et des illusions pernicieuses. Héraclite, quant à lui, se focalise sur ce que Parménide rejetait, afin de protéger la possibilité même d'une connaissance certaine et non contradictoire, pour soutenir que seul le changement est constant, donc le devenir, la diversité et partant la contradiction.

Toutefois, comme le remarque fort bien Robert, en produisant une telle philosophie du rapport du sensible et de l'intelligible, Parménide et Héraclite mettent en place les principes fondamentaux de la « connaissance opératoire ». « Mais, leurs théories contradictoires entre elles, ne satisfont pas, dans la mesure où, du sensible et de l'intelligible, l'un des deux doit être nié pour permettre l'existence de l'autre. » (Robert, 1978, p. 201). Selon lui, ces trois premières étapes montrent comment les spéculations des philosophes grecs sont un apprentissage de la construction d'une théorie opératoire de la représentation. Avec Platon, la philosophie grecque réussit à concilier dans une quatrième phase les positions tranchées de Parménide et d'Héraclite dont le Maître de l'Académie fait la synthèse dans le cadre d'une théorie générale non réductiviste des rapports du sensible et de l'intelligible explicité par l'Allégorie du Livre VII de *La république* ainsi que celle de la ligne divisée ou horizontale. Mais, ce n'est qu'avec Aristote que cette évolution connaît une sorte d'épilogue dans une cinquième et dernière phase qualifiée de « théorie définitivement opératoire de la représentation » (Robert, 1978, p. 203–204). Celle-ci se caractérise par le remplacement des essences transcendantes platoniciennes par un réalisme des substances immanentes. Autrement dit, plus besoin d'un monde des Idées incorruptibles et stables vers lequel l'amoureux de la Sagesse devait nécessairement se tourner pour acquérir le savoir de l'ombre incarnée par ce dont elle est ombre, plutôt que vers l'ombre du savoir qui n'est qu'illusion et versatilité. Ainsi, le Stagirite se démarquant du mysticisme platonicien ramènera tout au monde sensible qu'il revalorise en en faisant le dépositaire à la fois de la matière sensible et des formes intelligibles. Pour le Maître du Lycée, en effet, les substances, mélange de sensible et d'intelligible constituent la substance du monde. Il rend ainsi possibles la théorie du mouvement et celle du changement comme passage de la puissance à l'acte grâce au recours à la « privation », troisième principe à côté de la matière et de la forme. Ainsi avec Aristote la connaissance se réalise par sa dimension opératoire concrète et dispose pour la première fois de son histoire d'une logique élaborée capable de dresser une théorie de son fonctionnement interne relativement exhaustive. Il élabore donc une théorie du monde basée sur la non-contradiction, l'identité, la différence et la hiérarchisation logique des éléments dans une structure. De ce fait, il insuffle à la théorie de la représentation une nouvelle orientation qui distingue clairement le sujet de l'objet et l'humain du monde. D'où ces mots de Robert :

> Ainsi, l'organisation et l'adaptation de la connaissance se dissocient, pour donner chez Aristote, d'une part une logique, et d'autre part une physique. Ce dédoublement du savoir est lui-même lié à l'émergence d'un troisième type de discours : la métaphysique, science du rapport de l'organisation et de l'adaptation de la connaissance. Le savoir est suffisamment dépris des choses pour acquérir une souplesse lui permettant d'exposer des règles de fonctionnement interne au sein d'un système propre, et le monde est suffisamment objectivé pour en faire une théorie distincte de la réduction à la simple logique du sujet. À cause de cette distance qui se déploie entre la logique et la physique, une théorie s'impose pour les relier. Quand le langage acquiert une complexité suffisante pour expliciter ses propres règles de fonctionnement, c'est qu'il a déjà pris suffisamment de distance par rapport aux choses pour que les utilisateurs du langage se rendent automatiquement compte que ce langage n'est pas nécessairement conforme aux choses, que les choses ont une réalité qui échappe au langage. Avec la théorie opératoire de la représentation se pose donc le problème du rapport de la connaissance et des choses ; la possibilité de l'erreur naît et, avec elle, surgit le problème de la vérité. C'est ce dont va traiter la métaphysique, en réconciliant la logique et la physique par une théorie de la vérité, de l'adéquation des choses et de la connaissance qu'on en a. (Robert, 1978, p. 207)

Cette place clef occupée par la métaphysique dans le système d'Aristote permet de garantir à peu de frais, finalement, l'unité et la stabilité tant recherchées par les philosophes. En effet, le monde sensible demeure héraclitéen à bien des égards et l'effet du parricide platonicien sur l'immobilisme parménidien n'a pu se traduire que par un musellement du monde matériel dénigré à souhait. Même si l'intervention d'Aristote semble redonner à celui-ci la place qu'il mérite dans le système gnoséologique, chez les péripatéticiens la métaphysique domine l'univers de la connaissance en tant que science des causes premières, ou encore science de l'Être en tant qu'Être. Peut-être, la prééminence de la théorie sur la technologie et l'expérimentation est-elle à chercher dans cette sorte de péché originel des philosophes qui, très tôt, ont condamné le monde sensible à l'instabilité et à la diversité tout en essayant de le placer sous le joug de l'intelligible dont la métaphysique est l'expression la plus achevée ? Ou alors, est-ce plutôt la faute à Hegel qui a toujours défendu l'idée que c'est l'Esprit avec ses innombrables ruses qui gouverne le monde ?

En tout cas, chez Robert la préséance du théorique sur le technologique et l'expérimental ne fait pas l'ombre d'un doute. Il attribue tous les méritent des « applications techniques » à la science qui selon lui dispose d'une première fonction d'explication des phénomènes connus et de prédictions de ceux qui nous sont encore inconnus ; et, d'une seconde dont le rôle est d'organiser nos comportements futurs et de contribuer à la production de nouvelles technologies. Il décline sa position dès l'entame du premier chapitre de *Mécanismes de la découverte scientifique* en soutenant que :

> Depuis la naissance de la philosophie occidentale dans les cités grecques de l'Antiquité, notre civilisation est impliquée dans l'aventure scientifique. Cette entreprise est sûrement la plus déterminante de l'histoire humaine, celle qui a le plus marqué notre manière de vivre. Avec ses différentes applications techniques, la science a radicalement transformé les sociétés humaines, de la vie primitive jusqu'au monde des technologies électroniques que nous connaissons aujourd'hui : la surface de notre planète est désormais profondément modelée par les applications de nos connaissances. En plus des changements physiques, la science amène aussi des transformations cognitives : des mythes préhistoriques à nos croyances scientifiques contemporaines, la science a modifié nos conceptions sur la plupart des sujets. L'évolution de la science entraîne l'abandon progressif de conceptions du monde plus intuitives et leur remplacement par des reconstructions plus systématiques et plus abstraites. (Robert, 1993, p. 1)

Seulement, Robert ne renie pas pour autant la nécessité de l'expérimentation puisque selon lui c'est d'elle que dépend notre degré de croyance. Il soutient qu'« aujourd'hui, ce sont de rigoureux tests expérimentaux qui nous enseignent quel degré de croyance nous devons attribuer à nos hypothèses scientifiques et quand nous devons les remplacer par de meilleures théories. » (Robert, 1993, p. 1). D'un autre côté, il ne dit pas que ce sont nos connaissances qui ont modelé profondément la surface de notre planète, mais bien « les applications de nos connaissances ». Ce qui pourrait nous conforter dans l'idée que Robert est bien conscient des limites d'une vision épurée de la théorie qui ne tiendrait pas compte de son pendant praxéologique. Cette posture du philosophe correctionniste est bien en adéquation avec sa conception de la science dont il expose les grandes lignes ci-dessous :

> La connaissance scientifique a deux fonctions principales : l'explication de faits connus et la prédiction de faits inconnus. En tant qu'ensemble d'explications, la science joue le rôle théorique d'un système du monde ; par ses prédictions, elle a aussi un rôle pratique : elle organise notre comportement futur et elle est appliquée dans la production de nouveaux objets techniques. La science nous est ainsi doublement utile, psychologiquement, par ses explications, et économiquement, par ses prédictions. En tant qu'explication, la science nous rend les faits familiers, elle nous montre ce qui arrive dans le monde comme la simple réalisation de lois préétablies et elle diminue ainsi notre sentiment d'étrangeté à propos de la manière d'être de notre environnement. En tant que prédiction, en rendant possibles des réalisations techniques, elle nous fait produire de nouveaux objets de consommation et plus d'objets de consommation en moins de temps ; elle peut ainsi contribuer à une plus grande satisfaction de nos besoins. (Robert, 1993, p. 1–2)

Cette vision robertienne de la science n'est pas sans rappeler l'approche *top-down* propre à la miniaturisation dont nous avons parlé longuement dans notre *Critique des nanotechnologies*, mais aussi à une certaine conception miniaturiste, pourrait-on dire, des nanotechnosciences. Sous la plume de Robert, cette méthode descendante semble perpétuée à travers la détermination de la technologie par la science.

Et pourtant Robert est fasciné par les technologies. En effet, dès 1978, il soutenait dans l'introduction de *Révolutions du savoir* que « les changements radicaux de la connaissance apparaissent d'abord dans la connaissance appliquée, et ce n'est qu'après une certaine mise en œuvre de pratiques cognitives nouvelles que la prise de conscience de tels changements apparaît et permet leur théorisation. » (Robert, 1978, p. 12). Mais, cette reconnaissance partielle de l'origine technologique des théories scientifiques ainsi que leur qualité de source de nouvelles pratiques cognitives susceptibles de favoriser la prise de conscience qui mène à la production des théories capables d'expliquer les réalisations de la connaissance reflète une fois de plus la subordination de tout ce qui relève de la pratique à la théorie. On est loin des « connaissances matérielles » (*thing knowledge*) dont Davis Baird parle en ces termes :

> Ailleurs, j'ai plaidé en faveur d'une épistémologie matérialiste que j'appelle « connaissance matérielle ». C'est une épistémologie où les choses que nous faisons portent notre connaissance du monde, sur un pied d'égalité avec les mots que nous prononçons. Il s'agit d'une épistémologie opposée à l'idée que les choses que nous faisons sont uniquement instrumentales à l'articulation et à la justification de la connaissance exprimée en mots ou en équations. Nos choses font pareil, mais elles font davantage. Elles portent des connaissances elles-mêmes, et assez souvent les mots que nous prononçons servent instrumentalement à l'articulation et à la justification des connaissances portées par les choses. (Davis Baird, 2002a, traduction proposée par T. Guèye)

Nous reviendrons plus tard sur cette approche défendue par Baird et ses collègues, notamment dans la revue *Techné* (volume 6 numéro 2), puis dans un ouvrage paru en 2004 auquel il a donné le même titre que celui de l'article que nous venons de citer. Mais, auparavant terminons notre point sur la technophilie de Robert qui quatorze ans après *Les révolutions du savoir,* lors de son intervention au *Séminaire sur la représentation* organisé par le Centre Interdisciplinaire de Recherche sur l'Apprentissage et le Développement en Éducation (CIRADE) que nous avons déjà cité, s'émerveillait des fabuleux progrès des ordinateurs qui, selon lui, « se sont présentés comme de prodigieuses technologies de l'esprit, c'est-à-dire comme des substituts très efficaces d'activités mentales. » (Robert, 1992, p. 2). Il en voulait pour preuve la réalisation dans ce domaine des programmes informatiques experts qui rendent l'ordinateur capable de faire des diagnostics et de rendre des décisions qui jusqu'à maintenant n'étaient réservées qu'à des experts humains. Ces succès de l'intelligence artificielle ont rendu possibles des diagnostics fiables à partir d'une liste des symptômes du patient grâce à des programmes médicaux experts, tout comme des programmes militaires permettent d'orienter une bombe rien qu'en interagissant avec des données géographiques et météorologiques. Et, comparant ces prouesses technologiques à l'expertise humaine, Robert reconnaît que « le programme expert a même l'avantage de rendre des jugements plus rapides que lui, et également plus sûrs, parce qu'exempt des sources humaines d'erreur, comme la distraction, l'oubli, la fatigue ou le doute. » (Robert, 1992, p. 2).

Cet enthousiasme de Robert pour les machines ne s'estompe pas avec le temps puisqu'une année plus tard, dans *Les mécanismes de la découverte scientifique*, il soutenait que l'on permet à l'humain d'augmenter son pouvoir sur la nature en fabricant des engins susceptibles de la lui rendre moins hostile, et donc de l'« humaniser » davantage, dans un certain sens. Pour lui certes, l'essentiel des accomplissements de notre ingénierie, qu'il classe à la suite de Sfez (1992) en technologie du corps et en technologie de l'esprit, ont renforcé notre domination matérielle (pratique) sur le monde. Mais, avec les progrès constants dans le domaine de l'intelligence artificielle, c'est notre autorité conceptuelle (théorique) sur le cosmos qui est renforcée. Ainsi, dans leur projet de maîtriser les principes qui régissent l'acquisition des savoirs chez l'humain, les cognitivistes ont adopté la démarche consistant à comparer nos processus d'acquisition des connaissances aux lois à l'œuvre dans nos dispositifs mécaniques. En conséquence de quoi Serge Robert conclut qu'« entre l'humain et son environnement naturel, les sciences cognitives parcourent donc le chemin inverse de l'intelligence artificielle. » (Robert, 1993, p. 239). Partant de là, il parvient à la réflexion ci-dessous susceptible de lui attribuer le mérite d'avoir prédit l'inéluctabilité des technosciences, voire des nanotechnosciences :

> En somme, le développement technologique des machines et le progrès théorique des connaissances apparaissent comme le résultat historique de l'interaction complexe entre l'humain et son environnement. On peut alors penser que la distance entre l'intelligence artificielle et les sciences cognitives va désormais progressivement diminuer : l'avenir de l'intelligence artificielle nous donnera des machines qui ressembleront de plus en plus au comportement cognitif humain et les sciences cognitives vont de plus en plus expliquer le fonctionnement de la connaissance humaine comme étant semblable au fonctionnement algorithmique d'une machine. (Robert, 1993, p. 239–240)

Il reste que pour Robert cette association est principalement au bénéfice des sciences cognitives. D'après lui, cette interaction complexe entre sciences cognitives et intelligence artificielle est nécessaire, voire salutaire. Et, il concède le fait que d'une part les avancées des sciences cognitives dépendent de l'idée selon laquelle il y aurait dans les opérations du psychisme une relation qui dépasse à la fois ce que nous pouvons en savoir et les machines que nous avons réussies à produire. D'autre part, l'intelligence artificielle n'est capable de prospérer que si elle se fonde sur l'idée selon laquelle il est possible de reproduire les étonnantes performances de l'esprit humain dans un appareillage électronique. Il retient que « Cette dialectique méthodologique permet de penser que la fusion de l'intelligence artificielle et des sciences cognitives, ou la réalisation d'une physique de la connaissance, n'est pour la science qu'un idéal régulateur probablement inaccessible. » (Robert, 1993, p. 240).

Une autre façon de poser le débat entre théorie et technologie chez Robert pourrait se ramener à poser la question de savoir si l'ordinateur peut être considéré comme une machine à la fois pensante et cognitive ? Afin de répondre à cette question, le philosophe québécois revient sur le débat (traduit en français dans *Pour la science* en mars 1990) qui a opposé John Searle à Paul Churchland[18] (originellement publié dans la revue *Scientfic American*) afin, nous dit-il, de l'approfondir avant de nous soumettre ses nouvelles hypothèses sur la question. Robert commence par exposer la position de Searle qui tente de démontrer que le semblant de connaissance que l'on peut observer dans une machine telle que l'ordinateur n'est qu'un faux-semblant puisque dans le fond celui-ci ne fait que décoder une syntaxe et le classer, alors que la connaissance humaine authentique saisit la sémantique bien au-delà de la simple syntaxe. Ainsi, dans l'exemple de la chambre chinoise qu'il met en scène, Searle montre qu'un individu enfermé dans une chambre chinoise, s'il ne connaît que la syntaxe du chinois sans la sémantique, ne connaît pas le chinois et ne le parle pas. L'ordinateur serait donc selon Searle dans la même situation que cet individu. Autrement dit, pour Searle aucun être, humain ou machine, ne saurait se prévaloir de l'attribut « intelligent » s'il n'est capable que de syntaxiser sans jamais sémantiser. Selon lui, en effet, être capable de sémantique suppose pouvoir désirer et croire, conditions intentionnelles *sine qua non* pour la production d'actes de signification. Or, être porteur de désirs et de croyances suppose préalablement, d'après Searle, un cerveau, ou quelque chose d'équivalent, dont un esprit émerge. En conséquence de cette démonstration, étant donné que l'ordinateur, quelle que soit sa complexité ne remplit aucun de ces critères, parler d'« intelligence artificielle » serait donc totalement inapproprié et ne serait au mieux qu'un abus de langage.

Paul Churchland en ce qui le concerne s'est opposé à cette position searlienne qu'il trouve trop prétentieuse et trop radicale. Selon lui, personne ne peut considérer l'intelligence artificielle comme impossible *a priori* comme le fait Searle sur la base du fait que les ordinateurs n'ont été jusqu'ici que des machines syntaxiques et non sémantiques. En effet, pour Churchland, il est parfaitement possible de les rendre sémantiques. L'obstacle à la réalisation de ce projet est le paradigme représentationnaliste qui a servi de cadre à la conception des ordinateurs traditionnels. Selon Churchland, dans une telle optique, l'information ne peut être précisément organisée que comme un système syntaxique. D'où la nécessité d'adopter un nouveau paradigme susceptible de rendre possible l'accomplissement d'actions plus complexes et plus proches de l'activité cognitive humaine. À son avis, le connexionnisme, modèle au sein duquel l'information est organisée selon des réseaux complexes, comparables aux connexions synaptiques qui relient les neurones dans le cerveau humain, ferait l'affaire. De là découle l'optimisme de Churchland quant à la réalisabilité de l'intelligence artificielle. Selon sa vision, on peut bien concevoir que l'individu de la chambre chinoise, peu importe qu'il soit humain ou machine, peut intégrer les fonctions nécessaires à l'interprétation des idéogrammes de sorte qu'à chaque idéogramme pourra être associée une référence, ce qui lui permettra de se réaliser ainsi autant comme une machine sémantique que syntaxique. Churchland déduit de son analyse qu'en plus de savoir associer des idéogrammes entre eux, une telle machine façonnée à l'aide du paradigme connexionniste serait en mesure d'associer des idéogrammes à des événements, des objets, des propriétés, des classes, etc.

À l'issue de cette controverse clairement exposée par Serge Robert, tant dans son article de 1992 que dans son ouvrage de 1993, celui-ci prend le parti de Churchland sur le plan méthodologique pour aborder le champ de l'intelligence artificielle. Car, une telle approche serait plus apte à impulser la recherche dans ce domaine, en associant le travail du philosophe à celui de l'informaticien, que ne le serait celle de Searle qui pourrait nuire à la collaboration entre le philosophe et l'informaticien ainsi qu'au développement de la recherche en intelligence artificielle. En effet, ce dernier tient l'objectif ultime de l'intelligence artificielle pour totalement utopique. Du point de vue de Robert, en revanche, c'est en travaillant à représenter l'activité sémantique combinée aux autres fonctions cognitives humaines que nous arriverons aux deux résultats possibles suivants, susceptibles de constituer un progrès scientifique :

> D'une part, on peut réussir à représenter dans une machine l'activité sémantique, obtenir ainsi une machine technologiquement utile et mieux comprendre en quoi l'activité sémantique réelle est différente de cette représentation. D'autre part, on peut, ce qui apparaît présentement difficilement pensable, compte tenu de mon argumentation pro-Searle, mais pas nécessairement impossible, complexifier la machine au point d'arriver à réaliser l'objectif de Churchland, à intégrer dans la machine une activité sémantique proprement dite, et alors mieux comprendre, à travers l'étude du fonctionnement de cette machine, l'activité cognitive humaine. D'une manière ou de l'autre, le développement de l'intelligence artificielle (qui vise à rendre les machines cognitives) peut donc contribuer au développement d'une science cognitive (qui cherche à expliquer la connaissance humaine comme étant semblable au fonctionnement d'une machine). Si on réussissait à produire une machine vraiment intelligente, on pourrait mieux connaître l'intelligence humaine en étudiant cette machine ; si, au contraire, on ne réussit pas, comme ce fut le cas jusqu'à maintenant, on peut approfondir notre connaissance de l'esprit humain en le contrastant par rapport à la machine, comme Searle a pu le faire et comme je le fais maintenant. En conclusion, le progrès de la technologie informatique comme le progrès de la connaissance épistémologique du fonctionnement de la connaissance humaine exigent d'adopter la position méthodologique de Churchland et de faire comme s'il était possible qu'une machine pense et connaisse. (Robert, 1993, p. 236)

Le choix que fait Robert d'adopter la méthodologie de Churchland est donc de nature purement heuristique. Mais, sa prospective est le fruit d'un raisonnement conditionnel. En effet, ce n'est que si l'on réussit un certain développement de l'intelligence artificielle que cela facilitera l'étude de l'intelligence humaine. Dans le cas contraire, il suggère de procéder comme nous l'avons toujours fait, c'est-à-dire d'approfondir notre connaissance de l'esprit humain en la comparant aux performances de la machine, à l'instar de ce que Searle et lui-même font. Là encore, la dichotomie entre théorie et technologie est maintenue, la seconde continue à servir la première dans une relation de subordination plutôt que d'interaction.

Pourtant, l'une des meilleures façons d'aborder la question nous semble être l'interactionnisme correctionniste élaborée par Robert, mais à condition de lui apporter quelques nouvelles corrections. Pour ce faire, le meilleur angle d'attaque est probablement le holisme à double entrée du concepteur du correctionnisme. Rappelons que, selon cette optique, il existe dans ce programme de recherche quelques règles dynamiques d'interactions des trois plus un ordre épistémique ou cognitif du langage (descriptif, épistémique, justificatif et métaépistémologique). La première détermination (*bottom-up*) peut être qualifiée d'ascendante puisqu'elle procède des ordres inférieurs aux ordres supérieurs, elle est de nature inductive. Nous en ferions le siège de la technologie. Dans le système robertien, chaque ordre épistémique supérieur peut être considéré comme une généralisation issue de l'ordre immédiatement inférieur. En outre, tout comme les propriétés et les relations primitives de la perception et du langage observationnel s'induisent de la sensation, les définitions des classes du langage scientifique sont induites à partir d'ensembles de propriétés et/ou relations. Enfin, on peut aussi rendre compte des théories métascientifiques de l'épistémologie à partir d'ensembles de théories scientifiques situés à un niveau inférieur.

La seconde détermination (*top-down*) que l'on peut considérer comme l'inverse de la première peut être dite descendante. Elle va des ordres supérieurs vers les ordres inférieurs. Robert la qualifie de déductive. Dans une telle configuration, chaque ordre supérieur structure le contenu d'information que lui fournit l'ordre qui lui est immédiatement inférieur. De ce fait, le discours scientifique organise le descriptif et le discours épistémologique donne le *la* au scientifique. Mais, ces deux types de détermination ne seraient pas complets si l'on ne leur adjoignait pas une latérale, celle rendue possible notamment par l'intervention de l'imaginaire entre l'induction et la déduction. C'est elle qui, par l'usage de l'analogie et de diverses autres figures de rhétorique, recombine entre eux les résultats d'inductions distinctes.

Cette détermination latérale joue un rôle capital dans la créativité à l'œuvre dans la connaissance humaine. Elle est responsable de l'élaboration des classes théoriques de la science empirique et des classes fictives du discours fiction. Elle permet aussi la connaissance des propriétés psychologiques de l'esprit humain. En dernière instance, pour la vision correctionniste, c'est la coprésence des déterminations ascendantes, latérales et descendantes qui fait de la connaissance le résultat d'une activité essentiellement abductive (Robert, 1993, p. 119). Robert précise son modèle ainsi que sa fonction dans les termes suivants :

> Cette interaction entre les ordres discursifs va nous amener à comprendre que les relations entre deux ordres immédiatement voisins peuvent être transformées soit par une modification de l'ordre inférieur, soit par une modification de l'ordre supérieur. Il en résulte donc un holisme interactif, où le système total de la connaissance comprend trois niveaux discursifs et est modifiable par deux entrées, une entrée inductive ascendante, qui affecte le contenu de la connaissance, et une entrée déductive descendante, qui en modifie la structure. Enfin, entre les inductions et les déductions, la recombinaison imaginaire peut intervenir et produire, par détermination latérale, de la créativité discursive : en plus d'intervenir sur la mémoire des événements perçus, l'imaginaire peut aussi agir sur chaque ordre discursif et produire des recombinaisons créatives de nature descriptive (comme dans la description d'événements fictifs), explicative (comme dans les hypothèses scientifiques portant sur des entités théoriques) ou justificative (comme dans la formulation de notions épistémologiques complexes). (Robert, 1993, p. 119–120)

Et, Robert de poursuivre en soutenant que la « contemporanéité et l'interdépendance » des sensations de ressemblance et de différence l'a amené à soutenir la contemporanéité et l'interdépendance de la perception des propriétés ainsi que celles des relations et la perception des individus. Cela l'a conduit à conclure à la contemporanéité et l'interdépendance du sens et à la référence des expressions du langage observationnel, ou de leur intension et de leur extension, avant de présenter le deuxième ordre épistémique comme étant constitué à partir du premier ordre, d'une part par des inductions intensionnelles, et d'autre part, par des inductions extensionnelles. Du coup, dans la perspective robertienne, le discours scientifique comprend deux types de composantes ayant des fonctions épistémiques distinctes. Il se compose d'abord des définitions générées à partir d'inductions intensionnelles ; puis des hypothèses causales issues d'inductions extensionnelles.

Au terme de cet examen critique de l'interactionnisme correctionniste, nous pensons pouvoir dire que ce serait précisément en ajoutant la technologie dans le jeu ascendant et latéral des déterminismes que l'interactionnisme correctionniste arriverait à se concevoir comme une philosophie technoscientifique digne de ce nom et capable de s'envisager sérieusement comme une « nanophilosophie » capable de prendre en charge les questions inouïes propres aux nanotechnosciences.

2.3. Conclusion

Pour finir cette partie, rappelons que dans notre *Critique des nanotechnologies* (Guèye, 2020), nous avions pris le soin de montrer la nature technoscientifique des nanos. Autrement dit, nous avons établi l'enchevêtrement du scientifique et du technologique qui est tel que l'on peut les comparer aux deux faces d'une même pièce de monnaie. Cette caractéristique particulière des nanotechnosciences implique que tout discours sur elles devra tenir compte de leur nature à la fois hybride et transfrontalière.

La condition nécessaire et suffisante d'accessibilité à l'univers nanométrique est matérielle. La manipulabilité et la contrôlabilité des nano-objets dépendent autant de la technologie que de la qualité des théories nanophysiques dont nous disposons actuellement. Ce constat nous a amené à penser qu'une philosophie des sciences à la hauteur des nouveaux défis posés par ces développements de la technoscience n'aura d'autre choix que celui de prendre au sérieux la dimension technologique omniprésente dans le nanomonde.

Ainsi, l'examen des philosophies de Lakatos et de Robert a montré que leurs doctrines respectives, autant que celle de Kuhn, portent sur un portrait figé ou partiel de la science qui nécessiterait une certaine mise à jour. En effet, la science comme l'identité ont ceci de particulier : l'une et l'autre, tout en donnant l'impression d'être inamovibles et éternelles, nourrissent leur environnement tout en s'en nourrissant. Elles revendiquent l'ipséité tout en étant imprégnées d'altérité. Elles sont les incarnations mêmes de la tension parménido-héraclitéenne. Peut-être est-ce de là que vient notre difficulté à les circonscrire ? Quoi qu'il en soit, cette interaction permanente entre la science et le monde, la science et ses propres progrès, a eu un impact sur son évolution et l'a transformée lentement, mais indubitablement au fil des siècles. Elle a même fini par la rendre méconnaissable aux yeux des précurseurs qu'ont été Aristote, Avicenne, Ibn Tufayl, Jâbir ibn Hayyân (Geber), Ibn al-Haytham (Alhazen), Galilée, Boyle et même Newton.

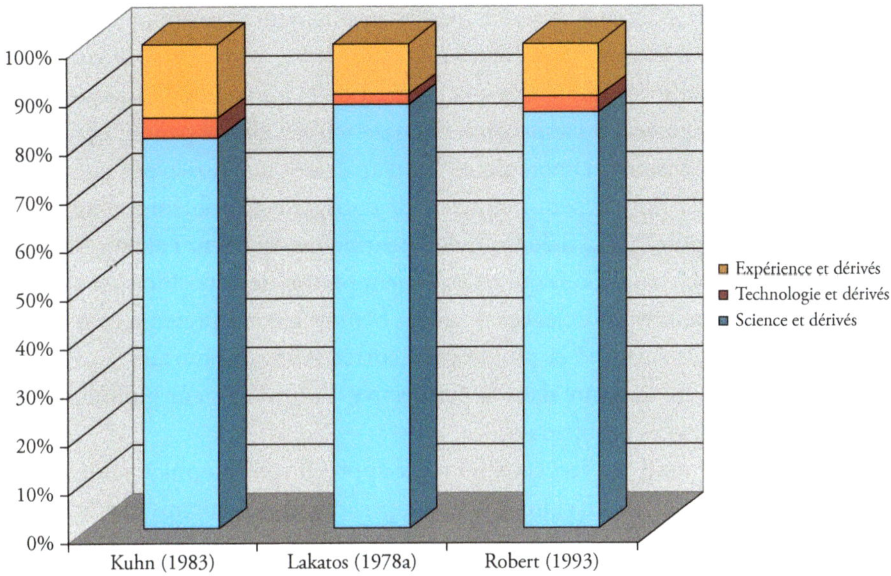

Figure 2.2: Diagramme lexicographique comparatif de Kuhn (1983), Lakatos (1978a) et Robert (1993), par Guèye.

La science de la philosophie des sciences devrait être revisitée de temps à autre à la lumière des évolutions concrètes de la « science » afin de ne point se méprendre ni sur la nature de ce dont elle parle, ni sur sa nature propre. En d'autres termes, la philosophie des sciences non plus n'est pas statique et elle a beaucoup évolué depuis Kant, Reichenbach, Duhem, Schlick, Carnap, Popper, Hanson, Quine et Kuhn, pour ne citer que ceux-là. L'idée que nous défendons ici est celle de son évolution, au moins sous la forme d'une nouvelle branche apte à porter les questions inédites posées par les technosciences et les nanotechnosciences. Le fait est que science et technologie se sont mises à révéler leurs convergences davantage de jour en jour, donnant naissance à une nouvelle dynamique gnoséologique qui ne laisse plus beaucoup de choix ni à la philosophie des sciences, ni à la philosophie des technologies hormis celui d'en faire autant, c'est-à-dire de converger. Ou alors, elles devront se réinventer si elles ne veulent pas être frappées de caducité.

Il convient tout de même de reconnaître que jusqu'ici les philosophies que nous avons étudiées n'ont pas ignoré la dimension technologique intrinsèque à l'activité scientifique. En vérité, elles ne l'ont jamais perdu de vue. Mais, elles n'ont pas non plus vraiment pris au sérieux la possibilité que la technologie puisse prendre les commandes, ne serait-ce que provisoirement, sauf pour corroborer une théorie ou pour l'aider à en réfuter une autre. Or, de notre point de vue, pour qu'une philosophie scientifique soit à la hauteur de la nouvelle dynamique technoscientifique revigorée par l'apparition des nanoscopes, elle ne peut ni ignorer ni sous-traiter la dimension technologique. Et, d'après ce que nous avons vu, même si la corrigibilité de Robert peut permettre de corriger ces problèmes d'un genre nouveau qui s'imposent aux théories métascientifiques, ni lui ni Lakatos ne remplissent vraiment les conditions qui leur auraient permis de se positionner comme philosophie des nanotechnosciences. L'un des bémols à notre présente conclusion demeure en effet le fait que la philosophie correctionniste pourrait faire figure d'une heuristique intéressante dans la perspective d'un traitement philosophique approprié de toutes ces problématiques.

Mais, le plus grand pas vers cette nouvelle approche philosophique nous viendra probablement de Ian Hacking qui a compris depuis longtemps que la représentation présentait de sérieuses lacunes qu'il a décidé de transcender en abordant les choses sous un nouvel angle. Il faut dire que depuis l'énoncé de ses thèses au début des années 1980, un long silence d'une vingtaine d'années s'en est suivi avec quelques rares publications portant sur la question expérimentale en science. C'est cette situation qui inspire à Hans Radder la réflexion suivante dès le début du premier chapitre de *The Philosophy of Scientific Experimentation* (2003) :

> Le développement de la philosophie de l'expérimentation scientifique au cours des vingt dernières années a deux caractéristiques principales. Après un début rapide dans les années 1980 (voir Hacking 1989a), il semble avoir perdu une grande partie de cet élan au cours de la décennie suivante. À tout le moins, l'espoir que l'étude de l'expérience devienne un enjeu majeur dans les traditions héritées de la philosophie des sciences n'est pas satisfait. Pour s'en convaincre, il suffit de parcourir les derniers volumes de revues bien connues, telles que *Philosophy of Science*, *British Journal for philosophy of Science*, *Erkenntnis*, etc. Alternativement, on peut regarder les anthologies récentes qui pourraient être supposées représenter les valeurs fondamentales de la philosophie actuelle de la science. Par exemple, l'ensemble de six volumes d'articles collectés en philosophie des sciences (Sklar 2000) ne contient pas de contributions qui mettent l'accent sur l'expérimentation. Et dans le volumineux *Companion to Philosophy of Science* (Newton-Smith, 2000), l'analyse explicite de l'expérimentation est presque entièrement limitée à un seul chapitre. Ainsi, le fait que de nombreux scientifiques, peut-être même la majorité d'entre eux, passent la plupart de leur temps à faire des expériences de toutes sortes, ne se reflète pas dans la littérature de référence de la philosophie des sciences. (Radder, 2003, p. 1, traduction proposée par T. Guèye)

Ian Hacking dans un article publié par la *Philosophy of Science Association* en 1989 dessine un tableau moins catégorique que celui dressé par Radder ci-dessus. Il semble, en effet, plus optimiste sur les changements en train de survenir au milieu des années 1980, notamment avec l'analyse qu'il fait de la parution du livre d'Alain Franklin en 1986 sous le titre : *The Neglect of Experiment* que Lenormand et Manicki ont traduit par *Le délaissement de l'expérimentation*[19]. Selon Hacking, le but de l'ouvrage de Franklin n'était pas de déplorer le fait que les scientifiques faisaient passer l'expérience au second plan, ni d'exhiber la façon dont ils se servaient des financements qu'ils recevaient pour formuler de grandes théories bien compliquées. Mais, l'auteur voulait surtout s'indigner de l'attitude des philosophes et historiens des sciences au sujet de la place et de la fonction de l'expérimentation dans les sciences. Toutefois, Hacking (1988) estime que même si le titre de l'ouvrage, « *Délaissement de l'expérience* » (selon la traduction de Lenormand et Manicki), était approprié à l'époque, ce n'est plus le cas aujourd'hui et ces assertions de Franklin, vraies naguère ne le sont plus aujourd'hui.

Remontons maintenant à *Representing and Intervening* (1983) dont la version française a donné *Concevoir et expérimenter* (1989) afin de dépasser la représentation pour explorer l'issue possible de l'intervention qui pourrait porter les germes de solutions d'une approche philosophique adaptée à l'avènement des nanotechnosciences. Autrement dit, une vision qui tient compte du rôle prégnant de la technologie ainsi que de la nouvelle dimension haptique de l'observation et de la manipulation.

Notes

1. « *Cet article a été rédigé au début de 1973 et a été lu sous forme de conférence à la radio. Il a été diffusé par l'Open University le 30 juin 1973. (Eds.) »
2. Voir l'introduction de Luce Giard dans *Histoire et méthodologie des sciences*, p. XIV–XVII.
3. Voir aussi la conférence de Donald Gillies, Department of Science and Technology Studies, University College London, « Lakatos, Popper, and Feyerabend: Some Personal Reminiscences », Talk at UCL on 28 February 2011. [http://www.ucl.ac.uk/silva/sts/staff/gillies (accédé le 17/03/2011)].
4. Il s'agit du colloque de philosophie des sciences organisé en juillet 1965 conjointement par la *London School of Economics* et la *British Society for the Philosophy of Science*. Bar-Hillel, Paul Bernays, Carnap, Alonzo Church, Heyting, Hintikka, S.C. Kleene, W. Kneale, Kreisel, Kuhn, Ruth Marcus, Quine, Popper, Abraham Robinson, Patrick Suppes et Tarski y étaient présents. Il fut organisé sous l'égide de Popper. (Cf. Introduction de Luce Giard dans *Histoire et méthodologie des sciences*, p. XIV).

5. Conférence de Donald Gillies, Department of Science and Technology Studies, University College London, « Lakatos, Popper, and Feyerabend: Some Personal Reminiscences », Talk at UCL on 28 February 2011, p. 10. [http://www.ucl.ac.uk/silva/sts/staff/gillies (accédé le 17/03/2011)].
6. Voir notamment Lakatos. (1984) *Preuves et réfutations : essai sur la logique de la découverte mathématique*, Hermann traduction de la version originale de son ouvrage : Lakatos, I. (1976). *Proofs and refutations. The logic of mathematical discovery* (J. Worrall & E. Zahar, Eds.). Cambridge: Cambridge University Press qui a d'abord été publié dans le *British Journal for the Philosophy of Science*, 1963–1964b, 14, 1–25, 129–139, 221–243, 296, 342, republié dans une version révisée dans Lakatos (1978a).
7. Lakatos dit à ce sujet : « A research programme is successful if all this leads to a progressive problemshift; unsuccessful if it leads to a degenerating problemshift. », Lakatos (1978). *Philosophical Papers*, Vol 1, p. 48.
8. Selon Lakatos, le falsificationnisme dogmatique ou « naturaliste » « admet que *toutes* les théories scientifiques sont faillibles, sans exception, mais il conserve une sorte de base empirique infaillible. Il est strictement empiriste sans être inductiviste. Selon lui, la certitude de la base empirique ne peut se transmettre aux théories. *Ainsi, le falsificationnisme dogmatique est la variante la plus faible du justificationnisme.* » Lakatos, *Histoire et méthodologie des sciences,* p. 7 ou *Philosophical Papers,* vol. 1, p. 12.
9. Selon Lakatos : « Le tenant du falsificationnisme méthodologique se rend compte que les « techniques expérimentales » de l'homme de science impliquent des théories faillibles, à la « lumière » desquelles il interprète les faits. Malgré cela, il « applique » ces théories, les considérant dans le contexte donné, non comme des théories en cours de mise à l'épreuve, mais comme un *savoir acquis* non problématique, « que nous admettons » (fût-ce à titre provisoire) comme non problématique pendant que nous mettons à l'épreuve la théorie. Il peut qualifier ces théories - et les énoncés dont il détermine la valeur de vérité à leur lumière - de « produits d'observation »: mais ce n'est qu'une façon de parler héritée du falsificationnisme naturaliste. Le tenant du falsificationnisme méthodologique *se sert de celles de nos théories qui ont le mieux réussi comme d'extensions de nos sens,* et il étend le domaine des théories applicables dans une mise à l'épreuve bien au-delà du domaine des théories strictement d'observation pour le falsificationniste dogmatique. », Lakatos, *Histoire et méthodologie des sciences,* p. 7 pour ce passage et de p. 19 à p. 37 pour plus de détails ou *Philosophical Papers,* vol. 1, p. 20–31.
10. Voir la partie consacrée au falsificationnisme sophistiqué dans les *Philosophical Papers* (1978*a*, p. 31–47) et la traduction française de Luce Giard : « Dans la version naïve, est « acceptable » ou « scientifique » toute théorie que l'on peut interpréter comme expérimentalement falsifiable. Pour la version sophistiquée, une théorie n'est « acceptable » ou « scientifique » que si elle surpasse la théorie précédente (ou rivale) par son contenu empirique corroboré, c'est-à-dire seulement si elle conduit à découvrir des faits inédits. On peut analyser cette condition en deux clauses : la nouvelle

théorie doit avoir plus de contenu empirique (« acceptabilité$_1$ »), et une partie de ce contenu supplémentaire doit être vérifiée (« acceptabilité$_2$ »). Par une analyse logique *a priori,* on peut reconnaître instantanément si la première clause est remplie ; pour la seconde, cela ne peut se faire qu'empiriquement et prendre un temps indéterminé.

Pour le tenant du falsificationnisme naïf, une théorie est *falsifiée* par un énoncé « d'observation » (« renforcé ») qui entre en conflit avec elle (ou qu'il décide d'interpréter ainsi). Pour le falsificationniste sophistiqué, une théorie scientifique *T* est *falsifiée* si et seulement si l'on a proposé une autre théorie *T'* dotée des caractères suivants : 1 / comparée à *T, T'* a un supplément de contenu empirique: c'est-à-dire qu'elle prédit des faits *inédits,* à savoir des faits improbables à la lumière de *T,* ou même interdits par *T',* 2 / *T'* explique le succès antérieur de *T,* c'est-à-dire que tout le contenu non réfuté de *T* est compris dans le contenu de *T'* (dans les limites des erreurs d'observation) ; et 3 / une certaine partie du contenu supplémentaire de *T'* est corroborée. (…) » (p. 38 ou de p. 37 à p. 61 pour une bonne partie des développements consacrés à cette question par Lakatos).

11. Voir à ce sujet l'introduction de Luce Giard à Imre Lakatos, *Histoire et méthodologie des sciences,* p. XI.
12. Voir le chapitre 2 de l'ouvrage, *Les mécanismes de la découverte scientifique* dont voici un extrait qui explique de façon assez claire les concepts engagés dans cette partie de la réflexion de Robert (1993, p. 95): « Bien qu'ils soient distincts, les ordres épistémiques du langage se chevauchent et interagissent, contrairement aux ordres logiques. Étant donné que les individus sont construits comme des classes à extension singulière, de même que les propriétés et les relations primitives sont construites comme des classes à intension singulière, on voit tout de suite que le deuxième ordre inductif est produit par induction à partir du premier ordre, de la même façon que le premier ordre est élaboré par induction perceptive à partir de la sensation. Le deuxième ordre est donc une construction de généralisation à partir du premier ordre. Quant au rapport inverse du deuxième ordre au premier, il est un rapport déductif de l'universel vers le particulier. Comme nous allons le voir maintenant, le rapport du deuxième ordre au premier est double et donne lieu à deux sous-ordres au sein du discours scientifique. D'une part, l'induction du premier ordre au second peut se faire par l'universalisation intensionnelle, ce qui donne naissance à des définitions (et descriptions définies), c'est-à-dire que l'on généralise à l'ensemble des mondes possibles ce qui est observable sur une ou des entités du monde empirique. D'autre part, l'induction du premier ordre au second peut se faire aussi par universalisation extensionnelle, et produire ainsi des hypothèses causales, ce qui correspond à généraliser ce qui est observable sur une ou des entités de notre monde empirique à l'ensemble des entités qui leur sont semblables dans ce même monde. Chacun de ces deux sous-ordres exerce un effet déductif spécifique sur le langage observationnel : les définitions (et descriptions définies) rendent le discours descriptif organisé et chargé de théorie, comme les hypothèses causales procurent à ce discours descriptif des explications et des prédictions en termes de mécanismes. »

13. Statistiques approximatives tirées de Lakatos 1994 : « Science » et dérivés : 3067 ; « Technologie » et dérivés : 70 (2,28%) ; « Expérience » et dérivés : 375 (12,22%) ; « Technologie » et « expérience » : 70 + 375 = 445 (14,50%).
14. Statistiques approximatives extraites de Lakatos 1978*a* : « Science » et dérivés : 3067 « Technologie » et dérivés : 70 (2,28%) ; « Expérience » et dérivés : 375 (12,22%) ; « Technologie » et « expérience » : 70 + 375 = 445 (14,50%).
15. Statistiques approximatives tirées de Lakatos 1978*b* : Science et dérivés : 1120 ; Technologie et dérivés : 101 (9,01%) ; Expérience et dérivés : 140 (12,5%) ; « Technologie » et « expérience » : 101 + 140 = 241 (21,51%).
16. Sur la notion de « contenu empirique » voir Popper (1934, § 3 *sq*), selon qui le contenu empirique d'une théorie est son ensemble de « falsificateurs potentiels ». Pour lui, (1) l'information empirique qu'une phrase exprime est l'ensemble des états de choses qu'elle interdit et (2) cette information peut être mesurée par l'improbabilité plutôt que la probabilité (Cf. Lakatos, 1978*b*, p. 170).
17. Karl Popper (2006, p. 93), *Conjectures et réfutation* : « Or, dans une perspective pragmatique le problème ne se pose pas, puisque les théories fausses sont souvent suffisantes pour la pratique : on sait que la plupart des formules utilisées en matière de génie ou de navigation sont fausses, bien qu'elles puissent constituer d'excellentes approximations et être d'un emploi commode ; ceux qui les utilisent s'y fient en sachant qu'elles sont fausses. »
18. Voir Searle, John R. (1990), « L'esprit est-il un programme d'ordinateur ? », *Pour la science*, (149), 38–44, ainsi que son ouvrage *Minds, Brains and Science,* Cambridge, Mass., Harvard University Press, 1984, p. 32–35 et Paul Churchland, « Les machines peuvent-elles penser ? », in *Pour la Science.* mars 1990, p. 38–44 et p. 46–53.
19. Ian Hacking (1988). « *Philosophers of Experiment* » article publié par the Philosophy of Science Association [1989]. Voir aussi la traduction de Marc Lenormand et Anthony Manicki, in *Tracés – Revue de sciences humaines.* Site Internet http://traces.revues.org/201 [accédé le 26/12/2012].

Références

Baird, Davis (2002a). « Thing Knowledge: Function and Truth » *Techné: Journal of the Society for Philosophy and Technology*, http://scholar.lib.vt.edu/ejournals/SPT/v6n2/baird.html. 6(2), p. 13–27.

Baird, Davis, Alfred Nordmann et Joachim Schummer (2004). *Discovering the Nanoscale.* Amsterdam: IOS Scientific Publishers. Disponible en ligne sur : http://cms.ifs.tu-darmstadt.de/fileadmin/phil/nano/nano.html

Chalmers, Alan (2008). *Qu'est-ce que la science ? : Popper, Kuhn, Lakatos, Feyerabend,* Paris : Le Livre de Poche, coll. « Biblio essais » [1987, Paris : Éditions La découverte pour la traduction française].

Churchland, Paul (1990). « Les machines peuvent-elles penser ? », in *Pour la Science*. p. 38–44 et p. 46–53.

Duhem, Pierre (1906). *La Théorie physique, son objet et sa structure*, Paris : Chevalier et Rivière.

Gillies, Donald (2011 – conférence). « Lakatos, Popper, and Feyerabend: Some Personal Reminiscences », Talk at University College London on February 28, 2011 [http://www.ucl.ac.uk/silva/sts/staff/gillies (accédé le 17/03/2011)].

Guèye, Thierno(2020). *Cririque des nanotechnologies*, New York : Peter Lang.

Hacking, Ian (1989). *Concevoir et expérimenter*, Paris : Christian Bourgois Éditeur, trad. B. Ducrest.

Hacking, Ian (1988). « « Les philosophes de l'expérience » (*Philosophers of Experiment*) », *Tracés. Revue de Sciences humaines* [En ligne], 9 | 2005, mis en ligne le 11 février 2008, consulté le 26 décembre 2012. Traduction de Marc Lenormand et Anthony Manicki URL: http://journals.openedition.org/traces/201; DOI: 10.4000/traces.201.

Kadvany, John (2001). *Imre Lakatos and the Guises of Reason*, Durham and London: Duke University Press, A series edited by Barbara Herrnstein Smith and E. Roy Weintraub.

Hacking, Ian (1983). *Representing and Intervening*, Cambridge: Cambridge University Press.

Lakatos, Imre (1978a). *Philosophical Papers*, vol. 1: *The Methodology of Scientific Research Programmes*, Cambridge: Cambridge University Press.

Lakatos, Imre (1978b). *Philosophical Papers*, vol. 2: *Mathematics, Science and Epistemology*, Cambridge: Cambridge University Press.

Lakatos, Imre (1984). *Preuves et réfutations : essai sur la logique de la découverte mathématique*, Paris : Hermann.

Lakatos, Imre (1994). *Histoire et méthodologie des sciences - Programme de recherche et reconstruction rationnelle*, Paris : PUF, [1ère éd. *Philosophical Papers*, vol. 1, Cambridge University Press, 1978. N.B. : Ce livre est la traduction des chapitres 1, 2 et 4 avec une Introduction de Luce Giard].

Laudan, Larry (1977). *Progress and its Problems*, Berkeley: University of California Press.

Lecourt, Dominique (2001). *Philosophie des sciences*, Paris : Presses Universitaires de France, Coll. Que sais-je?

Motterlini, Matteo (2002). « Reconstructing Lakatos: a reassessment of Lakatos' epistemological project in the light of the Lakatos Archive », *Study in History and Philosophy of Science*, volume 33, Issue 3, p. 487–509 [Elsevier Science : www.elsevier.com/locate/shpsa].

Motterlini, Matteo (ed) (1999). *For and against Method. Including Lakatos' Lectures on Method and the Lakatos–Feyerabend Correspondence*, Chicago: University of Chicago Press.

Pólya, George (1973). [Première édition, 1945] *How to Solve It. A New Aspect of Mathematical Method*, Princeton (New Jersey) Princeton University Press.

Popper extraite de la première édition (1963) de *Conjectures and Refutations*, p. 235).

Popper, Karl (2006). *Conjectures et réfutation*, Paris: Payot, (1ère éd. Karl Popper (1963)).

Radder, Hans et al. (2003). *The Philosophy of Scientific Experimentation*, Pittsburgh: University of Pittsburgh Press.

Reichenbach, Hans (1957). *Experience and Prediction: an Analysis of the Foundations and the Structure of Knowledge*, [1938 pour la première version].

Robert, Serge (1978). *Les révolutions du savoir : théorie générale des ruptures épistémologiques*, Longueuil : Le Préambule.

Robert, Serge (1992). « *Abduction, correction et apprentissage* », *Séminaire sur La Représentation*, Montréal : CIRADE (UQAM) n° 69.

Robert, Serge (1993). *Les mécanismes de la découverte scientifique* : *une épistémologie* interactionniste, Ottawa : Presses de l'Université d'Ottawa.

Robert, Serge (2009). « Logique de la découverte et naturalisation de la connaissance : L'épistémologie historique d'Imre Lakatos », *in* Nadeau, Robert (sous la dir. de), *Philosophies de la connaissance*, Québec et Paris, Presses de l'Université Laval et Librairie Philosophique J. Vrin, coll. Mercure du Nord.

Searle, John R. (1984). *Minds, Brains and Science,* Cambridge, Mass., Harvard University Press, p. 32–35.

Searle, John R. (1990). « L'esprit est-il un programme d'ordinateur ? », *Pour la science*, (149), p. 38–44.

Sfez, Lucien (1992). *Critique de la Communication*, Paris : Le Seuil, 3e édition [1ère édition, 1988].

3

Hacking ou le Dualisme de la Représentation et de L'intervention

Une rétrospective rapide de ce que nous avons dit au sujet de Kuhn, Lakatos et Robert au travers de l'analyse de Ian Hacking permettra d'établir, une fois pour toutes, le fait que dans toutes ces philosophies des sciences, la représentation prédomine au détriment de l'intervention. La sous-représentation lexicologique de tout ce qui se rapporte à la technologie et à l'instrumentation dans les textes que nous avons étudiés montre bien que dans une large mesure cet autre philosophe canadien a raison de dire que :

> L'histoire des sciences de la nature est maintenant presque toujours écrite comme si elle se résumait en une histoire de la théorie. La philosophie des sciences est à ce point devenue une philosophie de la théorie que l'existence même d'observations ou d'expériences préthéorique a été déniée. (Hacking, 1989, p. 246)

Selon lui, en effet, les philosophes des sciences discutent constamment de représentations de la réalité sans quasiment jamais rien dire de l'expérimentation, de la technologie, ou de l'usage de la connaissance dans le but de modifier le monde. Attitude qu'il trouve étrange, selon ses propres mots, puisque pour lui, « méthode expérimentale » est habituellement un autre nom pour dire « méthode scientifique ». D'un autre côté, si l'on en croit Gilbert Hottois, Hacking reproche aux philosophes des sciences leur focalisation sur les théories et leur négligence de l'expérimentation (Hottois, 2004, p. 77).

Dans cette dernière étape de notre réflexion, nous ferons le point avec Hacking sur les philosophies à dominante représentationnaliste que nous avons vues et qui, en l'état, sont inadéquates pour penser les nanotechnosciences, à moins d'envisager la question sous l'angle interventionniste préconisé par Hacking dans *Representing and Intervening* (1983) que nous citons principalement dans sa traduction française, *Concevoir et expérimenter* (1989). Dès les premières lignes de cet ouvrage, Ian Hacking donne le ton dans l'introduction qu'il consacre à la rationalité. Il y soutient ce qui suit :

> Longtemps les philosophes ont fait de la science une momie. Lorsqu'ils se décidèrent enfin à lui ôter ses bandelettes, leur apparurent les restes d'un processus historique où prévalaient découverte et devenir, ils décrétèrent alors, de leur propre chef, qu'il y avait crise de la rationalité. Cet événement eut lieu au début des années soixante. Il s'agissait d'une crise parce que se trouvait soudain bouleversée la vieille conception du savoir scientifique comme couronnement de la raison. (Hacking, 1983, p. 21)

Dans ces propos du philosophe des sciences, la référence à Kuhn est évidente. Mais, avant d'en venir à son examen de la philosophie kuhnienne, intéressons-nous d'abord aux différentes déclinaisons de la représentation, par opposition à l'intervention, envisagées par Hacking, sans perdre de vue le fait que celui-ci a en ligne de mire la question du réalisme qu'il oppose à l'anti-réalisme auquel nous n'échapperons pas, mais qui n'est pas l'objet principal de notre présente analyse.

De l'avis de Hacking, la science, dans son sens habituel, poursuit deux objectifs : un premier, théorique et un second, expérimental. Ainsi, selon cette subdivision, les théories tentent de décrire le monde tel qu'il est, alors que l'expérimentation et la technologie qu'elle inclut visent à le transformer. Ceci fait dire à Hacking que « nous représentons et nous intervenons. » Dit autrement, « nous représentons pour intervenir et nous intervenons à la lumière de nos représentations. » (Hacking, 1989, p. 64–65). Du coup, il considère que :

> Aujourd'hui, l'essentiel du débat sur le réalisme scientifique s'exprime en termes théoriques, de représentation et de vérité. L'ensemble, aussi brillant soit-il, est loin d'emporter l'adhésion. Cela est dû en partie au fait que s'y mêlent des éléments irréductibles de métaphysique. Je soupçonne qu'il est impossible d'émettre un argument décisif pour ou contre le réalisme au niveau de la représentation. Lorsque nous passons de la représentation à l'intervention, en bombardant des billes de niobium avec des positrons par exemple, l'anti-réalisme a moins d'emprise. (…).

> En philosophie, le juge ultime n'est pas ce que nous pensons, mais ce que nous faisons. (Hacking, 1989, p. 64–65)

Nous savons que l'ouvrage de Hacking est un plaidoyer pour le réalisme. Mais, par-delà ce parti pris, nous pensons qu'il offre une analyse intéressante de la question de l'intervention qui, nous l'avons vu, constitue une dimension fondamentale de l'activité nanotechnoscientifique. Avec lui, nous verrons que le point commun entre les différentes théories que nous avons passées en revue à la recherche de la philosophie idéale des nanotechnosciences est la prédominance de la représentation sur l'intervention. À cet égard, elles constituent bien des formes d'idéalisme malgré leurs approches nuancées. Pour mieux comprendre cette assertion, il faut revenir avec Hacking sur la question de la représentation, notamment sur ce qu'il n'entend pas par ce concept, puis sur le sens qu'il lui donne. Selon Hacking, en effet :

> Tout ce que j'appelle une représentation est public. On ne peut pas toucher une idée lockienne, mais seul un gardien de musée peut nous empêcher de toucher quelques-unes des premières représentations produites par nos ancêtres. Je ne prétends pas que toutes les représentations peuvent être touchées, mais, au moins, toutes sont publiques. Selon Kant, un jugement est la représentation d'une représentation, la mise devant l'esprit d'une mise devant l'esprit, doublement privé. C'est donc doublement ce que je n'appelle pas une représentation. Mais, pour moi, sont aussi des représentations certains événements qui n'impliquent pourtant que le verbe. Je ne fais pas ici allusion aux simples phrases déclaratives, qui ne sont sûrement pas des représentations, mais plutôt aux spéculations compliquées qui tentent de fournir une représentation de notre monde.
>
> Quand je parle de représentation, c'est d'abord aux objets physiques que je pense: Les figurines, les statues, les images, les gravures, tous les objets qui sont destinés à être examinés, pris en considération. De ces objets nous en trouvons dès l'origine de l'homme. De temps à autre on découvre même des fragments de bois ou de paille promis au pourrissement si quelque événement fortuit ne les avait préservés. Une représentation doit être extérieure et publique, qu'il s'agisse d'un simple graffiti sur un mur ou, en assouplissant le sens du mot « représentation » la théorie la plus sophistiquée sur les forces électromagnétique, gravitationnelle, faible ou forte. Les anciennes représentations qui nous sont parvenues sont le plus souvent visuelles et tactiles. Mais je ne veux rien exclure de ce qui est publiquement accessible aux autres sens. Les appeaux et certains instruments à vent peuvent également être considérés comme produisant des simulacres, même si nous préférons parler d'imitation à leur propos. Je suis sûr qu'une espèce aussi

> intelligente que l'espèce humaine, même si elle avait été irrévocablement aveugle, se serait tout de même débrouillée avec les représentations tactiles et auditives, car représenter fait partie de notre nature profonde. Mais nous avons des yeux, les premières représentations furent donc visuelles, cependant la représentation n'est pas *a priori* liée à la vue. (Hacking, 1989, p. 221–222)

Une des conséquences de ce parti pris est qu'Hacking se voit obligé de s'expliquer sur les différences entre ce qui relève de la représentation et ce qui n'en relève pas. À cet effet, il évoque d'abord William James qui se moquait de la théorie de la vérité comme copie, parfois appelée théorie de la vérité-correspondance. Selon celle-ci, une théorie est vraie si elle est la réplique exacte de ce qui la rend vraie, peu importe sa nature. Puis, Hacking se réfère à ce qu'il considère comme une erreur de Wittgenstein qui, présentant une théorie de la vérité comme image (une autre forme de vérité-correspondance) dans le *Tractacus*, postule qu'une phrase est vraie quand elle donne une image précise des faits. En effet, pour le philosophe du Collège de France, les phrases simples ne sont ni des images, ni des copies, ni des représentations. Pour lui :

> Parler de représentation en philosophie invite immanquablement à évoquer les *Sätze* de Wittgenstein. Oublions-les. La phrase : « Le chat est sur la natte » n'est pas une représentation de la réalité. Comme Wittgenstein nous l'a lui-même appris, cette phrase peut être utilisée pour toutes sortes de propos dont aucun n'est destiné à faire le portrait du monde tel qu'il est. Mais les théories électromagnétiques de Maxwell avaient bien pour objectif de représenter le monde, de le décrire tel qu'il est. Les théories, et non les phrases individuelles, sont des représentations.
>
> Certains philosophes, réalisant que les phrases ne sont pas des représentations, en concluent que l'idée même de représentation est sans valeur pour la philosophie. C'est une erreur. Pour représenter, on peut se servir d'un ensemble de phrases imbriquées. C'est ainsi que fonctionne la langue anglaise ordinaire. Un avocat peut représenter son client et se représenter que la police a mal fait son travail en établissant son rapport. Une phrase ne peut, en général, *à elle seule* représenter. Une représentation peut être seulement verbale, mais elle utilisera alors abondamment le verbe. (Hacking, 1989, p. 223)

En fait, pour Hacking, la sur-représentation de la représentation dans les sciences est une chose assez récente, puisqu'aux débuts de la science moderne, la révolution scientifique fut l'occasion de l'apparition de nouvelles institutions. Ainsi furent fondées des académies des sciences dont l'une des premières fut l'Académie des

Lynx (*Accademia nazionale dei Lincei*) fondée le 17 août 1603 à Rome par le jeune prince Federico Cesi âgé de dix-huit ans à l'époque, fils du marquis de Monticelli et issu d'une famille de cinq cardinaux, l'érudit mathématicien, Francesco Stelluti, le médecin et naturaliste hollandais, Johannes van Heeck, et l'astronome Anastasio de Filiis. Toutefois, elle vient après celle considérée comme la toute première qui a été fondée à Naples en 1560 par Giovanni Battista Della Porta, l'*Academia Secretorum Naturae* (l'académie des secrets de la nature) et dont les membres devaient avoir présenté un fait nouveau dans les sciences naturelles pour être acceptés. Puis, il y en eut bien d'autres encore comme l'*Académie allemande des sciences Leopoldina* (1652) et *La Société Royale*, fondées à Londres autour de 1660. De l'avis de Hacking, c'est cette dernière qui servit de modèle aux académies nationales fondées à Paris, Saint-Pétersbourg et Berlin. C'est ainsi que naquit une nouvelle forme de communication matérialisée par le journal scientifique. Selon lui, cependant, les premières pages des *Philosophical Transactions of the Royal Society* avaient une allure surprenante puisque publiée sous forme de bulletin imprimé regroupant plusieurs communications adressées à la *Royal Society*. Dans les différents numéros publiés, même si les mathématiques et la théorie y occupaient une bonne place, il y était proposé aussi des chroniques de faits, d'observations, d'expériences et de déductions opérées à partir d'expériences. C'est ainsi, rapporte Hacking, que « des rapports sur les monstres marins ou sur le climat des îles Hébrides y côtoient les travaux mémorables de gens comme Robert Boyle ou Robert Hooke. » (Hacking, 1989, p. 246). C'est pourquoi soutient-il, ni Boyle ni Hooke ne pouvaient concevoir de s'adresser à la Société sans faire la démonstration devant leurs pairs rassemblés de quelque appareil ou phénomène expérimental nouveau.

Mais, déplore-t-il, bien loin est ce temps-là, puisque de nos jours, l'histoire des sciences de la nature est presque toujours écrite comme si elle se résumait en une histoire de la théorie. Aussi dira-t-il, « la philosophie des sciences est à ce point devenue une philosophie de la théorie que l'existence même d'observations ou d'expériences préthéoriques a été déniée. » (Hacking, 1989, p. 246). Fort de ce constat, le philosophe de l'intervention préconise un « retour à Bacon » qui se préoccupait plus sérieusement des sciences expérimentales. Car, pour lui, l'expérimentation a sa vie propre (Hacking, 1989, p. 246). En ce qui nous concerne ici, notre étude cherche plus humblement à mesurer la place de la dimension technologique de l'instrumentation et de l'expérimentation dans les philosophies des sciences qui pourraient avoir les nanos comme objet.

Reconnaissant à Dewey la paternité des fondements de son réalisme qui consiste à intervenir dans le monde plutôt qu'à le représenter verbalement, Hacking concède qu'il lui doit aussi l'idée selon laquelle la vérité est ce qui est acceptable et prouvé. Selon le Dewey de Hacking, en effet, le langage est un instrument qui nous permet de donner forme à nos expériences en fonction de nos objectifs. De ce fait, le monde tel qu'envisagé par Dewey et la représentation que nous nous en faisons, ne sont que simples constructions sociales. Celui-ci détestait aussi les dualismes du genre, esprit/matière, théorie/pratique, pensée/action, fait/valeur et se moquait de ceux qu'il appelait les « spectateurs de la connaissance ». Ces derniers seraient une « classe oisive qui pense et écrit la philosophie et qu'il oppose à une classe laborieuse d'entrepreneurs et de travailleurs qui ne peuvent se contenter de regarder. » (Hacking, 1989, p. 113). De la représentation à l'intervention, comme le remarque si bien Sacha Loeve (thèse, 2009, p. 466), on est passé de la microscopie en champ lointain à la microscopie en champ proche. Ce changement de perspective n'est pas anodin puisqu'il implique un bouleversement sans précédent de notre relation au monde. En effet, dit-il :

> Avec les microscopies en champ lointain comme avec les méthodes de spectroscopie, on reste dans le cadre jadis formé par et pour l'iconographie religieuse et la représentation en peinture: le jeu iconique entre la représentation et la trace. Pour parler comme Charles Sanders Pierce – fondateur de la sémiotique –, le signe opère toujours dans un jeu entre *l'indice* (trace directe, stigmate ou symptôme) et *l'icône* (image qui désigne l'objet par ressemblance); enfin ce jeu de l'indice et de l'icône, pour être signifiant, doit être interprété à la lumière du *symbole*, socialement institué. Autrement dit ce n'est que par le symbole, tiers signifiant pour une communauté, que l'icône, éventuellement soutenue par des indices qui recueillent la trace des choses, fait sens. La dimension symbolique inclut la correction, le contrôle ou la rectification par autrui, comme dans l'épistémologie bachelardienne. (Loeve, 2009, p. 466)

Selon l'interprétation de Loeve, à l'image de la Sainte Trinité, indice, icône et symbole fonctionnent ensemble et n'ont qu'un ennemi: l'idole. Pour lui, l'icône ne peut prétendre donner entièrement l'objet auquel elle serait rattachée par quelques stigmates physiques au risque de n'être qu'une idole. Il semble en effet que c'est l'idée selon laquelle les icônes étaient devenues des idoles qui fut à l'origine de la querelle de l'iconoclasme, ce qui impliquerait qu'il faille prendre ses distances pour connaître. Selon Loeve, c'est cela que redécouvrait la grammaire de l'image élaborée par Peirce puisque dans le régime traditionnel de l'image, l'activité de connaissance implique un usage puritain des images.

Selon le sémiologue Patrick Pajon appelé en renfort par Loeve, les nouvelles images nanométriques par contre ne permettent plus de distinguer entre les trois catégories sémiotiques de Pierce, en l'occurrence « l'indice (trace d'un phénomène physique) ; l'icône (ressemblance) ; le symbole (signification sociale). » Lorsqu'il est question de nano-images, Pajon note que ces trois niveaux se présentent bien souvent confondus, collés et rabattus sur l'objet (Loeve, 2009, p. 466). D'où l'idée qu'avec les nanos, l'image a changé de nature, comme nous l'avons déjà vue d'ailleurs dans notre *Critique des nanotechnologies* (Guèye, 2020) où nous avons examiné en détail les liens entre « Objectivité et image ». C'est dans la même optique que Loeve présente l'image comme quelque chose qui a mutée, un outil prothèse de l'action, plus qu'un instrument, une prothèse de la perception puisque c'est souvent la même pointe d'AFM ou de STM qui est utilisée pour déplacer des objets nanométriques, déclencher un phénomène et imager le déplacement, rendre visible l'effet de l'intervention ou le déclenchement d'un phénomène. Les nano-images sont ainsi faites, non plus pour rester fixes, mais pour être utilisées ou manipulées. Elles ont désormais une propriété interactive, faites pour être coupées, copiées, collées, tournées, triturées, corrélées, colorées, annotées, etc. La perception s'y donne d'emblée comme une action sur ce qui est perçu. Toutes ces considérations font dire à Loeve que l'image a perdu toute innocence et ne se limite plus à être la trace d'une intervention, mais elle invite à prolonger un processus spontané par une intervention, ou inversement, à prolonger l'intervention par le processus que celle-ci a déclenché. Loeve en conclut que « l'image résulte d'une action, signe une action et fait signe vers une capacité d'action. » (Loeve, 2009, p. 468). Il remarque aussi non sans raison que :

> Chez l'épistémologue Ian Hacking, la représentation s'accompagne toujours de l'intervention ; réciproquement, l'intervention fournit des bases solides à un réalisme épistémologique sous-tendant la représentation. Cependant, ces pratiques ont fait plus que confirmer l'épistémologie de Hacking. Comme le disent Daston et Galison, (…), elles ont dépassé les termes dans lesquels elle se formulait pour trancher en faveur de l'intervention. (Loeve, 2009, p. 468)

Daston et Galison soutiennent en effet, dans cet ouvrage évoqué par Loeve, dont nous avons eu à étudier la version française, que la nanomanipulation a fini de donner raison à Ian Hacking. En effet, disent-ils :

> Comme l'a bien vu Hacking au début des années 1980, la longue histoire de la représentation scientifique – les tracés, les dessins, les croquis et même les photographies – était vouée à l'échec. On n'empêchera jamais personne d'inventer une raison plausible de traiter la réalité des objets comme une simple hypothèse ou fiction utile. Hacking, après Bacon, soutenait que seul l'usage était de nature à fonder un réalisme robuste. C'était un pavé dans la mare du vieux débat sur la

> réalité des objets scientifiques. Du côté de la représentation : doit être tenu pour réel ce qui fournit les meilleures explications. Du côté de l'intervention : doit être admis comme réel ce qui est le plus efficace.

> Au début du XXIe siècle, la nanomanipulation, au croisement de la science et de l'ingénierie, éluda la vieille alternative entre représentation et intervention. Les spécialistes de physique des particules, de chimie des surfaces et de biologie cellulaire commencèrent à faire cause commune avec les ingénieurs électriques. Le but de cette entreprise hybride n'était pas de prouver l'existence ou la non-existence d'entités particulières. De ce point de vue, leur travail n'était plus de même nature que celui des physiciens des particules élémentaires, consistant à établir la réalité de courants neutres, de positrons, du méson oméga ou du boson de Higgs. (Daston et Galison, 2012, p. 451)

Avant de nous intéresser à la conception interventionniste de Hacking tel qu'il le présente lui-même, revenons rapidement sur les philosophies de Kuhn, Lakatos et Robert, par ricochet, au travers des yeux du philosophe réaliste. Puis, penchons-nous sur sa critique du représentationnalisme afin de mieux comprendre la nature des obstacles qui empêchent les philosophes des sciences représentationnalistes de prétendre sérieusement au titre de philosophes des nanotechnosciences.

3.1. Du représentationnalisme scientifique

3.1.1. Le représentationnalisme kuhnien

Selon l'interprétation que Hacking fait de la pensée de Kuhn, la thèse de la « science normale » que nous avons examinée au chapitre 1, consacré à la théorie des paradigmes, est une branche qui, une fois bien établie ne s'oppose plus souvent à la théorie en vigueur. Alors qu'elle se contente de résoudre des énigmes, la théorie en revanche s'avère incapable d'entrer en contact avec les faits. Dans cette conception kuhnienne de la science, les failles dans le cadre d'une théorie adoptée par une communauté scientifique se déclinent sous le nom d'« anomalies ». Ces dernières peuvent faire l'objet de modifications qui pourraient amender la théorie, lui permettant ainsi de rendre compte des objections mineures qui lui sont faites tout en réfutant les objections qui lui étaient adressées.

Une partie des activités de cette « science normale » consiste à articuler mathématiquement les théories, afin de les rendre plus intelligibles avec des conséquences évidentes et complexes, surtout dans ses rapports avec la réalité. Ainsi, alors qu'une partie importante de cette science normale se consacre aux applications technologiques, une autre élabore et clarifie expérimentalement les faits mis en cause par la théorie. Puis, une dernière partie affine les mesures quantitatives que la théorie tient pour importantes. Selon Hacking, souvent l'objectif de la science normale consiste seulement à obtenir un nombre précis de la manière la plus astucieuse possible. Mais, cette opération n'est pas destinée à vérifier ou à confirmer la théorie, puisque la science normale ne s'occupe malheureusement pas de confirmer, de vérifier, de falsifier des hypothèses ou d'en réfuter, même si dans certains domaines elle s'avère capable de constituer un corps de connaissances et de concepts vraiment solide (Hacking, 1989, p. 31).

On sait que les travaux de Kuhn furent suivis d'une crise de la rationalité dont Hacking dit que l'auteur lui-même fut surpris. En effet, il semble qu'il a admis n'avoir jamais eu l'intention de mettre en cause les vertus coutumières des théories scientifiques. Si l'on en croit Hacking, Kuhn définissait cinq principes caractéristiques des théories scientifiques. Il s'agit notamment de la précision en termes d'ajustement aux données expérimentales, de la cohérence interne et externe, de la grande portée avec de riches conséquences, de la simplicité de sa structure impliquant l'intelligibilité des faits, puis de la fécondité susceptible de produire faits, techniques et relations nouvelles. Le philosophe canadien envisage même, dans cette optique de Kuhn, un sixième principe dont l'opportunité d'application se présente rarement, mais qui permettrait dans le cadre de la science normale, que soit menée une expérience cruciale destinée à départager deux théories rivales partageant le même appareil conceptuel. Hacking précise sa pensée dans cet extrait :

> Ces principes semblent peu conformes à l'image de l'auteur de *la Structure des révolutions scientifiques*. Mais Kuhn ne s'en tient pas là, il ajoute à cet exposé deux remarques fondamentales. Celle-ci d'abord: Quand vient le moment de choisir entre deux théories rivales, les cinq principes ci-dessus exposés, et d'autres du même type ne sont jamais suffisants. D'autres qualités de jugement entrent en jeu, des qualités pour lesquelles aucune formalisation algorithmique n'est a priori possible. Celle-là ensuite: J'ai fait remarquer que, d'une théorie à l'autre, on ne parle pas le même langage… J'entends seulement indiquer par là qu'il existe des limites, non négligeables, à ce que l'auteur d'une théorie peut communiquer à l'auteur d'une autre théorie. Cependant, en dépit du caractère partiel de leur communication, les auteurs des diverses théories peuvent échanger, pas toujours facilement d'ailleurs, les résultats techniques concrets qui résultent de leurs théories.
>
> Lorsqu'on commence à croire en la vérité d'une théorie, insiste Kuhn, « on finit par parler sa langue comme la sienne propre. On n'a jamais eu le choix ». Mais,

> choix ou pas, reste que l'on ne peut porter en soi deux théories et les comparer terme à terme, elles diffèrent trop pour cela. On se convertit petit à petit et le changement de communauté de langage est le signe de cette conversion. (Hacking, 1989, p. 40)

Pour Hacking, la contribution de Kuhn a consisté entre autres à changer radicalement ce présupposé du nominaliste strict qui consiste à penser que nos systèmes de classification sont le produit de l'esprit sans prendre en compte le fait que ces systèmes pourraient subir de profondes transformations. De son point de vue, nous sommes des réalistes empiriques qui faisons comme si nous avions affaire à des espèces naturelles, des principes réels de catégorisation, alors que l'histoire nous enseigne que bon nombre des études qui nous étaient les plus chères ont fini à leur tour par être remplacées. Les catégories changent souvent et il est difficile de concevoir le monde hors des systèmes d'analyse, des problématiques, des méthodes technologiques et d'apprentissage actuellement en vigueur. Hacking en déduit donc, qu'à l'égard de la nature, nous procédons comme si celle-ci était divisée en catégories, conformément à la manière dont les sciences nous l'enseignent aujourd'hui. La vision inouïe, favorisée par la théorie des paradigmes quant à nos systèmes de classification non permanente, a contribué à faire disparaître l'idée d'une seule et unique représentation vraie et permanente du monde (Hacking, 1989, p. 187).

Un autre apport concédé par Hacking à Kuhn se rapporte au calcul. En effet, fait-il remarquer, la science normale est question d'articulation, puisque la théorie, si elle tient à avoir une bonne prise sur le monde et se prêter à la vérification expérimentale, doit être articulée. En effet, selon les explications de Hacking :

> La théorie doit être articulée pour avoir meilleure prise sur le monde et s'ouvrir à la vérification expérimentale. Dans un premier temps, la plupart des spéculations ont beaucoup de mal à avoir prise sur le monde. Il y a deux raisons à cela. Il est rare d'abord que l'on puisse immédiatement déduire d'une spéculation des conséquences qui soient, même en principe, vérifiables. Ensuite, il arrive souvent que l'on ne puisse vérifier une proposition, pourtant vérifiable en principe, simplement parce que personne ne sait comment procéder aux essais. De nouvelles idées expérimentales, de nouvelles technologies sont nécessaires. Dans l'exemple de Herschel et de la chaleur rayonnante, le thermocouple et les idées de Macedonio Melloni furent nécessaires pour que les spéculations initiales de Herschel puissent être approfondies. (Hacking, 1989, p. 345)

En conséquence, l'articulation selon Kuhn recouvre deux opérations distinctes. La première est l'articulation de la théorie ; et la seconde serait l'articulation de l'expérience. Hacking choisit d'appeler celle qu'il considère comme étant la plus théorique des deux, « calculs » ; entendant par-là « l'altération mathématique d'une hypothèse donnée qui se trouve ainsi en résonance plus intime avec le monde. » (Hacking, 1989, p. 345).

D'autre part, il considère que même si Kuhn n'est pas un sociologue empirique, il est dans une certaine mesure, ce qu'il appelle, « un sociologue spéculatif de l'ancienne école » en plus de se rapprocher des fonctionnalistes. Ces derniers se distinguent par une approche spécifique qui consiste, après la découverte de pratiques propres à une société ou une sous-culture, à s'intéresser en priorité à la manière dont celles-ci pouvaient se maintenir plutôt qu'à la question de leur origine. Ils postulaient ainsi que, des diverses pratiques d'un groupe, celles douées de vertus susceptibles de contribuer à préserver la société dans son ensemble, constituent la fonction de cette pratique. C'est cette dernière (la fonction de la pratique) qui permet de comprendre les pratiques en question. Ainsi, Kuhn, à l'instar des fonctionnalistes, constatant que la mesure jouait un rôle de plus en plus important en physique, suggère que ce n'est qu'à partir de 1840 que la mathématisation se généralise. Mais, plutôt que de se demander comment cela s'est produit, il préféra s'interroger sur la raison de sa perpétuation. Toutefois, nous dit Hacking :

> Les cyniques pourraient suggérer que mesurer occupe les scientifiques. Kuhn dit que les anomalies qui adviennent inévitablement dans un ensemble de mesures précises permettent de déterminer l'activité qui doit être entreprise, même si la science est alors en « crise ». Elles permettent également de vérifier le bien-fondé de la théorie qui prétend supplanter la précédente. Ainsi, les mesures jouent un rôle important dans la chaîne science normale-crise-révolution-nouvelle science normale que Kuhn propose. (Hacking, 1989, p. 393)

Parmi les vives réactions des philosophes des sciences aux thèses de Kuhn, celles de Feyerabend et de Lakatos ont été commentées par Hacking qui estime que contrairement au premier, le théoricien des paradigmes ne se risque jamais à polémiquer avec le rationalisme scientifique. Le second, quant à lui, afin de revigorer le rationalisme ébranlé par la théorie audacieuse de l'auteur de *La structure des révolutions scientifiques*, a essayé de le battre sur son propre terrain. Aussi, Lakatos propose-t-il, selon l'analyse de Hacking, un retour à Popper. En effet, soutient-il, accusant Kuhn de faire de la « psychologie de masse », Lakatos prônerait un retour critique à Popper en inventant la « méthodologie des programmes de recherche scientifique ». Cette dernière, au demeurant, ne sera pas véritablement une réfutation des thèses défendues par son collègue, mais plutôt l'occasion pour lui de développer une vision alternative et rationaliste de la science.

En définitive, Hacking, avant d'en venir plus amplement à la philosophie de Lakatos que nous allons revoir rapidement sous l'angle qui est le sien, conclut son chapitre sur Kuhn en faisant le constat selon lequel nous sommes vraiment devenus des historicistes, comme l'illustrent les fondements mêmes de la belle analyse que Larry Laudan (1977) fait de l'état de la rationalité. En effet, de l'examen de Hacking, il ressort que Laudan ne tire ses conclusions que des « preuves historiques disponibles » puisque de toute façon, depuis l'invention de la science normale, le discours de la philosophie des sciences a radicalement changé. Ainsi que le prétend le philosophe de l'interventionnisme en science : « Il ne nous arrivera plus de déshistoriser la science pour lui prouver notre respect, comme nous le reprochait Nietzsche. » (Hacking, 1989, p. 44). Toutefois, cette marque indélébile apposée par la philosophie des révolutions scientifiques sur la philosophie des sciences n'enlève en rien le fait constant que son auteur demeure plus en faveur de la théorie que de l'expérimentation. Nous l'avons démontré du reste au chapitre qui porte sur les liens entre la théorie des paradigmes et les nanotechnosciences de ce présent essai (voir notre chapitre 1). Dans le but d'illustrer son propos, Hacking relate le fait suivant :

> Fritz London (1900–1953) était un remarquable théoricien, spécialiste de la physique des basses températures. Dans le même domaine, Heinz London (1907–1970) se consacrait surtout à l'expérimentation. Ensemble, les deux frères formaient une équipe remarquable. La biographie de Fritz fut favorablement accueillie dans le *Dictionary*, mais celle de Heinz dut être abrégée. Le responsable de la publication (Kuhn en l'occurrence) fit ainsi preuve de l'habituel préjugé en faveur de la théorie, au détriment de l'expérience. (Hacking, 1989, p. 249)

C'est bien pour toutes ces raisons que Ian Hacking, plutôt que d'étudier l'histoire, se propose de se servir des exemples historiques pour prendre des leçons et considérer comme acquis le fait « que le savoir lui-même est une entité qui évolue au cours de l'histoire. » Plutôt que d'en avoir une conception représentationnaliste, il préfère en adopter une qui considère l'histoire, non pas comme ce que nous pensons, mais bien comme ce que nous faisons. De son avis, « ce n'est pas l'histoire des idées qui importe mais l'histoire tout court. » (Hacking, 1989, p. 45–46). Du coup, sa conception de la réalité va s'en ressentir, puisque, comme il le soutient, la distinction qu'il établit entre la raison et la réalité est plus profonde que celle de Laudan et de Putnam, parce qu'il « considère que la réalité dépend plus de ce que l'on fait que de ce que l'on pense. » (Hacking, 1989, p. 46).

Ces postulats mènent le philosophe canadien à un réalisme fondé par l'action puisqu'il reconnaît que ce ne sont pas les quarks qui l'ont converti au réalisme, mais plutôt l'existence d'émetteurs de haute précision conçus pour projeter des positrons et des électrons qui s'exécutent à merveille. Ce qui signifie pour lui que l'on comprend les effets et les causes, puis l'on s'en sert pour découvrir d'autres choses. « Cela s'applique aussi, bien sûr, à la plupart des outils de ce genre, les dispositions permettant de maintenir la bille de niobium à très basse température et tous ces innombrables outils qui éprouvent le "théorique". » (Hacking, 1989, p. 53–54). Autrement dit, c'est l'émergence d'une technologie appropriée qui a converti Hacking au réalisme et son projet clairement formulé à travers *Representing and Intervening* (1983) est de nous entraîner loin du réalisme à propos des théories, en direction du réalisme à propos des entités, en l'occurrence celles qui sont utiles au travail expérimental. Cette posture aura pour effet de nous éloigner de la représentation en nous rapprochant de l'intervention (Hacking, 1989, p. 62).

3.1.2. Le représentationnalisme lakatosien

Maintenant, examinons la lecture que fait Hacking des thèses de Lakatos et par ricochet, de celles de Robert dont nous avons vu au chapitre 2 en quoi elle était l'héritière du falsificationnisme sophistiqué du Magyar, sans l'endosser intégralement.

Revenant tour à tour sur les thèmes de prédilections de Lakatos, tels que l'histoire, la méthodologie, le noyau et la ceinture de protection, le progrès et la dégénérescence, la croissance du savoir, l'évaluation des théories scientifiques, l'observation et l'idée de charge théorique, Hacking en fait une critique succincte en montrant que d'une certaine façon, à l'instar de Kuhn, la philosophie de Lakatos reste dominée par la théorie au détriment des dimensions technologique, instrumentale et expérimentale.

Nous avons rappelé brièvement plus haut la critique que fait Lakatos à Kuhn. « C'est de la psychologie de masse », disait-il. Seulement, de l'avis de Hacking, même si les critiques de Lakatos travestissent la pensée de Kuhn, elles n'en demeurent pas moins intéressantes. En effet, alors que la conception de la méthode ou de la logique de la découverte scientifique comme discipline d'évaluation rationnelle des théories et des critères de progrès scientifiques est en voie de disparition, il est encore possible d'essayer d'expliquer les changements de paradigmes en termes de psychologie sociale comme le fait Kuhn. Pour Hacking, Lakatos, considérant que cette tentative ne laisse aucune place aux valeurs scientifiques de vérité, d'objectivité, de rationalité et de raison, s'y oppose vigoureusement en la qualifiant de tentative de réduire la philosophie des sciences à la sociologie.

Néanmoins, comme le fait remarquer Hacking, les deux questions que sont la rationalité combinée à la vérité et la réalité qui sont à l'ordre du jour en philosophie des sciences sont d'ordre épistémologique et métaphysique. Toutefois, même si Lakatos donne l'impression de ne s'intéresser qu'à la première, ses préoccupations relèvent essentiellement de la seconde, quoique de fait, le thuriféraire dissident de Popper est universellement connu pour avoir produit une nouvelle théorie de la méthode et de la raison. Selon Hacking :

> Si cette opinion est justifiée, alors la théorie de la rationalité de Lakatos est bizarre. Elle ne nous aide pas du tout à décider de ce qu'il serait raisonnable de croire ou de faire maintenant. Elle est entièrement tournée vers le passé. Elle peut nous indiquer quelles décisions scientifiques furent rationnelles, mais elle ne nous dit rien sur le futur. Tout ce qui porte sur ce sujet chez Lakatos est un mélange de platitudes et de préjugés. Ses textes n'en sont pas moins captivants. (Hacking, 1989, p. 190)

Sur la base de cette critique, Hacking suggère que le véritable propos de Lakatos n'est ni la méthode ni la rationalité, mais bien la métaphysique et non l'épistémologie, puisque son intérêt porte principalement sur l'absence de la vérité. Pour Hacking, de cette conception métaphysique lakatosienne de la proposition scientifique comme expression des choses comme elles sont découle l'idée que celle-ci (la proposition scientifique) doit en conséquence correspondre à la vérité, garantissant ainsi l'objectivité de la science. D'où l'adoption par Lakatos de la science comme modèle d'objectivité par excellence. Sur ce sujet, Hacking soutient que :

> Pour Lakatos, formé en Hongrie dans la tradition hégélienne et marxiste, la démolition post-kantienne, hégélienne, de la théorie de la correspondance va de soi. En cela il se rapproche de Peirce, également formé dans la matrice hégélienne et qui, comme tant d'autres pragmatistes, n'avait que faire de ce que William James appelait la théorie de la vérité comme copie. (Hacking, 1989, p. 190)

Abordant l'histoire des méthodologies, Hacking suspecte Lakatos d'avoir développé des lieux communs de l'époque sans éprouver le besoin de les expliquer convenablement. Il semble, en effet, qu'il présente sa philosophie comme le produit d'un autre courant dont quelques-uns des thèmes principaux sont la révolution et la rationalité. En parcourant l'histoire de ces thèmes, Hacking tente de montrer qu'au fond, un certain nombre de ces assertions périphériques dans la philosophie des programmes de recherche était très répandu au sein de la communauté des philosophes des sciences dès 1965. Selon lui, il s'agissait d'opinions qualifiées de simplistes qui prétendaient, par exemple, qu'il n'y a, en principe, aucune différence entre l'énoncé d'une théorie et les rapports d'observation, qu'il n'y a pas d'expérience cruciale, qu'il est toujours possible de formuler des hypothèses auxiliaires pour sauver une théorie et qu'il ne fallait abandonner une théorie que lorsque l'on pouvait la remplacer par une meilleure. La critique qu'adresse Hacking à Lakatos à ce sujet est que ce dernier ne fournit pas d'explications satisfaisantes de ces propositions. À son avis, celles-ci sont généralement issues d'une philosophie considérée comme inféodée à la théorie. La réflexion qu'il va avoir sur l'expérimentation, et qui sera l'objet de notre prochain sous-chapitre, nous permettra de les revoir ou de les réfuter.

Toujours sur ce chemin menant à la méthodologie, dans l'optique du modèle euclidien et de l'inductivisme, Lakatos estime, semble-t-il, qu'à l'origine le modèle de la vraie science par excellence fut la preuve mathématique. De ce fait, les conclusions devaient être démontrées et rendues absolument certaines et tout ce dont on ne pouvait entièrement s'assurer était considéré comme défectueux, ce qui donnait à la science un caractère infaillible (Hacking, 1989, p. 192). Au XVIIe siècle la réalisation de cet idéal se réduisit en peau de chagrin du fait de l'avènement d'une nouvelle méthode de raisonnement basée sur l'expérience. Pour Hacking, on dirait que l'histoire se répète chaque fois que nous passons de la déduction à l'induction, comme si, ne pouvant être complètement sûrs de ce que nous savons, nous cherchons à nous assurer des fondements de ce savoir qui devraient être fournis par l'observation méthodique. Ainsi généralise-t-on à partir d'expériences éprouvées, avant d'établir des analogies qui permettent de tirer des conclusions scientifiques. De ce fait, la variété des observations étayant ces conclusions, leur multiplication et leur répétabilité jouent en faveur de la probabilité de nos résultats. Si l'on en croit Hacking, cette démarche ne permet, certes, pas d'avoir des certitudes, mais nous laisse tout de même avec de hautes probabilités. Aussi dira-t-il sur ce point :

> Voici au moins deux étapes sur la grande route menant à la méthodologie : preuve et probabilité. Hume, connaissant les échecs subis par la première, commença dès 1739 à douter de la seconde. Des faits particuliers ne peuvent en aucun cas servir de « bonnes raisons » pour croire en des déclarations ou des énoncés plus généraux concernant le futur. Popper est d'accord avec ces idées et Lakatos aussi. (Hacking, 1989, p. 192)

Prolongeant sa réflexion sur le Magyar, Hacking lui reproche de sous-estimer certains aspects de la méthodologie et de trop s'étendre sur d'autres. Sur les trois Popper que nous propose Lakatos ($Popper_1$, $Popper_2$, $Popper_3$) et qui tous insistent sur l'essai et la confirmation plutôt que sur la vérification et la confirmation, le philosophe de l'intervention estime que chacun d'eux correspondrait à une version plus sophistiquée de ce qu'il aurait appris de Popper. Selon Hacking, cette conception n'est rien d'autre qu'une manière de dire que « l'homme propose et la nature dispose ». Autrement dit, nous nous chargeons d'élaborer des théories que la nature valide ou invalide selon les cas. C'est de là que viendrait la différence assez sensible entre théories faillibles et observations fondamentales de la nature, puisque ces dernières jouent un rôle comparable à celui d'une cour d'appel, dont les jugements sont définitifs et irrévocables après les vérifications qui s'imposent. Ainsi, une théorie qui ne coïnciderait pas avec l'observation devra être abandonnée. Hacking renchérit en soutenant que :

> Cette histoire de conjecture et de réfutation évoque l'image plaisante d'une science objective et honnête. Mais cette image est fausse. Et d'abord parce que « toute théorie naît réfutée » et, si ce n'est pas le cas, il est du moins très courant qu'une théorie soit proposée même si l'on sait qu'elle ne cadre pas avec les faits connus. C'est l'argument de Kuhn à propos de la science normale qui résout des énigmes. Par ailleurs, il n'y a pas (selon Lakatos) de frontière bien précise entre l'observation et la théorie. Et enfin, on peut faire remarquer, avec Pierre Duhem, le grand historien des sciences français, que les théories sont vérifiées par l'intermédiaire d'hypothèses auxiliaires. Pour reprendre son exemple, un astronome ayant prédit qu'un corps céleste devait se trouver à un certain endroit ne doit pas obligatoirement replonger dans ses livres s'il s'avère qu'il s'était trompé. Il peut revoir la théorie du télescope ou produire un compte rendu approprié de la façon dont le phénomène diffère de la réalité (Kepler), ou inventer une théorie des aberrations astronomiques (G.G. Stokes), ou encore suggérer que l'effet Doppler s'exerce différemment dans l'espace intersidéral. Ainsi une observation récalcitrante ne doit pas être considérée comme une réfutation automatique de la théorie. Duhem considère probablement que le fait qu'une théorie, ou l'une de ses hypothèses auxiliaires, soit revue n'est qu'une question de choix ou de convention. Duhem étant connu pour son anti-réalisme, il n'est pas étonnant qu'il en vienne à cette conclusion. Mais elle répugne au réalisme scientifique instinctif de Popper ou de Lakatos. (Hacking, 1989, p. 193–194)

C'est pourquoi le falsificationniste a besoin d'ajouter deux propositions supplémentaires dont la première stipule qu'aucune théorie ne peut être rejetée ou abandonnée si l'on ne dispose d'une meilleure théorie pour la remplacer; et, la seconde nous dit qu'une théorie est meilleure qu'une autre si elle effectue plus de prévisions nouvelles. D'autre part, alors que traditionnellement les théories devaient être en accord avec les données expérimentales, le falsificationniste, quant à lui, n'exige pas de la théorie qu'elle soit en accord avec l'expérience, mais plutôt qu'elle la précède. En conséquence, le falsificationnisme sophistiqué de Lakatos (et celui de Popper) ne saurait être une philosophie de l'intervention, ce qui signifie qu'il ne peut pas être non plus une philosophie des nanotechnosciences. On comprend donc pourquoi ce dernier point soulevé par le théoricien des programmes de recherche (l'idée que la théorie doit précéder l'expérience) fit l'objet de nombreuses controverses dont les moindres ne sont ni celle suscitée par bon nombre d'inductivistes qui pensent que si les données sont en accord avec l'expérience, alors elles la supportent, et ce, que la théorie soit antérieure aux données ou que les données lui soient antérieures ; ni celle provoquée par ceux qui se sentent plus proches du rationalisme et du déductivisme qui insisteront sur ce que Lakatos appelle : « La recommandation de Leibniz-Whewell-Popper selon laquelle *l'édification, consciencieuse, de la ruche doit aller beaucoup plus vite que l'enregistrement des faits qui sont censés y trouver un abri* (...). » (Hacking, 1989, p. 193–194)

Revenant sur la théorie des programmes de recherche de Lakatos, Hacking la distingue des programmes de recherche états-uniens habituels dont l'orthographe ne prend qu'un seul « m » en s'écrivant « *program* » plutôt que « *programme* », tel qu'a choisi de l'orthographier le Magyar. En effet, le *program* de recherche se rapporte à l'idée d'un problème précis fait d'une combinaison clairement définie d'idées théoriques expérimentales, comme l'explique Hacking. Ce *program* de recherche est le mode privilégié d'expression des chercheurs en quête de fonds ou d'appuis. Le *programme* lakatosien, en revanche est bien différent du précédent puisque le sien est plus abstrait et plus historique. Il désigne, en effet, « la façon dont les théories peuvent se succéder et se développer sur des périodes couvrant parfois plusieurs siècles, pour ensuite sombrer dans l'oubli pendant quatre-vingts ans et être finalement réanimées par un apport de faits et d'idées totalement nouveau. » (Hacking, 1983, p. 196).

Mais encore, comme nous l'avons vu au chapitre précédent, le programme de recherche lakatosien est structuré de manière à privilégier sa stabilité et sa rationalité en partie en réponse à la conception kuhnienne de la science normale à laquelle Lakatos reproche sa nature hasardeuse en matière de découverte d'anomalies. À son avis, le contexte de résolution d'énigmes ne favoriserait pas le repérage des anomalies dont quelques-unes seulement font l'objet de recherches systématiques. La méthodologie défendue par Lakatos, par contre, prétend hiérarchiser les problèmes dont quelques-uns seulement sont soumis à une recherche systématique. Ce choix justifie la création d'une « ceinture protectrice » autour du « noyau dur », permettant ainsi de n'aborder que les questions les plus urgentes et déterminées à l'avance. Dans ce modèle mis en place par Lakatos, certaines réfutations qui peuvent être sans intérêt sont ignorées, ce qui lui permet de soutenir contre Popper l'importance de la vérification en science. D'autre part, puisqu'on décide de ne travailler que sur certains problèmes, le choix d'ignorer certaines réfutations et de procéder à des vérifications pourrait être justifié, surtout s'il permet à terme de trouver des solutions (Hacking, 1983, p. 196–197). En outre, un programme de recherche comporte une succession de théories dont chacune se doit d'être au moins autant en accord avec les faits précédemment expliqués par l'ancienne théorie. Si les nouvelles théories en plus de comprendre celles qui les ont précédées prévoient d'autres faits nouveaux non élucidés par celles-ci, leur progressivité est assurée. En effet, si les prévisions des nouvelles théories se vérifient, elles sont considérées comme empiriquement progressives, un programme donné étant dit progressif si c'est effectivement le cas théoriquement et empiriquement parlant. Dans le cas contraire, il est en dégénérescence (Hacking, 1989, p. 197).

À la suite de ces rappels qui nous ont fait revenir sur l'essentiel de ce que nous avions dit de la philosophie de Lakatos, Hacking se demande où le Magyar veut en venir. En réponse à sa question, il formule l'hypothèse selon laquelle Lakatos voudrait trouver un substitut à l'idée de vérité. À cet égard, il est comparé à Putnam laissant planer l'idée que « la théorie de la vérité comme correspondance est erronée et que la vérité est tout ce qu'il est rationnel de croire. » Mais, pour Hacking, Lakatos qui n'est pas un pragmatiste de la dernière heure va plus loin que Putnam. Il n'affronte pas une théorie de la vérité, mais bien la vérité elle-même qu'il chercherait à remplacer, compte tenu du fait que la théorie par correspondance est considérée comme erronée (Hacking, 1989, p. 200). Hacking renchérit en soutenant que :

> Lakatos, formé dans la tradition hégélienne, ne se préoccupe guère de la théorie de la correspondance. Cependant, comme Peirce, il donne à l'objectivité une place dans la science que Hegel est loin de lui accorder. Putnam honore cette valeur, en espérant, comme Peirce, qu'il existe une méthode scientifique sur laquelle nous pourrons nous accorder et qui nous mènera ainsi à une croyance rationnelle et sûre. Putnam est simplement peircien même si, contrairement à Peirce, il doute que nous soyons vraiment sur la dernière ligne droite. La rationalité regarde de l'avant. Lakatos franchit une étape supplémentaire. La rationalité ne regarde pas de l'avant, mais nous pouvons appréhender l'objectivité de nos présentes croyances en retraçant les pas qui nous y ont menés. Où commence-t-on ? Avec la croissance du savoir lui-même. (Hacking, 1989, p. 200)

Ainsi, Hacking estime que le seul point stable dans la tentative de Lakatos est le fait que la croissance du savoir est bien réelle, ce qui lui permet de tenter de construire sa philosophie sans représentation, en se servant du fait que l'on peut constater que le savoir croît, quelle que soit, par ailleurs, notre opinion sur la vérité ou la réalité. Une telle conception peut entraîner trois façons de voir les choses. La première est que le fait que l'on en sache plus aujourd'hui que les génies des temps passés est indubitable. Ce qui est à la fois profond et élémentaire puisque, l'important n'est pas le fait qu'il y ait du savoir, mais plutôt de la croissance. Il est clair, en effet, que nous en savons plus sur les masses atomiques aujourd'hui qu'avant, même si de nouvelles et plus larges reconceptualisations sont à prévoir pour l'avenir. La seconde est qu'il y a peut-être des marginaux qui pensent que la découverte des isotopes ne contribue pas à la croissance du savoir réel et Lakatos ne cherche pas à les contredire. Mais il présume qu'ils n'ont probablement jamais lu les textes et ne se sont jamais intéressés aux résultats expérimentaux marquant cette croissance. En conséquence, il est inutile de débattre avec de tels ignorants qui changeront d'avis dès qu'ils auront appris à utiliser les isotopes ou à lire les textes. La troisième, enfin, consiste à penser que la croissance du savoir scientifique aurait le pouvoir de fournir les critères de distinction entre activités rationnelles et irrationnelles pour autant qu'elle soit intelligemment analysée (Hacking, 1989, p. 202).

Cependant, sur cette dernière façon d'envisager les choses, Hacking reproche à Lakatos de mélanger un peu tout puisque la persistance des commentaires sur le *Talmud*, bien qu'ils soient plus raisonnés que la littérature scientifique, ne suffit pas à en faire une activité rationnelle. Cette dernière n'est pas à la hauteur quand il s'agit de produire une évaluation positive. À son avis :

> Les philosophes posent souvent la fastidieuse question de savoir pourquoi l'astrologie occidentale du XXe siècle n'est pas considérée comme une science. Mais ce n'est pas à ce niveau que se pose le vrai problème de la distinction. Popper voit plus juste lorsqu'il conteste le droit de la psychanalyse ou de l'historiographie marxiste à se prétendre « science ». La lourde machine des programmes de recherche, des noyaux et des ceintures de protection, du progrès et de la dégénérescence doit, si elle a quelque valeur, effectuer une distinction non pas entre le rationnel et le raisonnement d'une part et l'irrationnel et le non-raisonnement d'autre part, mais plutôt entre ces raisonnements qui mènent à ce que Popper et Lakatos appellent le savoir objectif et ceux qui poursuivent d'autres objectifs et suivent d'autres démarches intellectuelles. (Hacking, 1989, p. 202–203)

Pour Hacking, ceci montre que l'évaluation des théories scientifiques n'est pas le fort de Lakatos qui n'a aucune perspective à offrir aux théories scientifiques qui se font maintenant concurrence. Avec les critères qui sont les siens, on peut tout au plus regarder rétrospectivement les programmes de recherche et dire pourquoi certains ont progressé et d'autres non. Le philosophe de l'intervention estime aussi que la méthodologie du Magyar non seulement ne nous donne pas assez de repères, mais de plus elle ne nous incite pas à accorder une foi exagérée dans nos propres projets puisque les rivaux pourraient bien prendre le dessus. Par contre, nous dit Hacking, pour Lakatos lorsque le programme que l'on défend est dans une mauvaise passe, on pourrait comprendre l'entêtement de ses partisans.

Cependant, à la place d'une vraie méthodologie, il semble préconiser une sorte de liste des valeurs supposées de la science prétendument libre de toute idéologie avec pour devises, la prolifération des théories, la prudence dans l'évaluation ainsi que le suivi honnête des résultats pour savoir quel programme est fécond et se montre à la hauteur des nouveaux défis. Mais, pour Hacking, le véritable but de Lakatos n'est pas l'évaluation de la théorie, puisque selon lui, de toute façon, le fait que sa méthodologie soit seulement rétroactive n'est pas un défaut, la possibilité de prédire si un domaine de recherche actuel est un bon présage pour l'avenir relevant plus du truisme qu'autre chose. La question majeure est plutôt d'ordre pratique, puisqu'il s'agit au fond de dire comment faire pour cesser de supporter un programme que l'on soutient financièrement depuis plusieurs années et qui a fini par s'avérer peu productif, alors que de nombreux jeunes chercheurs lui ont dédié leur carrière (Hacking, 1989, p. 204).

D'autre part, Hacking note que pour comprendre l'objectivité, Lakatos a recours à l'histoire qu'il subdivise en parties interne et externe. Cependant, il pense que celui-ci s'est livré à une instrumentalisation abusive de l'histoire au point de la travestir. À ce sujet, il cite le livre de Gerald Holton (1978), *Scientific Imagination*, qui traite l'histoire des programmes de recherche de « parodie de l'histoire dont la lecture fait se dresser les cheveux sur la tête ». Selon lui, la subdivision de Lakatos non seulement n'est pas orthodoxe, mais de plus ignore les véritables enjeux de cette opération. L'histoire dite « externe » traite des facteurs économiques, sociaux et technologiques considérés comme indirectement liés au contenu même de la science, tout en en influençant certains événements et en en expliquant d'autres. L'histoire « interne » quant à elle est habituellement associée à celle des idées se rapportant à la science et concerne les motivations des chercheurs, leurs modes de communication et leur filiation intellectuelle. Cette histoire est ainsi une sorte d'abstraction que Hacking qualifie de savoir aliéné, hégélien, d'histoire de programmes de recherche anonymes et autonomes (Hacking, 1989, p. 205). Sur cette subdivision lakatosienne de l'histoire, le philosophe canadien termine son analyse affirmant que :

> Cette conception de la croissance du savoir comme quelque chose de non humain, d'objectif, était déjà en germe dans le premier ouvrage important de Imre Lakatos, *Preuves et réfutations**, A la page 187 de ce merveilleux dialogue sur la nature des mathématiques, on trouve ceci : « L'activité mathématique est une activité humaine. Certains de ses aspects, comme de toute activité humaine, peuvent être étudiés par la psychologie, d'autres par l'histoire. L'heuristique initialement ne s'intéresse pas à ces aspects, mais l'activité mathématique produit des mathématiques et les mathématiques, ce produit de l'activité humaine, "s'aliène" l'activité humaine qui les a produites ; elles développent leurs propres lois de croissance, leur propre dialectique. »
>
> Tels sont les ferments de la redéfinition de l'« histoire interne » proposée par Lakatos, la doctrine qui sous-tend ses « reconstructions rationnelles ». Une des leçons de *Preuves et réfutations* est que les mathématiques peuvent être à la fois dépendantes de l'activité humaine et autonomes, avec leurs propres critères internes d'objectivité. Objectivité qui peut être analysée en fonction de la croissance même du savoir mathématique. Popper avait suggéré qu'un tel savoir objectif pourrait être un « troisième monde » de réalité et Lakatos a joué avec cette idée. (Hacking, 1989, p. 205–206)

Sur la question de l'observation, Hacking reproche à Lakatos d'avancer des arguments superficiels et totalement inefficaces pour réfuter l'idée popperienne de distinction entre théorie et observation. Pour le théoricien des programmes de recherche, en effet, en ce qui concerne la théorie, la règle qui veut que l'homme propose et la nature dispose n'est pas acceptable, car elle repose, selon lui, sur deux hypothèses erronées. La première veut qu'il y ait une frontière psychologique entre propositions spéculatives et observationnelles, alors que la seconde soutient que ces mêmes propositions observationnelles peuvent être prouvées par les faits, juste en les regardant. Hacking, surpris par l'argument de Lakatos selon lequel aucune proposition concernant les faits ne peut être prouvée par l'expérience, déclare « qu'un penseur comme Lakatos, qui m'a appris ce que « prouver » veut dire, en dispose ici avec une telle légèreté est particulièrement décourageant. » (Hacking, 1989, 281). Pour lui, après avoir fait remarquer que « prouver » signifie au sens propre « vérifier » et que les vérifications permettent bien souvent d'établir des faits, Lakatos ne devrait pas pouvoir écarter la seconde hypothèse aussi facilement. En tout cas, pas si « c'est à l'œuvre que l'on juge l'artisan », et que « la preuve d'un texte est dans ses « épreuves » », et encore moins si « l'œuvre est médiocre, les épreuves pleines de fautes d'impression » (Hacking, 1989, p. 281).

À la suite de cette critique, Hacking s'intéresse à la solution apportée par les travaux de Paul Feyerabend qui, contrairement à Hanson par exemple, n'accorde pas beaucoup d'importance à la distinction entre théorie et observation. Le philosophe canadien estime que l'anarchiste méthodologique s'est débarrassé de l'obsession philosophique pour le langage et le sens, en dénonçant la notion même de charge théorique. À n'en pas douter, dire d'un énoncé qu'il porte une charge théorique, c'est laisser croire que l'observation serait un véhicule que l'on charge d'éléments théoriques. Mais, il n'existe rien de tel chez Feyerabend à cause du fait qu'il considère que la théorie est absolument partout (Hacking, 1989, p. 281–282). Cependant, l'affirmation de Feyerabend selon laquelle les rapports d'observations et autres contiennent ou impliquent toujours des hypothèses théoriques est fermement rejetée par Hacking. À moins, admet-il, d'atténuer fortement le sens des mots utilisés par Feyerabend, ce qui conforterait le propos de l'anarchiste méthodologique qui deviendrait sans intérêt. Ce dernier utilise, en effet, le mot « théorie » pour évoquer toute sorte de croyances incomplètes, implicites ou encore de seconde main (Hacking, 1989, p. 284–285). Or, dans l'entendement de Hacking (1989, p. 286) : « L'histoire des sciences nous prouve que certaines observations importantes ont pu être effectuées sans le concours de la théorie. »

Pour en finir avec Lakatos, Hacking déclare qu'une philosophie dominée par la théorie rend toujours aveugle à la réalité. C'est l'une des raisons pour lesquelles, dès l'introduction de *Concevoir et expérimenter*, il déplore le fait que les philosophes se soucient essentiellement de justification, de logique, de raison, de justesse et de méthodologie. Popper et Carnap, par exemple, nous dit-il, ne se soucient ni des circonstances de la découverte, ni des détours psychologiques, ni des interactions sociales, encore moins du milieu économique. S'ils ont recours à l'histoire, ce n'est que pour la chronologie ou l'illustration anecdotique. En raison de cela, Popper et Carnap ont développé des philosophies que Ian Hacking n'hésite pas à qualifier d'« intemporelles », c'est-à-dire « hors du temps, hors de l'histoire » (Hacking, 1989, p. 29).

Or, soutient-il, certains types de découvertes expérimentales peuvent servir de repère en « énonçant des faits constants concernant les phénomènes que toute future théorie doit prendre en compte et qui, avec d'autres repères théoriques comparables, nous oriente presque constamment dans une direction. » (Hacking, 1989, p. 407). L'expérience controversée de Michelson et Morley en atteste :

> On a considéré que cette expérience était un élément décisif dans le rejet de l'idée newtonienne d'un éther omniprésent. La relativité remplacera cette conception. Mais en fait, Einstein connaissait à peine l'expérience de Michelson et Morley et il n'a certainement jamais été question de « comparer Newton et Einstein ». Lakatos se sert de ce fait comme d'un élément central dans sa charge contre les

expériences cruciales. Il s'en sert également pour affirmer que toute expérience est soumise à la théorie.

> En fait, l'expérience est un bon exemple de l'exploration baconienne de la nature. Elle a été et sera toujours l'objet de controverses, mais elle permet d'opposer à Lakatos une thèse expérimentaliste. (Hacking, 1989, p. 407–408)

En effet, alors que Lakatos conçoit l'expérience de Michelson comme une opération ayant eu pour but premier de vérifier les théories contradictoires de Fresnel et Stokes sur l'influence probable du mouvement de la Terre sur l'éther, Hacking soutient que ce ne fut pas le cas. Selon lui, l'intention de Michelson était plutôt de mesurer le mouvement de la Terre par rapport à l'éther sans tenir compte de la moindre théorie en réalisant ainsi ce que Maxwell avait jugé impossible. À l'issue de cette expérience concernant le mouvement de la Terre par rapport à l'éther, Michelson révélera que le résultat fut négatif. S'il avait été positif, il aurait permis de déterminer le mouvement absolu de la terre dans l'espace. Bien que Lakatos fit dire à Michelson que son expérience de 1881 était une expérience cruciale qui départageait les explications de l'aberration de Fresnel et Stokes en prouvant la théorie de ce dernier, Hacking conteste cette interprétation, lui préférant celle prêtée à Michelson selon laquelle il n'y aurait pas de déplacement des franges d'interférence. En conséquence, le résultat de l'hypothèse d'un éther immobile n'ayant pas été confirmée, celle-ci était donc erronée. Ainsi, Michelson n'aurait pas prouvé que Stokes avait raison, mais tout au plus il aura démontré que Fresnel avait tort. En outre, il estime que ses résultats contredisaient directement l'explication du phénomène d'aberration de Fresnel généralement accepté. Ainsi, contrairement à ce que dit Lakatos là-dessus, Michelson ne considère pas avoir fait la preuve des hypothèses de Stokes et il ne dit pas non plus que son expérience est décisive. Il se contente plutôt de faire valoir implicitement « le triomphe de l'expérimentateur sur le théoricien », comme pour dire « maintenant je peux déterminer ce qui, jusqu'à présent, vous était inaccessible » (Hacking, 1989, p. 413).

Dans la suite de son analyse, le philosophe de l'intervention s'inspire de Bacon qui adopte une division imagée des activités expérimentale, théorique et scientifique qu'il fait correspondre respectivement à la fourmi, l'araignée et l'abeille. La figure de l'expérimentateur, telle une fourmi, est une bête d'ouvrage, le théoricien, telle l'araignée qui tisse sa toile dans l'espoir d'y emprisonner ses proies, conçoit sa théorie afin d'y capturer les faits ; et le scientifique baconien, telle l'abeille, est capable de faire la synthèse du spéculatif et du concret puis de les digérer en vue d'en faire du miel, disons, « technoscientifique ». Selon Hacking, Michelson était un peu comme la « fourmi » de Bacon, très doué pour monter des expériences, mais un peu faible sur la théorie ; Lorentz, quant à lui, était un peu comme « l'araignée » de Bacon qui encourageait les travaux de Michelson tout en essayant de développer une mathématique qui permettrait d'expliquer l'éther de manière satisfaisante. Ainsi, nous dit-il :

> Si l'on doit parler de programme en dégénérescence, c'est plutôt du côté de Lorentz qu'il faut alors se tourner. Mais il est plus intéressant d'étudier les interactions qui existaient entre ces deux sortes de talent. L'intérêt stupéfiant des théories de la relativité d'Einstein fait bien sûr, dans ce domaine, pencher la balance du côté du travail théorique. Mais, dans le domaine de la technique expérimentale, Michelson découvrit lui aussi de nouveaux mondes. (Hacking, 1989, p. 417)

Autrement dit, dans cette perspective baconienne, les facultés expérimentales et rationnelles sont nécessaires à la science pour s'accomplir en tant que telle. La critique de Hacking à Lakatos, comme nous venons de le voir, se fait dans le prolongement de celui qu'il a fait à Kuhn et s'étend à l'ensemble des philosophes des sciences, même si c'est à des degrés divers. Elle peut se résumer en critique du représentationnalisme qui constitue en quelque sorte leur dénominateur commun.

En définitive, c'est bien cela que confirme Gilbert Hottois quand il dit qu'au fond, même s'il n'est pas aisé de dénouer l'écheveau des rapports entre philosophie, science et langage chez Hacking, ce dernier reproche aux philosophes des sciences en général, leur focalisation sur les théories et leur négligence de l'expérimentation (Hottois, 2004, p. 77). À cet égard, Hottois rappelle les propos de Hacking selon lesquels les philosophes des sciences discutent constamment des représentations de la réalité, mais ils ne disent presque rien de l'expérimentation, de la technologie, ou de l'usage de la connaissance pour modifier le monde. Ceci est étrange, car la « méthode expérimentale » n'est ordinairement qu'un autre nom pour dire « méthode scientifique » (Hottois, 2004, p. 77). C'est pourquoi Hacking comprend d'autant moins l'obsession des philosophies des sciences à voir dans la science une activité et un produit essentiellement langagier, et ce, malgré le fait que, pour Hottois, ce soit cette identité linguistique qui permet d'expliquer que la philosophie des sciences puisse être si généralement philosophie du langage (Hottois, 2004, p. 78). Pour lui, le problème de l'enchevêtrement du langage et de la vision est infiniment plus étendu à la fois en philosophie des sciences et en philosophie en général. Ce constat amène le philosophe belge à soutenir que Hacking a insuffisamment clarifié la question du langage puisqu'il faudrait interroger le rapport entre philosophie et langage, science et langage, ainsi que « l'évolution de ces rapports dans notre forme de vie de plus en plus technicienne ainsi que l'importance extrême du langage pour la philosophie contemporaine (y compris pour la philosophie des sciences). » Or, nous dit Hottois, la critique par Hacking de la philosophie du langage est principalement motivée par le fait que les philosophes du langage approchent la science comme représentation, et non comme discours (Hottois 2004 p. 79–80). Si Hottois s'interdit d'entrer dans ce qu'il appelle les « riches développements et illustrations historiques et actuelles grâce auxquels Hacking entreprend de nous faire voir la science sous l'angle de l'intervention, du faire, de l'expérimentation avec ou sans théorie, afin de rompre l'obsession de la science comme représentation théorique vraie du réel. » (Hottois, 2004, p. 80), c'est précisément cela même que nous envisageons d'examiner à présent, par-delà la représentation.

3.2. De l'interventionnisme scientifique

Selon Hottois, les riches développements et illustrations historiques actuels ont permis à Hacking de nous faire voir la science sous l'angle de l'intervention, du faire, de l'expérimentation avec ou sans théorie « afin de rompre l'obsession de la science comme représentation théorique vraie du réel. » (Hottois, 2004, p. 29). Pour nous, c'est cette orientation que donne Hacking à sa philosophie qui revêt un intérêt particulier pour la question des nanotechnosciences qui nous importe ici. Car, comme nous l'avons vu, dans ce domaine, l'intervention occupe une place prépondérante, tant pour voir que pour manipuler. En outre, dès qu'il s'agit des nanos, le pouvoir traditionnel de la représentation est soumis à rude épreuve par les propriétés auxquelles sont confrontés les chercheurs à l'échelle nanométrique. Même si le but ultime de Hacking est de s'éloigner du réalisme à propos des théories pour aller vers le réalisme des entités dans un mouvement qui l'éloigne ainsi de la représentation pour le mener vers l'intervention (Hacking, 1989, p. 29), il n'en sert pas moins notre objectif qui est de trouver rétrospectivement une philosophie des sciences assez prospectiviste pour donner aux nanotechnosciences la philosophie qu'elles méritent. De toutes les philosophies que nous avons étudiées, celle qui semble relever le mieux les défis des nanos est celle que nous examinons présentement. Car, selon Hacking :

> Les philosophes des sciences débattent constamment des théories et représentations de la réalité, mais ne disent presque rien de l'expérimentation, de la technologie ou du savoir comme outil de transformation du monde. C'est d'autant plus étrange que « méthode expérimentale » a pendant longtemps été synonyme

> de « méthode scientifique ». Le scientifique se devait alors, selon l'image populaire, de porter la blouse blanche et de travailler dans un laboratoire. Bien sûr, la science a précédé les laboratoires. À l'expérimentation, les aristotéliciens préféraient la déduction à partir des premiers principes. Mais la révolution scientifique du XVIIe siècle changea tout cela à jamais. On déclara officiellement que l'expérimentation était la voie royale vers le savoir et l'on se moqua des étudiants qui argumentaient à partir des seules connaissances livresques plutôt qu'en observant le monde autour d'eux. Francis Bacon (1561–1626) fut le philosophe de cette époque révolutionnaire. Il enseignait qu'il faut observer la nature dans son état brut, mais aussi qu'il faut « tordre la queue du lion », intervenir dans le monde pour apprendre ses secrets. (Hacking, 1989, p. 245)

Selon Hottois, Hacking montre que l'information de la vision par la théorie tantôt aide tantôt empêche l'observation de ce qui est intéressant et significatif. Mais ce qui l'interpelle le plus dans ce contexte d'une science devenue davantage intervention que représentation, c'est le développement des instruments d'observation. L'approche du réel comme « chargée de technique » (*technology loaded*) et pas simplement « chargée de théorie » (*theory loaded*). Par exemple, les neutrinos émis par le soleil permettent d'en observer l'intérieur alors que des longueurs d'onde invisibles à l'œil nu permettent de voir à travers des microscopes dont les images observées sont reconstruites à partir d'interactions mesurées comme une cartographie. Ainsi, la réalité de ce qui est observé augmente lorsque des technologies différentes permettent de confirmer des observations convergentes réduisant ainsi le risque d'erreurs lié à la production involontaire d'artefacts relatifs à l'appareillage utilisé ou d'autres interférences inattendues. En conséquence, pour servir la cause de Hacking, on pourrait dire avec Hottois que d'une certaine façon, plus un phénomène observé résiste aux interactions ou actions observationnelles des expérimentateurs, plus il acquiert de réalité et d'identité, un peu comme si son être en tant que tel se renforçait.

Parallèlement, dans le contexte nanotechnoscientifique qui nous intéresse ici, l'on peut dire que la démarcation entre science et technologie est très ténue. Autant dire que l'essentiel est dans l'orientation ou dans l'issue réservée à l'usage qui peut être scientifique ou technologique. Toutes les deux peuvent être technologiquement chargées et leur différence est plus une question d'orientation que de nature propre. En effet, alors que la science est théoriquement orientée (explication, prédiction, loi/régularité scientifique, théorie), la technologie est pratiquement orientée (manipulation, ustensilisation, commodités matérielles, sociales, militaires, dispositifs simples ou complexes destinés à un usage pratique). Même les sciences théoriques ont recours à la technologie afin de mesurer, calculer, stimuler et simuler leurs hypothèses. En vérité, nous sommes devenus une société presque totalement « technologisée » et tout dans nos maisons, nos villes, nos mers et nos espaces crédite cette thèse. Il ne serait pas faux de dire que nous avons atteint l'ère du tout technologique, à peu de choses près. Chaque parcelle de nos vies, depuis la maison et ses composants, l'eau courante, l'électricité, les rues et les trottoirs, les transports en commun, nos vêtements, nos outils de travail, notre alimentation, nos meubles et même nos papiers d'identification… Cette omniprésence des réalisations technologiques peut laisser perplexe quant à l'idée d'une science supposée exclusivement en amont de la technologie, voire matrice de toute technologie.

3.2.1. La science selon Hacking

Dans cette dernière partie de notre analyse, nous allons examiner, avec Hacking, la question de l'expérience scientifique dans ses méandres théorico-technologiques dans un premier temps, avant d'aborder celle de l'observation en général, mais en nous appesantissant sur l'intervention du microscope en particulier, puisque chez Hacking il n'est pas encore question de nanoscope.

Nous pouvons dire que c'est l'émergence d'une technologie appropriée qui a converti Hacking au réalisme. En fait, la question des rapports entre théorie et expérience revient chez Hacking à se demander si l'expérience n'aurait de sens que dans la mesure où elle contribue à vérifier une hypothèse. Nous allons voir que même si l'on ne peut pas nier que la théorie précède souvent l'expérimentation, il n'en est pas toujours ainsi, bien loin de là. Afin de répondre convenablement à cette question, Hacking suggère de commencer par se demander : qu'est-ce que la réalité ? De la réponse à cette question dépend, d'une certaine façon toute posture représentationnaliste ou interventionniste. Selon le philosophe canadien, la réalité a quelque chose à voir avec la cause, et les notions que nous avons de la réalité nous viennent de notre capacité à changer le monde. Il se pourrait qu'il y ait deux origines mythiques de la réalité, l'une justifiant la représentation, tandis que l'autre serait lié à l'idée que ce qui nous affecte et que nous pouvons affecter est réel (Hacking, 1989, p. 242). Constatant que le réalisme scientifique a souvent été abordé au nom de la représentation, Hacking se propose d'en parler sous l'angle de l'intervention.

Ainsi sa position sans équivoque est que nous devrions considérer comme réel tout ce dont nous pouvons nous servir pour intervenir dans le monde de manière à affecter quelque chose d'autre ou qui peut être utilisé pour nous affecter. Selon lui, avant la science moderne, la réalité en tant qu'intervention se distinguait nettement de la réalité comme représentation, malgré le fait que l'aventure des sciences expérimentales depuis le XVIIe siècle réside dans le dialogue entre représentation et intervention. Ceci fait dire à Hacking, qu'alors que « méthode expérimentale » était pendant longtemps synonyme de « méthode scientifique », la philosophie a trois siècles de retard qu'il serait temps qu'elle rattrape (Hacking, 1989, p. 242). Les efforts de Hacking s'inscrivent dans cette optique de rattrapage qui devrait lui permettre de sortir les philosophes des sciences des débats incessants autour des théories-représentations de la réalité pour les mener vers une plus grande considération de l'expérimentation, de la technologie ou du savoir comme outil de transformation du monde. Cependant, Hacking convient du fait que la science a précédé les laboratoires et que les aristotéliciens préféraient la déduction à partir des premiers principes. Mais, la révolution scientifique du XVIIe siècle vint chambouler tout cela et l'expérimentation devint la voie privilégiée vers le savoir, par opposition aux enseignements plusieurs fois séculaires de la scolastique dont les étudiants faisaient l'objet de plus en plus de railleries. En effet, ils argumentaient uniquement à partir de leurs connaissances livresques plutôt qu'en confrontant le monde qui les entoure. En tant que philosophe de cette époque révolutionnaire, Bacon (1561–1626) enseignait aussi bien l'observation de la nature que l'intervention dans la nature afin disait-il de « tordre la queue du lion » pour lui soutirer ses secrets. De l'avis de Hacking, les lois ne sont pas à l'origine des phénomènes puisqu'aucune loi ne peut provoquer l'apparition de quelque chose. Afin d'appuyer sa thèse, il fait appel à *How the laws of physics lie* (Cartwright, 1983) en prêtant les propos suivants à l'auteure :

> Cartwright souligne que, dans plusieurs branches de la mécanique quantique, il est normal pour le chercheur d'utiliser toute une batterie de modèles du même phénomène. Personne ne pense que l'un de ces modèles représente la vérité dans sa totalité, ils peuvent même être totalement incompatibles. Il s'agit d'outils intellectuels qui nous aident à comprendre le phénomène et à édifier morceau par morceau la technologie expérimentale. Ils nous permettent d'intervenir dans des processus et de créer des phénomènes nouveaux, jusqu'alors inconnus. Mais les choses ne se produisent pas en vertu de l'ensemble des lois ou même des vraies lois. Aucune loi ne peut prétendre provoquer l'apparition de quelque chose. Ce sont les électrons et les diverses particules qui sont responsables des effets. Les électrons sont réels: ils produisent des effets. (Hacking, 1989, p. 76)

Commentant cette thèse de Cartwright, Hacking estime qu'un étonnant changement de direction est opéré par cette dernière relativement à la tradition empiriste remontant à Hume pour qui seules les régularités sont réelles. Or, Cartwright avance que dans la nature, point de régularités vraiment profondes et uniformes.

Ces dernières sont plutôt des traits caractérisant la façon dont nous construisons les théories afin de pouvoir penser les choses (Hacking, 1989, p. 76). Puis, revenant sur les relations entre théorie et expérience, que nous avons essayé de décrypter dans une optique similaire tant au chapitre 1, que nous avons consacré à Kuhn, qu'au suivant qui a porté sur les philosophies de Lakatos et Robert, Hacking se pose la question : « Laquelle de l'expérience ou de la théorie vient en premier ? » Selon lui, l'expérimentation ne vise pas à confirmer la tâche du théoricien. Et, les rapports entre théorie et expérience varient selon le niveau de développement de l'activité scientifique concerné, étant entendu que les sciences de la nature n'ont pas les mêmes cycles (Hacking, 1989, p. 254). Ainsi, alors que Popper concevait l'expérience comme un travail d'espèce théorique, Hacking lui oppose, entre autres exemples, le suivant :

> Davy remarquant la présence de bulles d'air sur les algues nous en fournit un. Dans son cas, il ne s'agit pas d'une « interprétation faite à la lumière de théories », car Davy n'avait à l'origine aucune théorie. Et constater que la mèche brûle n'est pas non plus une interprétation. Peut-être, s'il avait ajouté: « Ah ! alors c'est de l'oxygène », aurait-il fait une interprétation, mais ce ne fut pas le cas. (Hacking, 1989, p. 255)

Toutefois, les observations peuvent être stimulantes pour la théorie comme en atteste d'une part l'exemple de la polarisation par la réflexion découverte en 1808 par un colonel du corps des ingénieurs de Napoléon, E.L. Malus qui faisait des expériences sur le spath d'Islande lorsqu'il remarqua les effets du soleil couchant sur les fenêtres du palais du Luxembourg ; d'autre part celui de la fluorescence observée pour la première fois en 1845 par John Herschel alors qu'il s'intéressait à la lumière bleue émise par une solution de sulfate de quinine éclairée d'une certaine manière. Pour Hacking, des observations de valeur de ce type ne peuvent être que le début d'un processus. Cependant, contrairement à l'avis de représentationnalistes comme Popper, Hacking estime que l'on ne pourrait pas affirmer que certaines observations précéderaient la théorie tout en accordant que toute expérience délibérée serait dominée par la théorie. Le cas de David Brewster, qu'il considère comme l'expérimentateur le plus important dans le domaine de l'optique expérimentale, en est une bonne illustration. Celui-ci détermina les lois de la réfraction et de la réflexion pour la lumière polarisée et savait comment provoquer la biréfringence dans des corps sous-tension. En plus d'avoir découvert la double réfraction pour les cristaux biaxes, il initia des travaux vers les lois de la réflexion des métaux. Bien que l'on parle maintenant des lois de Fresnel qu'il a traitées dans le cadre de la théorie ondulatoire et des lois du sinus permettant de déterminer l'intensité de la lumière polarisée réfléchie, ce fut Brewster qui, dès 1818, les avait publiées. Ce dernier fut sans conteste un brillant expérimentateur, mais ses conceptions théoriques le desservirent puisqu'il vouait un attachement aveugle à la théorie de Newton et croyait que les rayons lumineux étaient corpusculaires. Il se contentait de vouloir découvrir le comportement de la lumière, sans chercher à vérifier ou à comparer une quelconque théorie. Hacking dit de lui qu'il fut un fervent partisan de la « mauvaise » théorie, bien qu'il ait créé des phénomènes expérimentaux que seule la « bonne » théorie qu'il rejeta fermement nous permet de comprendre. Ainsi, même s'il n'« interpréta » pas ses découvertes expérimentales à la lumière de sa mauvaise théorie, il produisit des phénomènes dont toute théorie doit nécessairement tenir compte (Hacking, 1989, p. 257-258).

Ceci dit, le cas de Brewster n'est pas unique puisque Hacking nous parle aussi de R.W. Wood, expérimentateur de renom, qui apporta lui aussi une contribution fondamentale à l'optique quantique. Paradoxalement, Wood était très sceptique sur la mécanique quantique elle-même. Sa contribution, à l'instar de celle de Brewster, ne provint pas de la théorie, mais d'une grande habileté à induire de nouveaux comportements dans la nature (Hacking, 1989, p. 288). Si nous inscrivons cette réflexion dans le contexte actuel des nanotechnosciences, l'avènement des nanoscopes a très largement favorisé des développements similaires de type *bottom-up* dont, pour certains, les chercheurs tentent encore des solutions et des explications comme nous l'avons vu dans notre *Critique des nanotechnologies.* D'un autre côté, Hacking remarque que certains phénomènes sont sans signification. Ce qui ne veut pas dire pour lui qu'une observation valable se suffit à elle-même, mais il existe beaucoup de phénomènes laissés en friche, car personne ne comprend encore leur signification, ni comment ils se relient aux autres, encore moins à quelles fins ils pourraient servir. Ce fut le cas du phénomène qui a fini par être identifié sous le nom de mouvement brownien. En effet nous dit Hacking:

> Je ne prétends pas qu'une observation valable se suffit à elle-même. De nombreux phénomènes soulèvent un grand intérêt puis sont laissés en friche parce que personne ne peut comprendre leur signification, comment ils se relient à autre chose ou comment ils peuvent être utilisés. En 1827, un botaniste, Robert Brown, fit un rapport sur le mouvement irrégulier du pollen en suspension dans l'eau. Le « mouvement brownien » avait été observé par d'autres au moins soixante ans auparavant, certains pensaient qu'il était dû à l'action du pollen lui-même, comme s'il avait été vivant. Brown effectua de difficiles et longues observations, mais sans résultat. C'est seulement au début de ce siècle que les travaux entrepris simultanément par des expérimentateurs, comme J. Perrin, et des théoriciens, comme Einstein, montrèrent que le pollen est agité en tous sens par

> des molécules. Ces résultats convertirent même les sceptiques les plus endurcis à la théorie cinétique des gaz. (Hacking, 1989, p. 259)

Il en fut de même des observations de A.-C. Becquerel en 1839 qui furent à l'origine de la théorie du photon et des applications pratiques qui s'ensuivirent. Toutefois, Hacking ne prétend pas que le travail expérimental pourrait se passer de théorie, mais il rappelle seulement « [le] fait que la plupart des recherches vraiment fondamentales précèdent toute entreprise théorique. » (Hacking, 1989, p. 260).

En vérité, pour lui, autant certains travaux expérimentaux de grande portée proviennent intégralement de la théorie, autant certaines théories fondamentales sont totalement redevables aux expériences qui les précèdent. En effet, soutient-il, « certaines théories stagnent par manque de prise sur le monde réel, alors que certains phénomènes expérimentaux restent sans emploi par manque de théorie. » (Hacking, 1989, p. 260). Néanmoins, on peut aussi rencontrer ce que Hacking appelle des « familles heureuses » où théories et expériences s'harmonisent parfaitement. Afin de l'illustrer, il évoque l'expérience d'Arno Penzias et R.W. Wilson dans la moitié des années 1960 qui fut indépendamment confortée par un groupe de théoriciens de Princeton. D'où l'heureuse rencontre entre expérience et théorie qui ravit le philosophe. Voici *in extenso* l'histoire de cette convergence :

> Les premières radiodiffusions transatlantiques présentaient toujours un bruit de fond assez important. De nombreuses sources de parasites avaient été identifiées, mais s'en débarrasser était plus difficile. Certains de ces parasites étaient provoqués par des orages. Dans les années trente, déjà, Karl Jansky, dans les laboratoires de Bell Telephone, avait localisé un « sifflement » provenant du centre de la Voie lactée. Ainsi, il y avait dans l'espace, des sources d'ondes radio qui s'ajoutaient aux parasites habituels.
>
> En 1965, les radioastronomes Arno Penzias et R.W. Wilson adaptèrent un radiotélescope pour étudier ce phénomène. Ils espéraient trouver des sources d'énergie et ils en trouvèrent. Mais ils étaient aussi très obstinés. Ils découvrirent une petite quantité d'énergie qui semblait être présente partout, uniformément répartie dans tout l'espace. Il semblait que tout ce qui dans l'espace n'était pas source d'énergie était à une température d'environ 4°K. Comme cela n'avait pas grand sens, ils firent tout leur possible pour découvrir des erreurs matérielles. Ils pensèrent, par exemple, qu'une partie des radiations pouvait provenir des pigeons qui nichaient sur leur télescope et ils passèrent quelques terribles moments à essayer de les chasser. Mais, une fois éliminée toute source possible de bruit, ils constatèrent que demeurait une température uniforme de 3°K. Ils hésitèrent à

> faire part de cette découverte parce que l'idée d'une radiation de fond complètement homogène leur semblait absurde. Heureusement, alors qu'ils venaient d'acquérir la conviction que ce phénomène absurde était bien réel, un groupe de théoriciens de Princeton fit circuler un texte suggérant, chiffres à l'appui, que si l'univers est issu du Big Bang, alors il doit y avoir une température uniforme partout présente dans l'espace, la température résiduelle de la première explosion. Plus encore, la théorie prévoyait que cette énergie serait détectée sous forme de signaux radio. Le travail expérimental de Penzias et Wilson se trouvait merveilleusement en prise avec ce qui serait autrement resté pure spéculation. Penzias et Wilson avaient montré que la température de l'univers est à peu près partout supérieure de 3° au zéro absolu, et qu'il s'agissait de l'énergie résiduelle de la création. Ce fut la première preuve vraiment convaincante du Big Bang. (Hacking, 1989, p. 260–261)

De cette expérience, Hacking retiendra qu'elle constitue le modèle type de ce qu'il appelle la « famille heureuse » et qui se situe en quelque sorte au confluent de la théorie et de l'observation habile. En revanche, il déplore le fait qu'il y ait dérive constante de l'histoire et du folklore populaire, comme en atteste, entre autres, la manière dont l'histoire de la découverte du muon et du méson a pu être totalement réécrite. En effet, affirme-t-il, « Deux équipes de chercheurs détectent le muon après étude des rayons cosmiques en chambre de Wilson et utilisation de la théorie des gerbes cascades de Bethe-Heitler. L'histoire voudrait maintenant qu'ils aient tenté de trouver le « méson » de Yukawa et pensaient à tort l'avoir trouvé, alors qu'en fait ils n'avaient jamais entendu parler de l'hypothèse de Yukawa. » (Hacking, 1989, p. 263).

Dans le domaine de la réécriture de l'histoire, il semble que le théoricien Ampère soit une autre illustration de la thèse de Hacking. En effet, le physicien du XIXe siècle commence à travailler sur des bases théoriques, convaincu en bon kantien que la science théorique doit consister en l'étude des noumènes qu'il suppose derrière les phénomènes. Seulement, même si Kant ne voyait pas tout à fait les choses ainsi, les travaux d'Ampère connurent un revirement radical après qu'il eut assisté à la démonstration d'Œrsted du 11 septembre 1820 à l'occasion de laquelle celui-ci fit dévier l'aiguille d'un compas à l'aide d'un courant électrique. Selon la relation qu'en fit Hacking, neuf jours plus tard, Ampère mit en place, au cours de ses conférences hebdomadaires, les fondements de la théorie électromagnétique qu'il semblait découvrir au fur et à mesure de ses investigations, du moins, si l'on en croit l'histoire officielle. Cependant, ainsi que le révèle C.W.F. Everitt, cité par Hacking, il doit y avoir plus que cela, puisqu'Ampère, dépourvu de méthodologie post-kantienne authentique tentait d'y remédier par ses travaux. Pour Hacking, c'est tout de même celui qu'il qualifie de « grand théoricien expérimentateur de l'électromagnétisme » (Hacking, 1989, p. 265), James C. Maxwell, qui leva certaines équivoques relatives à l'image de théoricien pur et dur attribuée à Ampère. À ce propos, comparant le « déductiviste » Ampère à l'« inductiviste » Faraday, Maxwell aurait dit des travaux du premier qu'il s'agirait de:

> (…) « l'un des résultats les plus remarquables de la science… parfait dans la forme, d'une précision inattaquable… résumé en une formule à partir de laquelle tous les phénomènes peuvent être déduits ». Mais il ajoute ensuite qu'alors que les comptes rendus de Faraday révèlent avec candeur tous les méandres parcourus par son esprit, il nous est difficile de croire qu'Ampère a vraiment découvert la loi de l'interaction au moyen des expériences qu'il décrit. Nous en venons à suspecter, ce qu'en vérité il nous dit lui-même, qu'il découvrit la loi par quelque processus qu'il nous cache et qu'ensuite, après avoir construit une démonstration parfaite, il enleva toute trace de l'échafaudage. (Hacking, 1983, p. 265)

Après avoir exposé et analysé ces divers exemples tirés de l'histoire des sciences afin de souligner le caractère central de l'expérience dans l'entreprise scientifique, Hacking s'intéresse plus spécifiquement à l'invention comme expérience. Il se lance alors à l'exploration d'une variété de théories. Selon lui cependant, toute question posée en termes de théorie et d'expérience serait trompeuse puisqu'elle traiterait illégitimement théorie et expérience comme deux entités relativement distinctes et uniformes. C'est pourquoi il classe l'intervention parmi les différentes sortes d'expériences. Il en veut pour preuve l'histoire de la thermodynamique avec d'une part, ses inventions pratiques qui débouchent sur des analyses théoriques et des expériences, ensuite exploitées dans des cas pratiques. Mais, d'autre part, il y a l'évolution d'inventions qui se font indépendamment de toute considération théorique, à l'instar de la machine à vapeur (Hacking, 1989, p. 266).

L'analyse de cette invention révèle que trois étapes ainsi que de nombreux concepts expérimentaux furent nécessaires pour lui donner forme. Il s'agit notamment de la découverte de la machine à haute pression de Trevithick, le tout complété par le concept de « rendement » appartenant tant à l'économie qu'à la physique et qui résultait du rapport de la quantité de pieds-livres d'eau pompée par boisseau de charbon.

Le rôle attribué ici à l'invention se rapproche beaucoup de celui que pourrait avoir l'invention de brouettes, de guitares, de sigles ou autres fantaisies de nanotechnologues à l'échelle nanométrique. L'on s'entend que ces créations n'auraient pas grand sens si elles ne servaient pas d'une manière ou d'une autre une forme d'expérimentation. L'avenir nous dira certainement jusqu'à quel point elles auront servi la théorisation autour des nanos.

Comme nous venons de le voir, la théorie ne précède pas toujours l'expérience. Il arrive que celle-ci se développe indépendamment de la théorie dont elle peut attendre longtemps parfois l'explication. Ainsi, en invoquant le livre de Neville Francis Mott et Harry Jones intitulé *Theory of the Properties of Metals and Alloys* paru en 1936, Hacking établit, en s'appuyant sur leurs thèses, qu'une théorie de la conduction devrait pouvoir expliquer (1) la loi dite de Wiedemann-Franz (1853), (2) la parfaite conductibilité d'un métal pur et le fait que celle-ci dépende de la place du métal en question dans la table périodique (1890), (3) les augmentations de résistance constatées dans les solutions solides affectées par de petites quantités d'impuretés et la règle de Matthiessen (1862) sur le changement de résistance indépendant de la température provoqué par la présence de petites quantités de métal dans une solution solide, puis (4) le lien entre résistance, température et pression, enfin (5) l'apparence de la supraconductibilité (1911). Selon Mott et Jones, à l'exclusion de ce dernier point qui ne sera expliqué qu'en 1957, la théorie de la conductibilité issue de la mécanique quantique a permis, au moins, d'avoir une compréhension qualitative de ces résultats. Hacking note que les résultats expérimentaux de cette liste étaient acquis longtemps avant qu'une théorie n'ait pu permettre de les rassembler. Ainsi dit-il :

> Toutes les données étaient là, manquait une théorie qui les articule. Dans ce domaine, contrairement à ce qui s'est passé dans la thermodynamique ou l'optique, la théorie n'est pas venue directement des données, mais plutôt d'intuitions beaucoup plus générales sur la structure atomique. La mécanique quantique fournit à la fois le problème et la réponse. Personne ne peut raisonnablement suggérer que l'organisation des lois phénoménologiques à l'intérieur d'une théorie générale est une simple question d'induction, d'analogie ou de généralisation. La théorie s'est finalement avérée décisive pour le savoir, la croissance du savoir et ses applications. Cela dit, évitons de prétendre que, pour être connues, les diverses lois phénoménologiques de la physique des solides avaient besoin de la première théorie venue. Nombreuses sont les voies de l'expérimentation. (Hacking, 1983, p. 270)

Ainsi, il est bien établi que l'expérimentation peut précéder la théorie. Avant de passer à la question de l'observation qui fait suite à l'analyse des relations complexes qui existent entre théorie et expérience, Hacking nous dit qu'il a bien conscience du problème que pose la multiplication des exemples qu'il a exposés puisqu'il peut sembler impossible d'en produire un énoncé général. Mais, pour lui, c'est déjà un résultat, puisque toute conception partielle de l'expérience ne peut être qu'erronée (Hacking, 1989, p. 270–271).

Portons notre attention maintenant sur la question de l'observation et de ce que nous appelons la « techno-observation » qui recourt à des technologies de toutes sortes dans le but d'appréhender les phénomènes. Ce sous-chapitre apportera un nouvel éclairage sur la nature du lien entre théorie et expérience, notamment à travers la problématique de la vision « naturelle » *versus* celle de la vision au microscope.

3.2.2. Observation et techno-observation

Selon Hacking, en matière d'observation, même les faits les plus notoires semblent avoir été affectés par deux modes philosophiques distinctes, notamment celle de ce que Quine qualifie d'« ascendant sémantique » qui invite à ne se consacrer qu'aux seuls énoncés sur l'observation, aux mots utilisés pour parler des choses. Puis, il y a celle de la domination de la théorie sur l'expérience qui prétend que tout énoncé sur l'observation porte sa charge de théorie qui la précède toujours. Le philosophe de l'intervention pense alors à commencer l'examen de la question de l'observation par six postulats qu'il considère comme des évidences non théoriques et non linguistiques. Le premier est que l'observation, bien qu'ayant toujours été considérée comme partie intégrante des sciences expérimentales, n'a jamais été considérée comme jouant un rôle important. Hacking précise qu'ici il ne parle que de l'observation telle que les philosophes la voient, c'est-à-dire en s'imaginant à tort que l'expérimentateur passerait sa vie à faire des observations dans le but de fournir à la théorie les données nécessaires à sa vérification ou à son édification. Le second type d'observation plus important et moins remarqué, bien qu'essentiel à toute bonne expérimentation selon Hacking, prend pour acquis le fait que le bon expérimentateur serait celui qui sait noter le défaut révélateur ou l'issue inattendue du fonctionnement des différentes parties du dispositif expérimental qui serait inutilisable sans l'œil exercé d'un bon observateur. Parfois, c'est l'attention persistante consacrée par ce dernier à une anomalie qui mène à un savoir nouveau. Le sens donné au mot « observation » ici est plus proche du sens commun. Le troisième considère que certaines observations de valeur sont essentielles pour le lancement d'une enquête sans nécessairement influencer de façon significative les travaux ultérieurs. Dans ce cas, soutient Hacking, « l'expérience succède à l'observation pure. » (Hacking, 1989, p. 274). Le quatrième tient l'habileté à observer pour un don qu'il est souvent possible d'améliorer par l'entraînement et la pratique. Le cinquième prend en compte le fait qu'un très grand nombre de rapports d'observation précèdent la théorie, même s'ils apparaissent rarement dans les annales scientifiques. Et, le sixième veut que nous nous servions très souvent d'instruments pour observer les objets et les événements, étant entendu que dans la science que nous connaissons, il est rare de voir sans l'assistance des instruments. En effet, « l'observation contient l'idée de « voir à l'œil nu », mais les scientifiques la limitent rarement à cela. » (Hacking, 1989, p. 275). De plus, l'instrument comporte une dimension technologique indéniable qui en accroît à la fois la complexité, la portée et la précision. C'est ce qui caractérise la techno-observation. Le microscope à effet tunnel et ceux qui s'en sont inspirés en constituent des exemples patents.

Pour Hacking, l'observation a été surévaluée. Il en reporte la faute sur le positivisme, puisqu'avant l'existence de ce courant, l'observation n'était pas tenue pour décisive. Il en veut pour preuve le fait que Francis Bacon lui-même, précurseur des sciences inductives, n'utilise pas le mot dans son œuvre, même si à son époque son usage fut courant. Mais, précise Hacking, dès son origine, le concept d'observation fut associé à l'utilisation d'instruments et portait surtout sur la mesure de la distance des corps célestes comme le soleil. Au concept d'observation, Bacon préférait celui traduit par « instances prérogatives » dont il avait identifié vingt-sept parmi lesquelles il y avait ce que nous connaissons aujourd'hui sous le nom d'« expérience cruciale ». De ces différentes sortes d'instances, certaines sont des expériences préthéoriques notables, d'autres sont enclines à vérifier la théorie, alors qu'une dernière partie effectue ses activités en s'appuyant sur des dispositifs vraisemblablement technologiques qui « aident à l'action immédiate des sens ». Il s'agissait notamment des nouveaux microscopes, de la lunette de Galilée, ainsi que des mires, astrolabes et bien d'autres objets qui rectifient et dirigent le sens de la vue. À ces catégories d'instances baconiennes, il faudrait ajouter celle qui concerne les dispositifs permettant de traiter d'événements non sensibles en les réduisant au sensible, autrement dit selon ces mots du *Novum Organum* cités par Hacking : « en rendant manifestes des choses qui ne sont pas directement perceptibles au moyen d'autres qui le sont ».

On voit donc que le père de l'inductivisme est bien conscient de la différence entre le directement perceptible et l'invisible à l'œil nu qui ne peut être qu'évoqué, mais pour Hacking, cette distinction est à la fois évidente et sans importance pour Bacon. La surévaluation de l'observation ne viendrait vraisemblablement pas de là, mais le philosophe canadien croit avoir rassemblé un certain nombre d'indices susceptibles de la faire remonter au tout début du XIXe siècle, après l'an 1800, lorsque le mot « voir » a pris un sens tout différent en devenant synonyme de voir la surface opaque des choses dont devrait dériver tout savoir, depuis lors. Ce changement de conception constituerait, de l'avis de Hacking, le point de départ tant du positivisme que de la phénoménologie.

La conception positiviste de l'observation est liée, on le sait, à cette vision du réel qui veut qu'il se réduise à ce qui est observable. Les positivistes logiques, nous rappelle Hacking, rêvaient même de faire des énoncés théoriques une sténographie des faits, tout en organisant les pensées concernant l'observable. Selon le philosophe de l'intervention, une autre version de la réduction logique, les termes se référant aux entités théoriques ne présenteraient pas du tout la structure logique des termes de référence. Du coup, ces termes ne réfèrent à rien et les entités théoriques elles-mêmes sont dépourvues de réalité. Un tel réductionnisme déboucherait sur un antiréalisme assez strict d'avec lequel Hacking prend ses distances, prétendant qu'un tel débat est vide de sens puisque la réduction logique d'une science digne de ce nom n'a jamais été accomplie par personne. D'où, selon lui, le revirement du positivisme qui se met à dire avec Comte ou van Fraassen que même s'il faut comprendre littéralement les énoncés théoriques, nous devons nous garder de les croire. Aussi, affirme-t-il :

> Comme le dit van Fraassen dans *The Scientific Image*: « Quand un scientifique propose une nouvelle théorie, le réaliste considère qu'il revendique la vérité de ce postulat. L'antiréaliste, lui, considère seulement qu'il expose cette théorie, la rend publique, en l'état, et lui accorde certaines vertus » (p. 27). Une théorie peut être acceptée parce qu'elle rend compte de phénomènes et aide à la prédiction. On peut l'accepter pour sa valeur pratique sans croire pour autant qu'elle est littéralement vraie.
>
> Des positivistes tels que Comte, Mach, Carnap ou van Fraassen prennent tous les chemins ci-dessus pour affirmer avec insistance qu'il y a une différence entre la théorie et l'observation. C'est ainsi qu'ils protègent le monde des ravages de la métaphysique. (Hacking, 1983, p. 177)

Mais, pour Hacking, l'importance accordée à la distinction entre observation et théorie était excessive et a été critiquée sous deux angles. Le premier qu'il qualifie de conservateur de tendance réaliste pourrait être représenté par Grover Maxwell qui en 1962 trouvait que les frontières entre l'observable et le théorique sont floues, non pas à cause de la constitution du monde, mais plutôt du fait que les techniques utilisées ne sont pas tout à fait adaptées. Toutefois, précise-t-il, cette démarcation perd de son importance dès qu'il s'agit de sciences expérimentales et ne saurait servir pour dire qu'une entité théorique existe vraiment ou non. Maxwell soutient l'insuffisance du critère d'observabilité parce que certaines choses, comme les gènes, autrefois totalement théoriques sont devenues des entités tout à fait observables, grâce notamment aux progrès technologiques réalisés sur les microscopes. Il soutient, en effet, « qu'il existe un mouvement continu qui commence avec la vision dans le vide, passe par la vision dans l'atmosphère puis par la vision au microscope optique pour se prolonger aujourd'hui par la vision au microscope électronique. » (Hacking, 1989, p. 278).

Bien qu'ayant quelque réserve sur les techniques que Maxwell adopterait, Hacking se dit d'accord avec sa tentative de réduire le rôle de la visibilité comme critère ontologique ainsi que le fait Dudley Shapere lorsqu'il note que les physiciens parlent souvent d'observer et de voir à l'aide d'instruments qui ne laissent aucune place ni à l'œil ni à un quelconque organe sensoriel qui y jouerait un rôle direct (Hacking, 1989, p. 278). Si nous reprenons la schématisation des différentes tendances dont il a été question ici, trois axes se dégagent. Le positivisme se caractériserait par l'importance donnée à la différence entre théorie et observation. Le réalisme se distinguerait par sa réponse conservatrice qui consiste à prétendre qu'il n'existe pas de différences significatives entre entités observables et inobservables, alors que l'idéalisme adopterait une réponse radicale qui voudrait que tout compte rendu d'observation portât une charge théorique.

Cette idée que chaque terme, chaque phrase observationnelle est lestée de théorie a été développée pour la première fois par Hanson en 1959. Mais, pour avoir un sens, un énoncé d'observation n'a pas besoin d'être relié à une théorie particulière. En effet nous dit Hacking :

> Certes, la phrase « c'est un positron », pas plus que la phrase « c'est un mouton », ne peut être considérée hors contexte. Je veux dire seulement que, pour avoir un sens, il n'est pas nécessaire qu'elle soit reliée à une théorie particulière, comme si chaque fois que l'on disait « c'est un positron » on se faisait d'une certaine manière l'avocat de cette théorie. (Hacking, 1989, p. 292)

Tout au long de la seconde partie de son ouvrage, Hacking s'attelle à montrer qu'une partie non négligeable de l'histoire des sciences prouve que certaines observations cruciales ont pu être effectuées sans aucun concours de la théorie. Ce fut le cas de Herschel qui avait remarqué que la chaleur transmise par la lumière diffère selon la couleur et en fit un rapport qui se limitait aux strictes données sensorielles. Toutefois, il convient de préciser que Hacking ne sous-estime pas la thèse de Hanson selon laquelle voir ou remarquer un phénomène suppose que l'on détient d'abord une théorie qui lui donne sens. Il n'en pense pas moins que dans le cas de Herschel, c'est précisément l'absence de théorie qui l'a amené à faire ses remarques. Il admet que l'on tend effectivement à remarquer les choses qui nous paraissent intéressantes ou surprenantes, ce qui n'est pas sans influencer les théories que nous soutenons, mais il ne faut pas non plus « négliger la possibilité qu'émerge un pur observateur de talent, ni inférer trop facilement d'histoires comme celle du positron, que regarder une plaque photographique et dire « c'est un positron », c'est forcément impliquer ou soutenir toute une somme théorique. » (Hacking, 1989, p. 291). Selon le philosophe des sciences, on peut parfaitement apprendre à de jeunes assistants à reconnaître les traces permettant de détecter la présence de positrons sans pour autant qu'ils ne connaissent quoi que ce soit de la théorie.

D'un autre côté, Hacking n'est pas sans remarquer la tendance à la « logothéorie » en philosophie contemporaine avec une propension des philosophes à remplacer les observations par des entités linguistiques, notamment des phrases sur l'observation. Afin d'illustrer son propos, il affirme :

> Ainsi, W.V.O. Quine propose, presque comme s'il s'agissait d'une nouveauté, qu'on « laisse tomber les discours sur l'observation pour parler plutôt des phrases sur l'observation, les phrases qui sont censées constituer le rapport d'observation » (*The Roots of Reference*, pp. 36–39). Caroline Herschel nous permet de réfuter cette assertion qu'observer c'est seulement faire des phrases, mais elle nous amène aussi à questionner les bases mêmes de l'affirmation de Quine. En ce qui concerne l'observation, ce dernier s'oppose assez explicitement à la doctrine de la charge théorique. Il existe, dit-il, une classe de phrases sur l'observation qui peut être parfaitement délimitée parce qu'« une observation est ce sur quoi des témoins se mettent spontanément d'accord ». Il nous assure qu'« une phrase est du domaine de l'observation pour autant que sa valeur de vérité puisse, en toute circonstance, être reconnue par tous, ou une majorité, des membres de la communauté des locuteurs ayant assisté à l'événement ». Et « l'appartenance à une communauté de locuteurs est reconnue par la simple capacité au dialogue courant ».
>
> Il est difficile d'imaginer approche plus mal orientée de l'observation dans les sciences expérimentales. On n'aurait trouvé personne, dans la « communauté de locuteurs » de Caroline Herschel, qui aurait pu, après une seule nuit d'observation, être d'accord ou pas d'accord avec elle à propos d'une comète récemment découverte. Elle était la seule, à l'exception peut-être de William, à disposer du talent nécessaire. Certes, nous ne dirions pas qu'elle avait du talent si d'autres chercheurs, à l'aide d'autres moyens, n'avaient finalement confirmé nombre de ses découvertes. Ses jugements n'atteignent leur pleine validité que dans le contexte de l'intense vie scientifique de l'époque. Mais l'accord « spontané » de Quine a peu à voir avec l'observation scientifique. (Hacking, 1989, p. 294)

Pour le théoricien de l'intervention, l'approche quinienne est trop réductrice et nous empêche d'avoir accès à l'ensemble de la vie scientifique. En conséquence, si nous voulons accéder à cette dernière, il nous recommande de procéder à l'inverse de Quine en troquant les discours sur les phrases d'observation par l'observation proprement dite. Une telle attitude impliquerait que nous abordions avec circonspection les rapports, les talents et les résultats expérimentaux. Par exemple, nous dit Hacking, nous devons nous interroger sur la nature d'une expérience qui marche suffisamment bien pour que l'expérimentateur de talent sache que les données qu'elle fournit ont quelque signification, sachant que l'observation n'a pas grand-chose à voir avec la manière dont on rend une expérience convaincante (Hacking, 1989, p. 295).

Sur le chemin qui mène vers le recours aux microscopes, Hacking note que sans assistance, l'œil ne voit pas assez loin et pas assez profond. Ainsi, certains d'entre nous ont besoin de lunettes pour améliorer ou corriger leur vue, alors que des télescopes et des microscopes sont de plus en plus imaginatifs et ingénieux, nous permettant ainsi de repousser les limites de nos sens. Il existe cependant de plus radicales conceptions de la notion d'observation dans certaines sphères des sciences expérimentales, notamment celle qui consiste à dire que l'on observe ce que le commun des mortels croit inobservable, c'est-à-dire imperceptible par les cinq sens sans assistance. Dans le cas des travaux autour du soleil, par exemple, il évoque Dudley Shapere qui faisait remarquer le fait que la possibilité, ou l'impossibilité, d'observer un objet dépend de l'état du savoir au moment où l'observation est effectuée. Hacking qualifie ces moments d'« observation à charge théorique massive » nécessitant une quantité énorme de théories afin que le travail des récepteurs ou la transmission d'informations par les neutrinos soit possible. À titre d'exemple, il estime qu'il existe une excellente raison de parler d'observation en ce qui concerne les neutrinos et le soleil. Shapere fait remarquer que la possibilité, ou l'impossibilité, d'observer un objet dépend de l'état du savoir au moment où l'observation est effectuée. Le travail des récepteurs ou la transmission d'informations par les neutrinos suppose que l'on dispose de quantités énormes de théories. Aussi pourrions-nous penser que plus la théorie avance et plus nous étendons le royaume de ce que nous appelons l'observation. Mais il nous faut prendre garde à ne pas parler de théorie de manière trop générale. En effet, selon Hacking, la théorie des neutrinos et de leurs interactions est presque complètement indépendante des spéculations sur le noyau solaire, et c'est ce manque d'unité de la science qui nous permet d'observer, en déployant toute une armée d'hypothèses théoriques, un autre aspect de la nature sur lequel nous avons un tas d'idées sans lien. « Bien sûr, ajoute-t-il, que les deux domaines soient reliés ou non implique aussi l'existence, non pas exactement d'une théorie, mais au moins d'un pressentiment sur la nature de la nature. » (Hacking, 1989, p. 298).

De l'analyse de Hacking cependant, il ressort que Shapere a une intention plus philosophique lorsqu'il parle d'observation, puisqu'il soutient l'idée que l'ancienne conception fondamentaliste du savoir avait du vrai, car contrairement à ce qui se passe en nanotechnosciences où il est plutôt question de manipulation et d'images haptiques, le savoir est bien fondé sur l'observation. Mais, celle-ci dépend de nos théories sur le monde et sur certains effets spéciaux. De ce fait, on ne peut dire d'une phrase qu'elle est absolument fondamentale ou purement observationnelle. Toutefois, prévient Hacking, le fait que l'observation dépende de la théorie n'autorise aucune des conséquences antirationnelles parfois présentées par la thèse selon laquelle toute observation aurait une charge théorique. Il rapporte que même s'il concède que Shapere nous ait donné la meilleure et la plus complète étude sur l'observation, il ne put faire l'économie de la question des fondements et de la rationalité des croyances théoriques. Lui faisant écho, van Fraassen fait remarquer, avec des objectifs différents et une conception du réel comme quelque chose d'observationnel tout en accordant à la théorie la possibilité de modifier nos croyances sur l'observation et le réel, que la théorie peut délimiter les frontières de l'observation. En nanotechnoscience, bien entendu, le problème ne semble pas se poser dans les mêmes termes, puisqu'observer, c'est déjà manipuler, et donc, constater les résultats, les effets de la manipulation initiée, afin de « voir » pour comprendre, expliquer et agir.

Avant d'examiner ce que Hacking nous dit du microscope, il convient à présent de répondre avec lui à une question préalable sur la production des appareils. En effet, pourquoi produisons-nous des appareils ? Quel est le but de nos instruments ?

3.2.3. La dialectique interventionniste chez Hacking

Comme nous venons de le voir, la techno-observation peut s'entendre comme toute observation, au sens large, technologiquement implémentée. Selon Hacking, il existe plusieurs façons de fabriquer des instruments utilisant les propriétés causales des électrons afin de produire avec une haute précision certains effets souhaités. L'argument, qu'il qualifie d'expérimental en faveur de son réalisme, ne tient pas en ce que les résultats concluants obtenus sont déduits de la réalité des électrons, mais plutôt parce que pour lui :

> On ne fabrique pas des instruments pour en déduire la réalité des électrons, comme si l'on soumettait une hypothèse à l'examen pour y croire ensuite si

> l'examen s'avère positif. Ce serait faire erreur de chronologie. À l'heure actuelle, nous concevons des appareils reposant sur un petit nombre de vérités simples à propos des électrons, afin de produire quelque autre phénomène que nous souhaitons étudier. (Hacking, 1989, p. 424)

D'après ce que nous avons vu sur les nanoscopes, cette conception des instruments pourrait parfaitement leur convenir, même si dans la réflexion développée dans *Representing and Intervening* (1983), il n'y a aucune mention ni allusion au microscope à effet tunnel qui, pourtant, a été inventé deux ans avant la publication de cet ouvrage. Il faut croire que l'auteur n'était pas au courant de l'arrivée de ce nouvel instrument qui est en train de révolutionner les pratiques scientifico-technologiques tout en bouleversant les frontières traditionnellement convenues entre science et technologie, nature et artefact, théorie et pratique, observation et manipulation… Néanmoins, de l'analyse qu'il propose, il ressort que supprimer les anomalies ne signifie pas les expliquer ou les prévoir en termes de théorie, tout comme croire en l'électron ne permet pas de prévoir le comportement d'un appareil. Dans cette optique, Hacking pense que nous ne disposons que d'un certain nombre d'idées générales sur la façon de préparer nos échantillons ou des électrons polarisés dans le cas qui l'intéresse, mais nous passons beaucoup de temps à construire des prototypes qui ne fonctionnent pas et nous nous empêtrons dans d'innombrables erreurs aussi. Que de pistes avons-nous été obligés d'abandonner afin de tenter de nouvelles approches. La suppression des anomalies n'est donc pas synonyme de les expliquer ou de les théoriser, mais elle permet de se débarrasser du « bruit », de « ces événements qu'aucune théorie ne permet de comprendre » et qui affectent l'appareil. Ainsi, le rôle assigné à l'instrument ici est d'être capable d'isoler les propriétés de l'entité que nous voulons utiliser tout en réduisant tous les autres effets qui pourraient être gênants (Hacking, 1989, p. 424). Pour illustrer ses propos, Hacking soutient que :

> Bain avait sûrement raison il y a un siècle. Les présomptions concernant la structure intime de la matière ne pouvaient alors être prouvées. La seule preuve ne pouvait être qu'indirecte, à savoir que les hypothèses semblaient fournir quelques explications et permettaient de faire des prédictions satisfaisantes. De telles inférences n'ont jamais convaincu les philosophes sympathisants de l'instrumentalisme ou de quelque autre forme d'idéalisme.
>
> De fait, la situation est assez semblable à celle de l'épistémologie au XVIIe siècle. À l'époque, était « savoir » ce qui représentait correctement. Mais alors il était impossible de sortir des représentations pour s'assurer qu'elles correspondaient

> bien au monde. Chaque vérification de représentation est aussi représentation. « Rien de plus proche d'une idée qu'une autre idée », disait l'évêque Berkeley. Essayer de défendre le réalisme scientifique au niveau de la théorie, de la vérification, de l'explication, des succès de prédiction, des convergences de théories et ainsi de suite, c'est s'enfermer dans un monde de représentations. Pas étonnant que l'anti-réalisme scientifique soit si constamment d'actualité. Il n'est qu'une variante de la « théorie du savoir comme spectacle ». (Hacking, 1989, p. 436–437)

D'autre part, alors qu'au début du XXe siècle nombre de scientifiques devinrent réalistes à propos des atomes, Hacking note que ce ne fut pas le cas des philosophes. En effet, malgré ces changements au sein de la communauté scientifique de l'époque, certains antiréalistes de l'instrumentalisme ou du fictionnalisme continuaient à être très influents entre 1910 et 1930. D'où l'idée qu'il fallait ne penser qu'à la pratique en faisant fi de la théorie. Il semble que l'antiréalisme à propos des atomes de même que celui concernant les entités inframicroscopiques furent très répandus à la fin du XIXe siècle. Mais les choses ont changé, et la preuve directe de l'existence des électrons est notre capacité actuelle à les manipuler grâce à des propriétés causales bien comprises et parfaitement maîtrisées. Cela ne signifie pas, bien entendu, que pour le philosophe de l'intervention la réalité se compose seulement de ce qui est humainement accessible (Hacking, 1989, p. 437). Il paraît évident qu'en restant dans cet ordre d'idée, les nanotechnosciences sont du pain béni pour le réalisme défendu par Hacking puisque l'une des conditions *sine qua non* de l'activité nanotechnoscientifique est non l'observabilité au sens strict, mais la manipulabilité. En vérité, l'échelle du nanomètre était déjà accessible dès la première moitié du XXe siècle, comme nous en avons fourni la preuve dans notre *Critique des nanotechnologies*[1].

Un autre argument au service du réalisme interventionniste repose sur la mesure et sur l'idée que la réalité est plus grande que nous. Pour le philosophe canadien, commencer à mesurer ou comprendre les pouvoirs de causalité d'une entité postulée ou inférée est la meilleure preuve susceptible d'attester de sa réalité. En retour, ajoute-t-il :

> (…), la meilleure preuve que nous ayons de cette sorte de compréhension c'est que nous pouvons entreprendre de construire, à partir de rien, des machines suffisamment fiables en prenant avantage de telle ou telle relation causale. Ainsi, c'est la technique, et non la théorie, qui fournit la meilleure preuve du réalisme scientifique à propos des entités. L'attaque que je porte contre l'antiréalisme scientifique est comparable à la lutte que Marx mena contre l'idéalisme de son

> temps. Dans les deux cas, l'essentiel n'est pas de comprendre le monde, mais de le transformer. Sans doute, en théorie, existe-t-il certaines entités que seule la théorie nous permet de connaître (les trous noirs). Alors notre preuve est semblable à celle de Lorentz. Peut-être existe-t-il des entités que nous mesurerons et n'utiliserons pourtant jamais. L'argument expérimental en faveur du réalisme ne dit pas que seuls les objets de l'expérimentateur existent. (Hacking, 1989, p. 438)

Ainsi, la technique, en plus de fournir la meilleure preuve du réalisme, est indissociable des technosciences, *a fortiori* des nanotechnosciences. C'est une des raisons pour lesquelles nous pensons que toute philosophie qui en fait abstraction ou qui la néglige peinerait à se définir comme philosophie des nanotechnosciences, voire de la science contemporaine, du fait de leur nature résolument hybride. C'est pourquoi les philosophes dont nous avons examiné les thèses jusqu'ici, notamment Kuhn, Lakatos et Robert, ont du mal à suivre l'évolution scientifique par le truchement des nanotechnosciences puisque celles-ci déjouent leur l'idéal représentationnaliste. Leurs philosophies auraient donc besoin du correctionnisme de Serge Robert, à condition que celui-ci s'applique à lui-même sa propre méthode. Le but visé est de répondre aux nouvelles exigences d'un savoir ouvertement porté par les technologies et d'une certaine façon, incarné par celles-ci, voire rendu possible grâce à elles. À l'instar de Cartwright, Hacking pense, néanmoins, que la théorie en tant que telle n'est pas porteuse de vérité, même si elle constitue une représentation qui nous aide à penser, et que la vérité, si elle est à notre portée, est dans les approximations plutôt que dans la théorie sous-jacente (Hacking, 1989, p. 352). Avant d'en finir avec l'alternative que propose l'interventionnisme, venons-en à présent au microscope, tel que nous l'avions annoncé.

Tout d'abord, il convient de préciser que lorsque Hacking parle de microscope, il n'est nullement question pour lui de microscope à effet tunnel (*STM*), encore moins de microscope à force atomique (*AFM*). D'ailleurs comme il le rapporte lui-même en parlant d'un de ses professeurs, technicien du microscope, quand il écrivait son livre sur la représentation et l'intervention, c'était la microscopie par diffraction de rayons X qui fut la principale interface entre la structure atomique et l'esprit humain. Pour lui, les philosophes des sciences qui débattent du réalisme et de l'antiréalisme devraient apprendre à connaître un peu mieux les instruments. Sous sa plume, le microscope optique prend l'attribut de « merveille des merveilles » dont peu de gens connaissent le fonctionnement, mis à part les initiés. Selon lui, le microscope est un autre moyen de découvrir le réel. Toutefois, il convient d'interroger la manière dont il y arrive. C'est l'objectif qui motive l'intrusion de Hacking dans le domaine des microscopistes dont il dit qu'ils disposent

« de trucs qui étonnerait le plus imaginatif des spécialistes de la philosophie de la perception. » (Hacking, 1989, p. 304). Il affirme qu'avoir quelque compréhension de ce qu'il appelle d'« extraordinaires systèmes physiques » dont le pouvoir grossissant, nous permettrait de voir plus que tout ce que l'on n'a jamais pu voir auparavant dans le monde.

Au fond, nous dit-il, voir au microscope n'est ni chose banale ni chose évidente. Car, contrairement à ce que l'on pourrait croire, il ne suffit pas d'examiner au travers, mais il faut aussi interférer. En effet, il ne suffit pas de regarder dedans pour voir, et un philosophe qui n'aura pas appris à en utiliser plusieurs sera dans l'incapacité d'en apprécier la portée. Il risquerait d'être tellement désarmé qu'il aurait du mal à distinguer le reflet de son œil d'une imperfection de la lentille ou de l'échantillon observé. Il serait donc incapable de distinguer un grain de poussière d'une glande salivaire de mouche à fruit à moins d'avoir appris au préalable à disséquer ces mouches sous un microscope à faible grossissement, soutient Hacking (1989, p. 308). Il pense que la première leçon pour regarder au microscope, c'est d'apprendre à le faire plutôt que de se contenter d'ouvrir les yeux. C'est une règle qui vaut bien pour les nanoscopes, même si des logiciels de plus en plus performants permettent de rendre l'image on ne peut plus conforme à l'objet auquel elle se confond pour en être, non plus la représentation, mais la présentation non-distanciée. Berkeley ferait écho à cette idée dans *New Theory of Vision* (1710) où il défend l'idée que la vision tridimensionnelle ne s'acquiert qu'après que nous avons appris à nous déplacer et à intervenir dans le monde. Le sens du toucher serait associé à l'image rétinale bidimensionnelle dont le rapport de l'un à l'autre une fois acquis produit la perception tridimensionnelle, tout comme nager est nécessaire pour un plongeur afin d'apprendre à voir en milieu marin. De l'avis du philosophe interventionniste, peu importe que Berkeley ait raison ou pas en ce qui concerne la vision primaire, puisque de toute façon, l'acquisition après l'enfance de nouveaux modes de visions implique d'apprendre en faisant et non en se limitant à regarder passivement. Il paraît aller de soi que la conviction qu'une partie de la cellule est bien là, tel qu'on se l'imagine, est renforcée quand on réussit à lui micro-injecter un fluide à un endroit bien précis, à l'aide de moyens physiques bien concrets (Hacking, 1989, p. 308–309).

D'autre part, se référant au livre d'E.M. Slayter (1970) intitulé *Optical Methods in Biology*, Hacking se pose la question de l'identité de l'image à l'objet en donnant l'exemple du microscopiste qui en observant un objet familier au microscope à faible puissance peut voir une image légèrement agrandie, mais « identique » à l'objet. Lorsque le grossissement est augmenté, on peut s'apercevoir que l'objet comporte d'autres détails imperceptibles à l'œil nu dont on suppose naturellement qu'ils sont aussi « identiques » à l'objet. Bien entendu, il convient toujours de s'assurer que les détails révélés par le grossissement ne résultent pas d'une contamination du spécimen lors de sa préparation en vue de l'observation au microscope. Mais, à la question : « que veut-on dire vraiment quand on dit que "l'image est identique à l'objet"? ». Hacking expose la réponse de Slayter qui pose d'emblée l'idée que l'image n'est qu'un pur effet d'optique (Hacking, 1989, p. 310). Pour lui, l'identité entre objet et image est en fait, une identité entre les interactions physiques avec le faisceau lumineux qui rendent l'objet visible à l'œil et celles qui concourent à la formation d'une image dans le microscope. Cependant, il émet la réserve selon laquelle, si le rayonnement utilisé dans le but de former l'image est un faisceau d'ultraviolets, de rayons X ou d'électrons, ou encore que le microscope est équipé d'un dispositif capable de convertir les différences de phase en variations d'intensité, les images ainsi générées ne seront alors en aucun cas identiques à l'objet. En effet, l'œil n'est pas en mesure de percevoir les ultraviolets, les rayons X ou le rayonnement électronique, encore moins de détecter des changements de phase entre les rayons lumineux.

Compte tenu de ce que nous avons dit antérieurement sur les nanotechnosciences et l'image dans notre *Critique des nanotechnologies*, il apparaît clairement que le microscope à effet tunnel est une limite que nous pouvons opposer à cette thèse puisque dans le cas d'espèce l'image est plus qu'une simple représentation. Elle est à la fois ce que l'on voit, ce que l'on manipule et ce que l'on modifie. Peu importe que l'œil perçoive les rayons X, les ultraviolets ou la rugosité des atomes, si nous concédons la possibilité que ce raisonnement puisse amener à considérer l'image comme la carte des interactions entre le spécimen et le rayonnement produisant l'image de ce dont il est question. Hacking trouve que sur ce thème, deux visions s'affrontent. La (A) héritée d'un président de la *Royal Microscopical Society* qui stipulait qu'en aucun cas l'on ne voit avec un microscope ; alors que la (B) portée notamment par Slayter soutient exactement le contraire en acceptant de dire que l'on voit au microscope, mais « seulement si les conditions d'interaction physique du spécimen et du rayon lumineux sont « identiques » à celles que l'on rencontre dans la vision normale. » (Hacking, 1989, p. 310–311). La première vision s'appuie sur les recherches de Abbe démontrant que la vision microscopique est *sui generis* et que par conséquent, il ne saurait y avoir de comparaison entre la vision microscopique et macroscopique. En effet, il n'y aurait pas de commune mesure entre les images d'objets ordinaires qui ne sont pas produites par les lois ordinaires de la réfraction et celles qui ne sont pas le produit de la dioptrique, mais dépendent exclusivement des lois de la diffraction. Ainsi, nous dit Hacking :

> Les microscopistes (A) et (B), qui ne sont pas d'accord sur le plus simple microscope optique, peuvent-ils être sur la bonne voie philosophique en ce qui concerne l'acte de « voir » ? La prudence des propos sur l'« image » et le « vrai » suggère plus d'ambivalence dans la conception de (B). On doit particulièrement se méfier du mot « image » en microscopie. Il dénote parfois une chose que l'on peut montrer du doigt, une forme portée sur un écran, une micrographie ou autre, mais parfois il semble directement désigner les entrées qui se présentent à l'œil. C'est l'optique géométrique qui est à l'origine du conflit, car l'on y fait le diagramme d'un système en plaçant le spécimen sous un certain plan focal et une « image » sous un autre, l'image servant à indiquer ce que l'on verra si l'on met l'œil au microscope. Je résiste cependant à une inférence que même la citation (B) pourrait nous amener à tirer. On dira que tout énoncé concernant ce qui est vu au microscope est imprégné de théorie: imprégné des théories de l'optique ou des théories concernant d'autres ondes. Ce n'est pas mon avis. On a besoin de la théorie pour produire un microscope. On n'en a pas besoin pour l'utiliser. La théorie peut aider à comprendre pourquoi les objets perçus au microscope à interférence du contraste sont entourés de franges asymétriques, mais c'est assez empiriquement que l'on apprend à ne pas en tenir compte. Ce que savent les biologistes de l'optique ne suffirait guère à un physicien. La pratique – je veux dire de manière générale faire et non regarder – crée la faculté de distinguer entre un artefact visiblement produit par la préparation ou l'instrument et la structure réelle qui est vue au microscope. C'est cette faculté pratique qui engendre la conviction. Elle exige que l'on sache un peu de biologie, même s'il est vrai que l'on trouve des techniciens de premier ordre qui ne connaissent rien à la biologie. Mais la physique ne joue strictement aucun rôle dans la compréhension de la réalité microscopique du biologiste. Les observations et manipulations de ce dernier sont rarement imprégnées de théorie physique et ce qu'il pourrait trouver dans ces théories n'a rien à voir avec les cellules de cristaux qu'il étudie. (Hacking, 1989, p. 311–312)

Cette intuition de Hacking se retrouve chez Daston et Galison (2012), mais cette fois-ci, en parlant des nanoscientifiques, ils disent qu'après avoir roulé un nanotube de carbone et l'avoir déployé dans un circuit, ils ne s'inquiétent pas d'être induits en erreur en croyant en l'existence de leur nanotube ou en se persuadant à tort que leur image était conforme à la nature. En effet, selon ces auteurs, les nanoscientifiques construisant leurs galeries d'images ne s'inquiétaient pas de ce que leur vision puisse être brouillée par leurs présupposés théoriques. Ils renchérissent en soutenant qu'« ils ne s'embarrassaient même pas de prouver indirectement l'existence des nanotubes en les utilisant à d'autres fins. » (Daston et

Galison, 2012, p. 452–453). Il semble que la seule chose qui les intéressait était d'obtenir des « images-*outils* ».

Revenons-en à l'argumentaire de Hacking qui donne l'exemple du technicien Leeuwenhoek réputé pour la qualité et la rigueur de ses observations au microscope ainsi que la précision de ses dessins. Il pense pouvoir affirmer à son propos qu'il devait son succès plus à un secret d'éclairage qu'à un secret de fabrication des lentilles qu'il remplaçait à chaque nouveau spécimen. Les prouesses de Leeuwenhoek sont telles que l'on peut distinguer clairement certains progrès technologiques du microscope des progrès théoriques de l'optique. Hacking pense que c'est peut-être dans l'invention de la lumière noire que reposait le génie et le succès de Leeuwenhoek, plutôt que dans ses microscopes. Cependant, afin de réussir ses observations, il a eu besoin de microtomes pour découper plus délicatement les spécimens, de colorants azoïques, de sources de lumière pure et, accessoirement, de micromètres, de fixatifs et de centrifuges (Haking, 1989, p. 313).

Toujours dans ce registre de l'observation au microscope, Hacking note que certains développements des meilleurs microscopes anglais au début du XXe siècle étaient le fruit d'un « pur empirisme » combiné à des idées volées à Abbe dont les travaux permirent enfin en 1873 d'expliquer le fonctionnement du microscope. En effet, en s'intéressant au problème de la nette distinction des lignes parallèles de petites créatures océaniques dont raffolent les baleines, appelées diatomées, Abbe réalisa la proximité de ces lignes ainsi que leur égale largeur et leur quasi-équidistance. Ses travaux lui permirent de disposer très vite de réseaux artificiels plus réguliers. De la seule observation d'une diatomée ou d'un réseau, remarque Hacking, il inféra que l'infinie complexité de la physique était en jeu lorsque l'on observait un objet hétérogène au microscope, ce qui fait de l'analyse de Abbe un exemple éloquent de la façon dont la science pure pourrait être appliquée (Hacking, 1989, p. 317). Ce cas ne serait pas unique puisque les bateaux à voile, bien que produits depuis des siècles, voire des millénaires, n'ont pu être optimisés que récemment, c'est-à-dire dans les deux dernières décennies précédant le début du XXe siècle. Hacking conclut son propos sur Abbe en soutenant que:

> Cependant, les seules rivalités nationales ou commerciales ne suffisent pas à expliquer que certains aient hésité à croire Abbe. J'ai dit ci-dessus que la citation (A) est extraite du livre de Gage, *The Microscope.* Dans la 9e édition de ce manuel (1901), l'auteur fait référence à la théorie alternative qui soutient que la vision microscopique est identique à celle de « l'œil sans assistance, du télescope et de l'appareil photo ». Il ajoute : « C'est une conception originale que beaucoup préfèrent aujourd'hui. » Dans la 11e édition (1916) ce passage est modifié: « On

> a conçu certaines expériences très frappantes pour prouver la véracité de la thèse de Abbe, mais comme beaucoup le font remarquer, ces expériences demandent que soient mis en œuvre des moyens que la microscopie ordinaire ne requiert jamais. » C'est là un bon exemple de ce que Lakatos appelle un programme de recherche en dégénérescence. Pour l'essentiel, ce passage ne sera pas modifié, même dans la 17e édition (1941). Il fallait que les réticences à l'égard de la doctrine de Abbe soient bien ancrées pour que l'on soutienne, comme dans la citation (A), qu'« il n'y a et ne peut y avoir de comparaison entre les visions microscopique et macroscopique ». (Hacking, 1989, p. 318–319)

Dans cette pléthore de microscopes dont Hacking tente de retenir quelques-uns, ce qui n'est pas sans rappeler la prolifération actuelle des nanoscopes qui a suivi l'invention du microscope à effet tunnel, il semble miser sur les microscopes à rayon X et acoustique dont il vante l'immense potentiel. Or, au moment où il publiait son ouvrage, le microscope de Binnig et Rohrer existait depuis deux ans déjà. Mais, ce qu'il nous dit de ces instruments n'en est pas moins pertinent pour notre présent propos puisque de son analyse il ressort que « la théorie ne joue qu'un rôle modeste dans la conception de ces ingénieux appareils. » (Hacking, 1989, p. 323). Ce qui lui fait tirer la conclusion selon laquelle, en dernière analyse c'est la technique qui compte. Toutefois, il ne nie pas pour autant l'importance de la théorie qui interviendrait ailleurs. Il dit à ce sujet :

> On peut considérer que la théorie intervient à un autre niveau. Pourquoi croit-on aux images que l'on construit avec un microscope? Ne serait-ce pas parce que nous disposons d'une théorie selon laquelle l'image que nous produisons est vraie ? N'aurions-nous pas là encore une autre illustration de la thèse de Shapere, à savoir que ce que l'on appelle « observation » est en fait déterminé par la théorie ? Ce n'est qu'en partie exact. Malgré Bichat, ceux qui avant Abbe regardaient dans le microscope croyaient en l'existence de la plupart des choses qu'ils y voyaient, même s'ils ne disposaient pour soutenir cette croyance que d'une théorie très inadéquate et assez rudimentaire (et qui de plus s'avéra fausse). Il est surprenant de constater à quel point les représentations visuelles supportent bien les changements de théorie. On produit une représentation puis on formule une théorie qui explique pourquoi le spécimen présente telle ou telle configuration. Par la suite, la théorie sur le microscope peut bien changer complètement, on croit encore à la représentation. Nos certitudes sur la réalité des choses que l'on voit peuvent-elles vraiment se fonder sur la théorie? (Hacking, 1989, p. 323)

La réponse de Hacking à cette question rhétorique est évidemment « non » puisque selon lui, la microscopie a plutôt recours à la « non-théorie », comme l'étaye l'échange de correspondance qu'il a eu avec Heinz Post qu'il relate dans l'ouvrage que nous venons de citer. Il rapporte ainsi que ce dernier l'informa de ses propres thèses sur le microscope à émission de champ afin de soutenir l'idée que la production de représentations visuelles de grosses molécules était d'importance capitale. Sauf que, selon le philosophe de l'intervention, son dispositif était censé confirmer l'idée de F. A. Kekule selon laquelle les molécules de benzine sont des anneaux composés de six atomes de carbone. En fait, la théorie sur le microscope à émission de champ laissait croire que l'on ne voyait essentiellement que les ombres des molécules, autrement dit, que l'on était en présence d'un phénomène d'absorption. Selon Hacking, Post n'apprit que beaucoup plus tard que cette théorie avait été discréditée et qu'en fait, ce qui était observé, c'était les phénomènes de diffraction. Cette réalité révélée n'empêcha pas que l'on continuât à considérer les micrographies de molécules comme des représentations authentiques. De cette analyse, il ressort qu'en tant qu'activité expérimentale, la microscopie (et nous présumons que la nanoscopie aussi, bien qu'elle soit plus qu'une simple activité expérimentale) utilise ce que Hacking appelle la « non-théorie » afin de distinguer l'artefact de la chose réelle. Ce procédé, il le résume ici, dans son argument dit de la grille en répondant en même temps à un argument de l'antiréaliste van Fraassen :

> En bref, plutôt que de nous rendre sur Jupiter à bord d'un vaisseau spatial imaginaire, nous réduisons couramment des grilles. Puis nous regardons le disque minuscule, avec pratiquement n'importe quel type de microscope, et nous voyons exactement les mêmes formes et lettres que celles qui ont été dessinées à l'origine à plus grande échelle. Il est impossible de soutenir sérieusement que ce disque minuscule que je tiens avec des pincettes n'a pas réellement la structure d'une grille portant des lettres. Je sais que ce que je vois au microscope est véridique parce que c'est bien ainsi que la grille a été conçue. Je sais que le processus de fabrication est fiable parce que l'on peut en vérifier les résultats au microscope. Plus encore, cette vérification peut être effectuée avec n'importe quel type de microscope, un quelconque parmi une douzaine de systèmes physiques sans lien permettant de produire une image. Peut-on croire encore qu'il ne s'agit que d'une gigantesque coïncidence? (…). Pour être antiréaliste à propos de la grille, il vous faudrait imaginer que quelque mauvais démon cartésien possède le microscope. (Hacking, 1989, p. 329–330)

Ainsi, plutôt que de feindre des hypothèses ou d'imaginer des *scénarios* fictionnels, les microscopistes se contentent de réduire le monde visible. Les grilles micrométriques qui servent à l'identification des corps denses en sont une illustration, et ce d'autant plus que leurs procédés de fabrication sont à la fois bien connus et bien maîtrisés. De plus, le fait que l'on puisse vérifier les résultats du processus de fabrication au microscope est une garantie de sa fiabilité confortée par le fait que n'importe quel type de microscope parmi une demi-douzaine de systèmes physiques sans lien permettant de produire une image serait susceptible d'effectuer cette vérification. Cet argument sert, une fois de plus, le réalisme de Hacking qui estime qu'il faudrait s'imaginer une gigantesque conspiration de treize processus physiques distincts dans le but de réduire une grille en non-grille qui continue de ressembler à une grille lorsqu'on la regarde avec douze sortes de microscopes différents. Même si l'auteur de *Representing and Intervening* (1983) reconnaît que son argument n'est pas conclusif, il soutient tout de même que la situation n'est pas différente de celle de la vision ordinaire où l'on peut avoir de bonnes raisons de penser que l'on est en présence d'une flaque d'eau plutôt que d'un mirage quand les changements d'angle d'observation ne changent rien à ce que nous pensons avoir observé. Cependant, même dans ce cas, on n'est pas à l'abri de l'erreur sporadique comme c'est le cas aussi en microscopie. Cette analogie permet à Hacking de tirer une autre conséquence selon laquelle la similitude des erreurs commises tant en microscopie qu'en macroscopie militerait en faveur de l'idée selon laquelle on voit bien au microscope (Hacking, 1989, p. 331). Toutefois, il ne perd pas de vue le fait que tout comme dans la vision ordinaire, les images ou micrographies produites ne sont qu'un des éléments conduisant à la certitude. Aussi, son argument de la coïncidence n'est-il qu'un élément visuel, certes irrésistible, mais insuffisant à lui seul à fonder la conviction que l'on voit effectivement au microscope sans le concours d'autres modes de compréhension plus théoriques et une multitude de travaux expérimentaux. Hacking reconnaît ainsi que « sans la pratique de la biochimie, la microscopie est en biologie aussi aveugle que les intuitions de Kant le seraient en l'absence de tout concept pour les formuler. » (Hacking, 1989, p. 332).

D'autre part, enthousiasmé par l'invention du microscope acoustique et son rapide développement, Hacking pense qu'un nouveau type de microscope est toujours intéressant parce qu'il peut révéler des aspects encore inconnus d'un spécimen. Il est clair que Hacking n'avait pas en vue l'observation « haptique », comme en témoigne sa focalisation sur la découverte de nouveaux aspects visuels, alors que le nanoscope qui vient d'être inventé permettait bien plus que cela, par-delà l'observabilité et la manipulabilité à l'échelle nanométrique. Il n'en demeure pas moins que sa vision de l'observation comme une pratique monolithique nous paraît intéressante pour les nanotechnosciences puisqu'elle permet de tenir compte des nouveaux moyens technologiques totalement inusités qui pourraient servir l'accessibilité physique et visuelle des nano-objets.

Le sens qu'il donne au fait de regarder au microscope est aussi digne d'intérêt, dans l'optique qui est la nôtre, ici. Selon lui, regarder au microscope au travers d'un instrument est un acte immatériel. Regarder au travers d'une lentille fut la première étape technologique avant que l'on ne se mit à regarder au travers du tube du microscope composé. L'immatérialité de cet acte résiderait dans le fait que naguère, ce sont les photographies prises au microscope que nous étudiions. Comme nous l'avons longuement vu antérieurement, cette vision a été révolutionnée par l'avènement des nanos. C'est ce qui fait que regarder au travers d'un microscope de la génération des STM ou des AFM n'est plus un acte aussi immatériel que celui décrit ici par Hacking. L'image a perdu son sens traditionnel et immatériel tout en gardant certaines de ses anciennes propriétés imageantes. Elle est devenue plus exactement ce que Daston et Galison (2012) ont qualifié d'« image-outils » rendant possible une autre quasi-aberration, la « vision tactile ». Ces auteurs pensent, en effet, qu'il y a deux catégories d'images : une virtuelle et une tactile. On voit bien ici que la catégorie d'image à laquelle fait référence Hacking est la première. Mais, pour les nanotechnosciences de la fin du XXe siècle, les images tactiles parachèvent l'abolition de la distance entre ce qui est « observé » et ce qui est « vu ». Les auteurs de *Objectivité* parlent d'enchevêtrement entre voir et fabriquer. Ceci, à leurs yeux, rompt avec le mode de fabrication d'images plus familier qui a marqué beaucoup de générations de scientifiques qui s'en tenaient à une séquence en deux étapes. La première, rapportent-ils, consistait à pulvériser un proton contre un antiproton dans un accélérateur avant d'analyser le résultat de la collision à l'aide d'une chambre à bulles ou d'une image numérique ; alors que la seconde, dans un domaine de la science différent, se contentait de préparer d'abord un échantillon de tissu pour produire ensuite une image du microscope électronique. En revanche, remarquent-ils, « pour les nanotechnoscientifiques du début du XXIe siècle, de telles représentations formées après coup devenaient le plus souvent inadaptées. » (Daston et Galison, 2012, p. 446).

Il faut dire que les nanographistes ont souvent besoin d'images pour la conception d'objets qui furent des « images-outils » entièrement intégrées au processus de fabrication, prenant ainsi leur distance d'avec les « images-preuves » rassemblées à l'appui de futures démonstrations. Les images-outils sont d'emblée manipulées.

3.3. Conclusion

Au terme de cette analyse de la philosophie de Hacking, nous retenons avec Gilbert Hottois, qu'il montre que l'information de la vision par la théorie tantôt aide tantôt empêche l'observation de ce qui est intéressant et significatif. Mais, soutient Hottois, ce qui l'interpelle et nous interpelle dans ce contexte d'une science devenue davantage intervention que représentation, c'est le développement des instruments d'observation, autrement dit, l'approche du réel comme « chargée de technique » (*technology loaded*) et pas simplement « chargée de théorie » (*theory loaded*). Le résumé que fait Hottois de ce que nous venons de dire sur la philosophie de Hacking nous semble assez éloquent pour que nous lui permettions de le dire ici avec ses propres mots :

> Ainsi observe-t-on l'intérieur du soleil en utilisant les neutrinos émis par les processus solaires de fusion. On observe aussi *via* des microscopes utilisant des longueurs d'onde que nous ne pouvons pas percevoir (rayon X, ultraviolet, électrons…) de sorte que l'image de l'objet doit être construite, à partir d'interactions mesurées, comme une cartographie. La fiabilité quant à la réalité de ce que l'on observe augmente dans la mesure où des techniques différentes conduisent à des observations convergentes. Cette convergence réduit le risque que l'objet observé ne soit un artefact engendré par l'appareillage utilisé ou quelque interférence non connue. On a envie de dire que plus x résiste aux interactions ou actions observationnelles que les expérimentateurs lui imposent, plus x acquiert de réalité et d'identité. (Hottois, 2004, p. 82)

Au-delà de la question de l'observation, la théorie interventionniste défendue par Hacking constitue une avancée notable vers la construction d'une philosophie appropriée à la spécificité des nanotechnosciences qui, à bien des égards, bouleversent nos présupposés habituels sur la science. Le fait est que ceux-ci sont peut-être biaisés depuis bien longtemps si l'on en croit Hacking qui soutient qu'il y a au moins autant de modes de représentation que de types de spéculation. Cependant, deux approches principales ont pu mener à des découvertes remarquables. Il s'agit, d'un côté de l'existence des modèles physiques illustrés par l'explication de l'effet Faraday par Kelvin[2], et de l'autre des structures mathématiques. En parlant de la science du XIXe, le philosophe de l'intervention estime que l'on a souvent opposé à tort les physiciens allemands aux physiciens anglais, prétendant que les premiers favorisaient l'approche mathématique là où les seconds faisaient la part belle aux modèles physiques. Mais, prévient Hacking, cette idée est totalement fallacieuse puisque dans les faits les deux voies sont étroitement imbriquées et les découvertes des chercheurs impliqués dans l'une ou l'autre approche ne permettent aucunement de privilégier l'une sur l'autre puisqu'ils en arrivent sensiblement aux mêmes résultats. Mieux encore, il se trouve que la plupart des modèles physiques, dont celui de Maxwell, ont recours à des structures abstraites, ce qui fait que sa mécanique statistique ne se composait pas de particules concrètes, mais d'équations différentielles dépourvues de signification physique immédiate. En Allemagne, en revanche, poursuit Hacking, les mathématiques appliquées reposaient surtout sur la description de modèles physiques. Ces deux approches reflètent fondamentalement les diverses facettes de l'esprit humain qui ne sont pas séparables, en général, et qui continueront à s'influencer et à se transformer suivant des processus imprévisibles (Hacking, 1989, p. 343–344).

Par ailleurs, il doit être rappelé que l'expérimentateur n'est ni nécessairement ni toujours assujetti à une quelconque théorie qu'il attendrait comme une condition *sine qua non* de ses activités ; et, l'expérience non plus n'est pas une théorie par d'autres moyens. Pourtant, c'est bien ce que soutient Bas van Fraassen (1980, p. 73) lorsqu'il affirme dans *The Scientific Image* que pour le scientifique pratiquant, ce qui importe vraiment dans la théorie, c'est qu'elle soit un moyen dans la conception des expériences. Puis, il évoque les travaux de Millikan dont il dit que « l'expérimentation, c'est la continuation de la théorie par d'autres moyens ». De l'analyse que Hacking fait de ces thèses de van Fraassen, il ressort que celles-ci pourraient sembler contradictoires, à moins que leur auteur s'imagine que l'expérience se remarquerait elle-même, faisant de la théorie par d'autres moyens pour que l'on puisse faire plus d'expériences. Ce qui, de l'avis de Hacking, « ne serait pas une mauvaise image en ce qui concerne Michelson, car, avec la valeur de *e*, des expériences assez différentes devinrent possibles. » (Hacking, 1989, p. 383). Il pense que ce que van Frassen appelle l'aphorisme de la « théorie par d'autres moyens » est fondé sur l'idée selon laquelle la théorie suggère que l'électron existe et que les électrons ont une charge définie. Mais, étant donné qu'aucune réflexion théorique n'est parvenue à fixer la valeur de *e*, nous faisons avancer la théorie par d'autres moyens en déterminant expérimentalement *e*. Il y a donc une lacune dans la théorie obligée de faire place à l'expérimentation, si elle ne lui était pas concomitante. Ainsi, Hacking juge la métaphore de l'antiréaliste plaisante sans se résoudre pour autant à lui accorder quelque crédit. Car, Cavendish a découvert la valeur de la constante gravitationnelle *G* sans pour autant avoir prolongé d'aucune façon la théorie de Newton. En effet, dit Hacking, non seulement la valeur de cette constante ne fait pas seulement partie de la théorie, mais en découvrant celle-ci, Cavendish n'a pas fait avancer la théorie, *G* étant une constante physique unique. Ce qui est assez inhabituel, puisque la plupart des constantes physiques sont reliées par des lois à d'autres constantes.

À l'instar du philosophe canadien, nous ne pouvons qu'espérer que des liens existent et il ne faut pas désespérer de les découvrir un jour, tout comme nous espérons que la force gravitationnelle, la force électromagnétique, les forces faible et forte soient réunies prochainement dans une même théorie. Beaucoup de physiciens y travaillent actuellement. Ou bien, suggère Hacking, pourrions-nous reprendre cette idée émise par Dirac nous invitant à supposer que l'univers ait 10^{11} années et qu'il devenait plausible que la force gravitationnelle, comparée à la force électromagnétique, diminue annuellement d'environ 10^{-11} parties, un prorata que l'on pensait pouvoir mesurer assez rapidement au début des années 1980 grâce aux progrès de la technologie de l'époque. Si une telle chose se produisait, Hacking concède qu'elle nous apprendrait beaucoup sur le monde, mais nul ne pourrait soutenir qu'elle prolongerait la théorie newtonienne ou n'importe quelle autre, par d'autres moyens. Ainsi, bien que partageant la répugnance de van Fraassen pour ce modèle de la science où les expérimentateurs attendent passivement qu'on leur dise de vérifier, de confirmer ou de réfuter les théories, sans nier le fait qu'il arrive souvent aussi, même si ce n'est pas leur préoccupation première, qu'ils en confirment. Pour lui, il semble bien que le rapport de Millikan à la théorie tient à ce qu'il a confirmé tout un ensemble de spéculations en découvrant qu'il existe une charge électrique négative minimum, vraisemblablement associée à l'électron, tenu pour une entité hypothétique. Il a aussi découvert la valeur de cette charge minimum, « mais ce nombre n'a pas grand-chose à voir avec la théorie. » (Hacking, 1989, p. 385). Son apport fut donc d'avoir contribué à établir d'autres constantes avec plus de précision, sans pour autant que celles-ci n'aient influencé le cours de la théorie (Hacking, 1989, p. 383–385).

Comme le dit si bien Hottois, « en suivant Hacking, nous sommes arrivés à une philosophie des sciences qui tient compte d'une façon non marginale de la technique, à la fois comme médiatrice et créatrice. » Et, au fond, c'est bien cela que nous recherchions depuis le début de la présentation des résultats de nos recherches. Mais, le philosophe belge nuance son propos, en précisant que cette philosophie, malheureusement, s'arrête au seuil des questions nouvelles d'ordres politiques, éthiques et pratiques qui surgissent alors. Selon lui, c'est ainsi que Hacking se recroqueville sur son identité de philosophe des sciences anglo-saxon et sur les questions épistémologiques et ontologiques du réalisme (Hottois, 2004, p. 117). Si nous prenons au mot ces remarques de Gilbert Hottois, nous devons prévenir que nous non plus n'allons pas beaucoup plus loin que le philosophe de l'intervention, mais nous espérons offrir des pistes sérieuses pour le développement d'une réflexion philosophique prometteuse et féconde autour des nanotechnosciences. Toutefois, toujours selon Hottois, « au-delà de l'impression d'une certaine cacophonie, la reconnaissance de la technoscience comme enchevêtrement n'est pas sans pertinence, en soi et en tant qu'invitation à analyser la complexité. » (Hottois, 1989, p. 161). Cependant, précise-t-il, cet enchevêtrement ne devrait pas signifier que l'on ferait de la science comme on fait de la littérature ou de la politique, mais réfère simplement à l'existence d'interactions fortes, multiples et incessantes entre le symbolique et le technoscientifique. À son avis, cette réalité est banale, mais elle est encore insuffisamment intégrée dans la conscience et dans la philosophie contemporaine (Hottois 2004, p. 161). Par contre, à la suite de Simondon, Hottois dénonce la réduction de la philosophie de la technique à la philosophie sociale et politique, sachant que pour lui, sous la « technique », il convient d'entendre ce que l'on a appelé couramment au XXe siècle « la recherche scientifique » (Hottois, 1989, p. 171). Ce rappel, dit-il, est explicite dans l'expression « technoscience » qui souligne que cette recherche est, en même temps, « entre les mains d'*homo faber* autant que dans le discours et le regard d'*homo loquax.* » (Hottois, 2004, p. 171). Dire et faire se trouvent ainsi intrinsèquement liés.

Revenant sur l'importance acquise par la technologie dans l'activité scientifique, le philosophe belge fait intervenir Lenk et Maring qui la comparent à l'instrument tout en nous permettant d'avoir une meilleure idée de sa place dans la science ainsi que sa portée philosophique. Aussi, ces derniers affirment que :

> La technologie n'est plus simplement l'instrument de la recherche scientifique, mais la médiation épistémologique constitutive. Un instrument est contingent, extérieur, abandonné lorsque le but est atteint. La médiation est permanente, déterminante pour l'activité, et elle laisse sa marque dans les résultats obtenus. Elle affecte la visée théorétique même qui était la caractéristique de la science. Elle modifie radicalement les notions d'objet et de réalité scientifiques; elle transforme la question du réalisme qui devient « un réalisme technologique ». Celui-ci soulève le problème de la « quantité de technologie » « susceptible d'être supportée par l'objet sans être transformée en un objet scientifique différent ». (Lenk et Maring, 2001, p. 24, cités par Hottois, 2004, p. 111)

C'est sur ce rôle déterminant de la technologie que nous nous sommes focalisés dans notre analyse en tenant compte de son omniprésence dans le nanomonde, ce qui lui confère un statut bien loin de celui d'accessoire auquel on était habitué à la voir confinée. C'est cet état de fait qui justifie en grande partie notre préférence pour des termes comme « technoscience » à l'instar d'Hottois (2004), et « nanotechnosciences », à l'image de Nordmann (2004). Ces deux concepts intégrateurs rendent mieux compte, à la fois de l'internalisation de la technique dans la science et de l'internalisation de la science dans la technique. Parlant de l'idée qu'il se fait de la technoscience, le philosophe belge pense que cet équilibre sert aussi à prévenir d'autres abus, mais à condition de se rappeler d'abord que la science désigne aussi une entreprise de recherche illimitée, libre et infinie. Puis, que la technique est le plus souvent réduite à un ensemble d'outils disponibles au service de finalités qui lui seraient étrangères et sur lesquelles elle n'agirait pas. « Le risque, selon lui, est celui d'une gestion technocratique douce de l'espèce humaine – dans laquelle l'économie joue un rôle capital – satisfaisant ses besoins biologiques aussi efficacement que ses désirs symbolisés. » (Hottois, 2004, p. 171).

Commentant la philosophie de Hacking, Hottois convient que même s'il faut respecter la position de Hacking qui se refuse à sortir du débat à la fois vaste et limité sur le réalisme en philosophie des sciences. Il lui paraît difficile de demeurer simplement au sein de la classique philosophie des sciences. C'est pourquoi, selon Hottois, la pensée de Hacking pointe ailleurs, hors de la problématique épistémologique et ontologique à laquelle la philosophie des sciences s'est tenue jusqu'ici. Du point de vue de cette dernière, il n'y plus grand-chose à dire puisque « *construire* » la réalité serait un processus illimité de création et de *facto* n'aurait plus grand-chose à voir avec « *représenter* » la réalité. Ce qui fait dire au philosophe belge que représentations et réalités sont intégralement instrumentalisées dans le processus. Ainsi ne serions-nous plus dans le prolongement d'une quelconque ontologie, mais dans une technologie qui met fin aux débats ontologiques (Hottois, 2004, p. 86).

D'un autre côté, Hottois précise qu'il n'y a point de contradiction entre sa deuxième leçon de *Philosophie des sciences, philosophie des techniques* et la troisième. En effet, dans sa seconde leçon il conclut que la philosophie des sciences de Hacking ne franchit pas le seuil de la philosophie des techniques et n'ose affronter ni la recherche et développement technoscientifique ni les problèmes de philosophie pratique suscités par sa philosophie de l'intervention qui abandonne du même coup le classique primat de la raison sur la volonté. Alors que sa troisième leçon sur la philosophie des techniques lui permet de dénoncer l'assimilation précipitée des philosophies des techniques à la philosophie pratique, éthique, sociale et politique. En fait, il reproche à la philosophie des techniques de perdre de vue ou d'affaiblir la prise en compte de l'opérativité objective et de la créativité inanticipable des techniques, et de craindre leurs rétroactions destructrices-créatrices sur les ordres symboliques. Il manifeste ainsi sa crainte de la voir subordonner les techniques à des ordres symboliques (éthique et politique), c'est-à-dire traditionnels. Selon Hottois, en effet :

> Ces ordres renvoient toujours au présupposé commun des religions et des philosophies : la définition essentielle de l'homme comme l'animal symbolisant. C'est elle qui entraîne l'externalisation de la technique à la fois du propre humain et de

> la pureté scientifique. C'est elle qui interdit la considération sérieuse de l'anthropotechnique pourtant inévitable si l'on suit jusqu'au bout la naturalisation de l'homme et la technicisation de la science. Je reproche à la philosophie sociale et politique appelée par la plupart des philosophes des techniques d'entretenir une vue étroite et courte, traditionnelle et conservatrice, de l'homme et de l'avenir de l'espèce humaine. (Hottois, 2004, p. 170)

Cela étant, afin de ne pas trop nous éloigner de notre propos, il nous semble qu'un autre philosophe plus ancré dans l'univers technicien, cette fois-ci, semble bien préparer le terrain sur l'analogie que nous voulons établir à des fins heuristiques avec les « actes de discours » d'Austin. Il s'agit de Don Ihde (1991), dont Hottois dit qu'il fait un usage abondant de la métaphore du corps et de l'incorporation ou incarnation. La science serait alors incarnée dans la technique et l'instrumentation. Comme Austin le fait au niveau du discours ordinaire, la conception d'Ihde, selon l'analyse de Hottois, permet d'articuler philosophie des sciences et philosophie des techniques qui se rejoignent sur le plan de l'interface essentielle, nécessaire, de la technologie. Cette métaphore du corps lui fait jouer un rôle d'interface qui inviterait à penser la science et la technique au même niveau que le corps vivant. Ainsi réapparaissent les thématiques d'organes-instruments, de prolongement, remplacement, accroissement, voire amélioration d'organes dont il est de plus en plus question dans le transhumanisme et le posthumanisme qui ont fait écho aux nanotechnosciences dès ses premiers balbutiements. Dans l'approche de Ihde, la science incorporée dans la technique ou se donnant un corps par la technique se veut homogène au corps biologique, ce qui facilite le rapprochement entre description instrumentale et perception (Hottois, 2004, p. 115). Se rapprochant de Hacking auquel il se réfère beaucoup sur la question du microscope notamment, le réalisme de Ihde, différent de celui de l'interventionniste, est instrumental. Car, l'accès au réel nécessite des médiations techniques et théoriques, et que l'expérience, qui permet en bout de ligne d'obtenir des données actives et opératoires, est à la fois élargie et augmentée. Cependant, précise Hottois, « il reste que c'est la réalité *donnée* à la perception instrumentale qui est visée, non la transformation de la réalité et moins encore sa production. » (Hottois, 2004, p. 115). Selon le rapport que le philosophe européen fait de *Instrumental Realism: The Interface Between Philosophy of Science and Philosophy of Technology*, c'est précisément cela (la réalité donnée à la perception instrumentale) qui démarque ce réalisme de celui de Hacking qui est plutôt un réalisme d'intervention, de manipulation, quasiment de ce qui se construit comme réel (Hottois, 2004, p. 115).

D'autre part, se définissant comme appartenant au courant philosophique des « euro-américains » qu'il distingue de celui des philosophes analytiques et linguistiques « anglo-américains », Ihde se lance à l'assaut de la philosophie des sciences anglo-saxonne par le truchement des courants phénoménologiques qui mettent l'accent sur le caractère incarné de toute perception ou expérience. Ce faisant, il rejette toute idée d'originalité ou de nature plus authentique qu'une autre, récusant dans le même élan le privilège phénoménologique dont on pourrait créditer toute expérience fondamentale. Selon Hottois, Ihde associe ce désir de fondation à la tendance technophobe ou techno-indifférente de la phénoménologie tout en dénonçant sa conception logothéorique de la science. Et, Hottois d'ajouter non sans ironie que « le maximum de matérialité ou de corporéité que cette conception reconnaît est le langage, la représentation symbolique. » (Hottois, 2004, p. 114). En vérité, estime-t-il, technophobie et fondationnalisme sont solidaires si l'on admet que la technique est à l'œuvre dans la *praxis* et la perception constitutive de la science de façon positive et originelle. À partir de ce moment, les raisons de privilégier un discours et une expérience originaires et fondateurs se dissipent. Du coup, d'autres phénoménologies d'expériences diversement et plus ou moins technologiquement médiatisées ne seront pas davantage justifiées. Un privilège technologique tel qu'une expérience naturelle médiatisée par le corps et ses sens ou une technique artisanale particulière ne pourrait exister, à moins d'imaginer une science sans corps ni perception.

Pour en finir avec cette recension de l'ouvrage de Ihde qui offre des pistes de réflexion intéressantes aux futures philosophies des nanotechnosciences, l'analyse qu'il fait de la pensée d'Heidegger sur la technologie est tout aussi importante. Il retient ainsi en Heidegger le philosophe qui a saisi très tôt la priorité ontologique de la technologie sur la théorie et sur la science en tant que théorie. Cependant, il émet de fortes réserves lorsque le philosophe allemand fait dériver la technologie contemporaine de la science moderne tout en la dévalorisant à l'avantage des techniques anciennes qu'il idéalise à l'excès. Pour Ihde, *a contrario*, c'est la technique qui est ontologiquement et historiquement déterminante de la science moderne et contemporaine, la distinguant ainsi de la science ancienne. En outre, selon lui, la science contemporaine est « technologiquement *incorporée* (ou *incarnée*) dans sa nécessaire instrumentation et aussi *institutionnellement insérée* dans les structures sociales d'une société technologique » (Ihde, 1991, p. 63, cité par Hottois, 2004, p. 114). Malgré le caractère séduisant et peut-être heuristique de ces thèses que nous venons de présenter brièvement ici, il convient de reconnaître qu'en ce qui concerne les nanotechnosciences, les problématiques et les enjeux excèdent ceux qui sont pris en compte et traités tant par Ian Hacking (1983/1989) que Don

Ihde (1991). C'est ce que permet de saisir le commentaire de Sacha Loeve (2009) dans son analyse des discours accompagnant le STM dont il retient deux aspects. Le premier est que l'image est porteuse d'un rapport de proximité et d'intimité avec la molécule, non sans un paradoxe, celui que Loeve qualifie de « théorie sans distance où la simulation tend à confondre objet et modèle, théorie et expérience dans l'immédiateté d'une image pourtant fabriquée médiatement. » (Loeve, 2009, p. 453).

Deuxièmement, l'image, bien que consubstantielle à un objet spécifique, en un sens, est détachable, mobile, transverse, à la fois publique et privée, « mondialisable ». Elle se comporte comme si elle avait une sorte de don d'ubiquité. Selon Loeve, une même image peut circuler d'un laboratoire à un autre, voire d'une discipline à une autre. C'est ainsi qu'en restant à Toulouse l'on peut parfaitement voir la même molécule qui, pour ainsi dire, voyage de la Ville Rose à Berlin grâce à l'abolition de la distance entre représenté et représentation (Loeve, 2009, p. 453). Ce qui veut dire en clair, dans l'optique de notre propos dans ce chapitre, qu'il ne s'agit pas de se contenter, comme Hacking le fait très bien, de passer d'une philosophie de la représentation à une philosophie de l'action, mais bien d'aller au-delà de ce clivage qui perd beaucoup de son sens dès qu'il est question de nanotechnosciences. Cet état de fait est bien compris par Alfred Nordmann (2004) lorsqu'il apporte la précision capitale suivante qui s'inscrit en droite ligne dans le sens de l'une des thèses que nous avons défendues tout au long de cette étude :

> Rigoureusement parlant, la recherche nanométrique concerne l'architecture moléculaire, la nanotechnologie vise le contrôle de cette architecture, tandis que la nanoscience étudie les propriétés physiques qui en dépendent. Toutefois, si cette thèse est correcte, il s'avère que même les nanosciences ne sont pas la « science » rigoureusement ou traditionnellement parlant, et que même pour les nanosciences il n'y a pas de distinction entre la représentation théorique et l'intervention technique, entre la compréhension de la nature et sa transformation. Plus adéquatement on devrait donc parler de NanoTechnoScience[3]. (Nordmann, 2004, p. 51, traduction proposée par T. Guèye)

C'est alors que la recommandation de Denis Vernant que nous allons voir prend tout son sens en nous menant vers les pistes heuristiques que nous allons tenter de baliser plutôt brièvement dans le cadre de notre conclusion générale. Cependant, nous nous promettons de les développer plus amplement selon les opportunités de recherches futures qui s'offriront à nous. En effet, selon Vernant, si nous abandonnons le représentationnalisme et le réalisme naïf, l'alternative qui s'offrirait à nous serait « de thématiser la vérité dans les termes d'une *véridicité* qui soumet nos croyances à l'épreuve de l'expression langagière comme de la discussion contradictoire et lui impose la sanction de nos pratiques effectives, qu'elles soient prosaïques, scientifiques, artistiques ou encore politiques. » (Vernant, 2009, p. 231). Ce n'est pas tout à fait ce que fait Austin à qui le philosophe français reproche le caractère monologique de son approche à laquelle il préfère substituer une démarche dialogique, mais nous assumons nos intuitions de départ que nous corrigerons (pour reprendre un terme cher à Robert) au besoin grâce à la contribution du praxéologue grenoblois qui devrait nous permettre de jeter les bases d'une philosophie de la nanotechnoscience que nous qualifierons de « transactionaliste ».

Notes

1. Guèye, T. (2020). *Critique des nanotechnologies*, New York: Peter Lang.
2. Selon Hacking : « Faraday n'avait pas la théorie de sa découverte. L'année suivante, en 1846, G.B. Airy (1801–1892) montra comment lui donner une représentation analytique dans le cadre de la théorie ondulatoire de la lumière. Les équations concernant la lumière contenaient quelques dérivées secondes du déplacement par rapport au temps. Airy ajouta quelques termes *ad hoc,* des dérivées du premier ou du troisième ordre. C'est un procédé normal en physique. Pour que les équations aient meilleure prise sur le phénomène, on ajoute quelques termes nouveaux et assez courants, sans d'ailleurs savoir pourquoi l'un ou l'autre convient mieux. En 1865, Kelvin proposa un modèle physique: Le champ magnétique fait tourner les molécules du bloc de verre sur des axes parallèles aux lignes de force. Ces rotations moléculaires s'associent aux vibrations induites par les ondes de lumière et provoquent ainsi la rotation du plan de polarisation. Le modèle de Kelvin fut adapté par Maxwell dans le cadre de sa théorie électromagnétique de la lumière. Cependant, il ne s'harmonisait pas bien avec les détails expérimentaux rapportés par Verdet. Aussi Maxwell eut-il recours à l'argument de symétrie pour déterminer les termes additionnels dans le cadre des équations différentielles déjà utilisées pour décrire le champ électromagnétique. Finalement, en 1892, H.A. Lorentz associa les équations de Maxwell à sa théorie de l'électron. Ce qui donna l'explication encore en vigueur aujourd'hui. L'effet est expliqué physiquement – à la manière de Kelvin – comme un mouvement local autour des lignes de force. Cependant, il ne s'agit pas d'une mystérieuse rotation moléculaire kelvinienne, mais plutôt d'un mouvement d'électrons induit électromagnétiquement. » (Hacking, 1989, p. 341–342).
3. Voici l'extrait du texte que nous avons traduit ci-dessus : « Roughly speaking, *nanoscale research* concerns molecular architecture, *nanotechnology* aims for the control of this architecture, and *nanoscience* investigates the physical properties that depend on it. However, if the thesis is correct, it turns out that even nanoscience isn't "science"

properly or traditionally speaking, and that even for nanoscience there is no distinction between theoretical representation and technical intervention, between understanding nature and transforming it. More properly one should therefore speak of NanoTechnoScience. [Alfred Nordmann, « Molecular Disjunctions: Staking Claims at the Nanoscale », in D. Baird, A. Nordmann & J. Schummer (2004), *Discovering the Nanoscale*, IOS Press, Amsterdam, p. 51].

Références

Cartwright, Nancy (1983). *How the laws of physics lie*, Oxford: Oxford University Press.

Daston, Lorraine et Peter Galison (2012). *Objectivité*, Les Presses du Réel, avec une préface de Bruno Latour [1ère édition Daston et Galison (2007) sous le titre *Objectivity*, Urzone Inc.].

Guèye, Thierno(2020). *Cririque des nanotechnologies*, New York : Peter Lang.

Hacking, Ian (1983). *Representing and Intervening*, Cambridge: Cambridge University Press.

Hacking, Ian (1989). *Concevoir et expérimenter*, Paris : Christian Bourgois Éditeur, trad. B. Ducrest.

Holton, Gerald (1981). *L'imagination scientifique*, Paris : Éditions Gallimard, [Titre original : *The Scientific Imagination* (1978)].

Hottois, Gilbert (1989). *Du "sens commun" à la "société de communication". Études de philosophie du langage*, Paris : Vrin.

Hottois, Gilbert (2004). *Philosophies des sciences, philosophies des techniques, sous l'égide du Collège de France,* Paris : Odile Jacob.

Ihde, Don (1991). *Instrumental Realism: The Interface Between Philosophy of Science and Philosophy of Technology*, Bloomington: Indiana University Press.

Joachim, Christian et Plévert, Laurence (2008). *Nanosciences : La révolution invisible*, Paris : Seuil.

Laudan, Larry (1977). *Progress and its Problems*, Berkeley: University of California Press [Traduction française (1987). *La dynamique de la science*, Bruxelles : Pierre Mardaga éditeur]

Lenk, Hans and Maring, Matthias (2001). *Advances and problems in the philosophy of technology*, Münster: LIT.

Loeve, Sacha (2009). *Le concept de technologie à l'échelle des molécules-machines : Philosophie des techniques à l'usage des citoyens du nanomonde*, Thèse de doctorat, Paris, Université Paris-Ouest.

Nordmann, Alfred (2004). « Molecular disjunctions : Staking claims at the nanoscale », In *Discovering the Nanoscale*, eds. D. Baird, A. Nordmann, and J. Schummer, p. 51–62. Amsterdam: IOS Press.

Pajon, Patrick (2007). « La production des "nanomondes" », séminaire *Enjeux anthropologiques, culturels et philosophiques des nanosciences et nanotechnologies*, Institut de Recherche et d'Innovation, Centre Georges Pompidou, Paris, 17 Janvier 2007, [www.iri.centrepompidou.fr/privatedoc].

Slayter, Elisabeth M. (1970). *Optical Methods in Biology*, New York, Wiley-Interscience.

Van Fraassen, Baas (1980). *The Scientific Image*, Oxford : Clarendon Press.

Vernant, Denis (2009). *Discours et vérité: analyses pragmatique, dialogique et praxéologique de la véridicité*, Paris : J. Vrin.

Conclusion

Propédeutique pour une Nanophilosophie

En définitive, la thèse que nous soutenons ici est que les nanotechnosciences relèvent de quelque impensé de la philosophie des sciences que nous avons étudiée à travers quelques-unes de ses grandes figures, en l'occurrence Kuhn, Hacking, Lakatos et Robert. Afin d'étayer cette thèse, nous avons cru bon de revenir sur les fondements du concept de « nanotechnologie ». De cette mise au point conceptuelle dont nous avons largement exposé les tenants et les aboutissants dans notre *Critique des nanotechnologies*, nous avons fait suivre le présent volume qui analyse les philosophies des sciences de Kuhn à Robert en passant par Lakatos et Hacking. Cette confrontation critique entre les nanos et ces philosophies révèle la focalisation de leurs systèmes sur la théorie, sous-traitant ainsi la dimension technologique intrinsèque à l'activité nanotechnoscientifique. Or, pour nous, une condition nécessaire à toute philosophie des nanos est la prise en compte de la dimension technologique *sui generis* à l'activité nanotechnoscientifique, même si celle-ci demeure non suffisante. Nous avons donc établi que, même si la philosophie de Hacking était celle qui donnait la plus grande place à la dimension technologique de la science à travers l'appareillage et l'expérimentation, cela n'en fait pas pour autant une philosophie suffisamment élaborée pour la technoscience ou la nanotechnoscience. À cet égard, Hottois (2004) comme Schmidt(2011) indiquent, pour réaliser cette nouvelle philosophie, la voie vers Bacon. Bien entendu, la philosophie des nanos est actuellement en construction et de nombreux philosophes, à l'instar de Nordmann, Schummer, Schmidt, Mody, Bensaude-Vincent, Loeve, Guchet et bien d'autres, tant en Amérique du Nord qu'en Europe, s'y consacrent de plus en plus. Les pistes qu'ils proposent sont très intéressantes et indiquent essentiellement la voie vers Peirce (Nordmann, 2012) ou Bacon que Schmidt (2011) considère comme le père de la philosophie de la technoscience. Dans leur optique, on pourrait indiquer Bachelard aussi. En ce qui nous concerne, il nous a paru important de mettre en lumière ce qui a vraiment changé avec l'avènement des nanotechnosciences tout en précisant les conditions sans lesquelles il serait illusoire d'envisager toute « nanophilosophie » sérieuse.

C'est pourquoi, dans notre premier ouvrage sur les nanos, nous avons souligné les conditions qui ont présidé à l'avènement de ce que l'on appelle communément les « nanotechnologies », notamment une invention technologique cruciale, celle du microscope à effet tunnel (1981) par les ingénieurs d'IBM Binnig et Rohrer. À cet évènement, il faut adjoindre la première manipulation d'atomes effectuée en 1989 et portée à la connaissance du public en 1990 (Revue *Nature*, n° 344, p. 524–526) par Donald Eigler et Erhard K. Schweizer. Ce sont ces deux réalisations qui ouvrent l'ère de la nano-exploration technoscientifique. Nous y avons aussi exposé deux méthodologies opposées basées sur des procédés totalement différents, même s'ils peuvent être complémentaires à certains égards. En effet, miniaturisation et monumentalisation cristallisent toute l'opposition entre *top-down* et *bottom-up* tout en reproduisant certains termes du débat sur le caractère révolutionnaire ou non des nanos. Puis, nous nous y sommes livrés à un examen critique des définitions les plus répandues, pas toujours compatibles entre elles, afin d'arriver à les classer convenablement pour mieux les appréhender. À cette revue des définitions, nous avons fait succéder une analyse des enjeux de nature à impacter les orientations définitionnelles. Ensuite, sur le chemin qui nous mène à la validation du concept de nanotechnoscience, nous avons examiné brièvement les implications éthiques et ontologiques des « nanotechnologies ». En dernière instance, nous nous sommes engagés dans la voie de la définition des « nanotechnologies » qui finit de nous convaincre que le terme « nanotechnoscience » est bien plus approprié que celui utilisé habituellement pour désigner les activités actuelles autour du nanomètre. C'est au terme de ce processus d'analyse et de réflexion que nous avons proposé notre propre définition des nanotechnosciences inspirée de Nordmann (2008), Cressler (2009) et Joachim (2008). Ces derniers, comprenant l'inanité de forger un nouveau concept pour rendre compte de ce dont la dénomination, non seulement existe, mais est satisfaisante, ont considéré qu'il fallait soit revoir le contenu à admettre sous le nom de « nanotechnologie », soit désigner autrement ce nouveau cadre. En partant de leurs travaux, nous sommes arrivés à la conclusion selon laquelle il fallait emprunter au premier le néologisme « nano-Technoscience » suivant en cela la volonté du second de désigner différemment ce nouveau champ. Du troisième, nous avons retenu la volonté de trouver le contenu adéquat pour mieux décrire la partie des nanos qui nous intéresse. C'est ainsi que dès notre *Critique des nanotechnologies*, nous avons construit la définition de ce nous appelons désormais, « nanotechnoscience ». Celle-ci est, selon nous, essentiellement « une activité à visée scientifique ou technologique dont le but est de connaître, expliquer, prédire des phénomènes ou manufacturer des objets plus ou moins complexes afin de créer des structures ou des dispositifs à l'échelle nanométrique par une manipulation contrôlée à l'échelle atomique ou moléculaire grâce à des dispositifs technologiques sophistiqués de la génération du microscope à effet tunnel ou à l'aide des futures technologies de nanofabrication automatisées. » En fait, les nanotechnosciences comme tout discours scientifique mettent en jeu l'ensemble des actes de langage, en l'occurrence les assertifs, les directifs, les promissifs, etc. Leur spécificité est de fonctionner aussi comme des performatifs ou des « déclarations » au sens de Searle. Ce qui signifie : « dire des mots avec des choses », créer un savoir nouveau avec des manipulations. Autrement dit, pour paraphraser Austin, *How to make Words with Things?*

Cela posé, nous avons effectué, dans les chapitres 1 et 2 de ce présent volume, l'évaluation de la philosophie des sciences de Kuhn suivie de celle de Lakatos et Robert à l'aune des nanotechnosciences. Celles-ci pouvant être e ntendues au sens de Jean-François Lyotard (2003, p. 14–15) lorsqu'il défend l'idée selon laquelle à notre époque la science et la technologie forment la technoscience. Selon l'analyse que font Karen Kastenhofer et Jan C. Schmidt (2011) du chapitre 4 de la première partie (« *Intellectuals* ») de *Political Writings* (Lyotard, 2003) intitulé « New Technologies », Lyotard identifie dans les sociétés développées quatre domaines : le scientifique, le technique, l'économique et l'étatique, chacun de ces domaines étant étroitement imbriqués les uns aux autres et ne se distinguant que dans la mesure où chaque domaine est régi par une Idée [ou idéal] différente. Le scientifique, par exemple est régi, guidé par l'idée de la meilleure connaissance, le technique par les performances optimales (le meilleur ratio entrée/sortie *(input/output)*), l'économique par l'idée de la plus grande richesse, l'État par l'idée du meilleur vivre-ensemble, chacune de ces Idées étant un absolu vers lequel on doit tendre, selon Lyotard. L'Idée a, donc, une fonction de régulation pour les discours et les actions se produisant dans chacun des domaines précités (Kastenhofer et Schmidt, 2011, p. 129). Ces auteurs notent aussi que le philosophe de la post-modernité poursuit son argumentaire en faisant remarquer que les phrases des agents et leurs actes demandent à être évalués selon le critère qui correspond à l'Idée régulatrice de leur domaine propre puisqu'à l'époque actuelle la science et la technologie se combinent pour former la technoscience contemporaine. Dans la technoscience, la technologie joue le rôle de fournisseur de preuve aux arguments scientifiques. Elle permet de dire d'un énoncé scientifique qui prétend être vrai que « c'est bien le cas », le cas échéant. Il découle de ceci une transformation profonde de la nature de la connaissance. La vérité est ainsi soumise à des moyens de « falsification » des énoncés scientifiques de plus en plus sophistiqués (Lyotard, 2003, p. 14, 15). « Les quatre idées », qu'il a ajoutées dans sa conclusion, « ne sont pas des descriptions de la réalité, mais des idées régulatrices (contenant une prescription) » (Lyotard, 2003, p. 18). Le concept d'Idées régulatrices se réfère aux « Idées Régulatrices de la Raison » de Kant (1989, 1781/1787) comme le « Temps », l'« Espace » et la « causalité ». Elles sont conçues comme des entités liées à la cognition qui orientent la façon dont nous abordons le monde (naturel) sans en faire partie (Kastenhofer et Schmidt, 2011, p. 130).

Ainsi, compte tenu de la place qu'occupe la technologie dans l'activité technoscientifique, nous nous sommes appliqués à déterminer, dans la doctrine de ces philosophes dont nous avons étudié les textes, la place qu'ils accordent à la technologie afin de déterminer leur aptitude à intégrer les nanotechnosciences. C'est sur cette base que nous avons commencé notre analyse par l'examen de la philosophie des sciences de Thomas Kuhn à travers sa relation avec la technologie, la place qu'il lui assigne et le rôle qu'il lui donne. De cette étude, nous avons conclu à l'inadéquation de la philosophie des sciences de Kuhn aux technosciences en général et aux nanotechnosciences en particulier. Puis, nous avons soumis Lakatos et Robert au même test que Kuhn, ce qui nous a permis d'observer quelques avancées notables quant à la reconnaissance du rôle central de la technologie. Mais, cette dernière demeure toujours assujettie à la « noble » théorie qui mène la danse de la recherche scientifique. Ces conceptions que Hacking qualifie de représentationnalistes seront dépassées par l'interventionnisme de celui-ci. Notre analyse est confortée par l'étude de Kastenhofer et Schmidt (2011) qui considèrent que lorsque Hacking formulait son fameux traité sur « la représentation et l'intervention », il se référait à un-e idé-e(al) de science basé-e sur l'ambition de représenter le monde naturel par la formulation de concepts théoriques et de lois naturelles qu'il complète par un-e idé-e(al) qui met l'intervention au cœur des pratiques de recherche expérimentale. Selon ces deux auteurs, dans le texte de Hacking, représenter et intervenir sont dépeints comme deux manières scientifiques d'aborder le monde naturel qui ont été imbriqués depuis l'émergence de la science moderne. Celui-ci souligne en outre que les scientifiques ont pris conscience du caractère hybride résultant de leurs actions pendant une longue période. Tandis que les philosophes des sciences ont négligé l'aspect interventionniste de la science, en ne se concentrant que sur son caractère représentationnel. Le plaidoyer de Hacking pour reconnaître les deux aspects de la relation entre la science et la réalité, en discutant et en analysant la science moderne, son caractère représentationnaliste aussi bien qu'interventionniste, justifie l'accent mis sur l'hybridité de la science actuelle, bien saisie par le terme « technoscience ». Ce terme se réfère explicitement à une attitude technologique/interventionniste, autant que scientifique/représentationnaliste. L'« imbrication » de ces deux positions et ses conséquences scientifiques aussi bien que sociétales sont des thèmes centraux dans la littérature technoscientifique émergente (Kastenhofer et Schmidt, 2011, p. 126–127). Kastenhofer et Schmidt remarquent que :

> Néanmoins, dans le traité de Hacking autant que dans la littérature technoscientifique, les deux positions ou idé-e(aux)s de la (techno)science sont toujours mentionnées séparément – bien que toutes les hypothèses fassent état d'imbrication, d'hybridité et de fusion. Les « deux origines mythiques distinctes », les deux points de vue idéaux de ce que la science est, ou devrait être, en général semblent être plus vivaces que jamais. Presque chaque déclaration faisant référence à un aspect de la science, que ce soit la science en tant qu'institution, la science comme un corpus de connaissances ou de la science comme une pratique de recherche, comprend des références explicites ou implicites à l'un ou l'autre idéal de la (techno)science. Les deux idé-e(aux)s de la (techno)science délimitent les relations spécifiques entre la science, la nature et la société, en s'appuyant sur des idées précises, non uniquement sur la science, mais aussi sur la nature et la société. La (Techno)science se caractérise soit comme autonome par rapport à, réactive à ou incorporée dans d'autres sphères de la société ; soit la connaissance (techno)scientifique pointe vers une compréhension théorique de la nature, des visions générales du monde où nous vivons ou des savoir-faire techniques pour changer nos conditions de vie ; soit la pratique de la recherche est décrite comme « lecture dans le livre de la nature », « expérimentation de la Nature » ou « construction d'artefacts ». Mais quelle est la relation entre les « deux origines mythiques distinctes » et l'actuelle (techno)science, entre les l'idée de la science des (techno)scientifiques (ou celle d'une société), la pratique (techno)scientifique et son impact sociétal ? (Kastenhofer et Schmidt, 2011, p. 127, traduction proposée par T. Guèye)

En fait, la thèse principale de l'article de Kastenhofer et Schmidt (2011) dit que ces différentes formulations pointent vers des images idéales qui, en amalgamant la manière dont le monde paraît être, comment il est réalisé et comment il devrait être, exercent une influence sur de nombreux et différents niveaux. Elles préconfigurent les discours, les pratiques et les paramètres socio-épistémiques et sont elles-mêmes réalisées et réaffirmées par elles. Elles façonnent non seulement la façon dont nous parlons de la science dans les demandes de financement de la recherche et des programmes ou dans les *Science Studies*, mais aussi elles influent sur la manière dont la science se fait dans les laboratoires de recherche et ailleurs, tout comme elles s'invitent dans la façon dont les futurs scientifiques sont formés. Elles déterminent aussi comment les scientifiques, la science et ses produits deviennent de plus en plus importants dans les contextes sociaux.

Afin de conforter leur thèse principale, Kastenhofer et Schmidt (2011) se focalisent sur trois questions centrales : (1) que sont exactement les images idéales contemporaines de la pratique « (techno)scientifique » (comme, par exemple, la représentation et l'intervention dans le monde naturel) ? (2) Comment l'influence de l'« idé-e(al) » (idea(l)) de la « (techno)science » dans la pratique de la « (techno)science » peut-elle être conceptualisée au-delà d'une simple juxtaposition du discours sur la science contre la pratique de la science ? (3) Et enfin, quelle est leur pertinence dans un contexte sociopolitique ? Ils abordent ces questions qu'ils considèrent comme ayant été jusque-là négligées par les discours sur la « (techno) science », ainsi que les différences possibles entre la science et la technoscience de manière indifférenciée.

Partant de ce contexte schématiquement présenté ici, ces deux d'auteurs montrent brièvement deux approches qui tentent de répondre à l'inter-relation entre les images idéales de la (techno)science et la pratique de la (techno)science. Puis, ils examinent de plus près l'idé-e(al) (techno)scientifique mis en avant dans les recherches programmatiques de Francis Bacon, Vannevar Bush et la nouvelle initiative technoscientifique *Nano-Bio-Info-Cogno* (NBIC), avant de reconstruire l'« idé-e(al) » de la « (techno)science » présent dans la manière de pratiquer la (techno)science aujourd'hui. Ils soutiennent qu'il y a plus d'« idé-e(al) » de la « (techno)science » dans celle-ci que d'« idé-e(al) » de la science en tant que représentation, d'une part et d'« idée(al) » de la science comme intervention, d'autre part. Ils défendent aussi l'idée que les postures d'interprétation idéalistes et les pratiques matérielles-épistémiques de la (techno)science n'inhibent pas totalement la distinction entre les différents mondes, dans l'optique de la position défendue par Hacking que nous avons exposée longuement au chapitre 3 de ce livre.

Certaines actions matérielles-épistémiques sont plus proches d'une posture donnée que d'autres, autrement dit, elles font plus facilement sens par cette posture que par une autre, en raison des perceptions générales spécifiques qui prévalent dans une culture particulière. Cela est d'autant plus vrai pour les combinaisons d'actions matérielles-épistémiques qui émergent et sont stabilisées en se basant sur des interprétations et des « idé–e(aux)s » spécifiques. Ils illustrent ce point en s'appuyant sur les différents contextes socio-historiques, en contrastant les développements antérieurs avec des situations actuelles. Ils s'appuient aussi sur diverses cultures épistémiques, en contrastant différentes pratiques de recherche et les comptes rendus de leurs différents acteurs. Ils en concluent qu'il faudrait reconsidérer la relation entre les types idéaux de la (techno)science, de la pratique de la recherche (techno)scientifique et la portée sociétale de la (techno)science comme moyen d'aborder la relation entre la science, la technologie et la technoscience (Kastenhofer et Schmidt, 2011, p. 127–128).

En identifiant les concepts qui pourraient permettre d'analyser la relation explicite et/ou implicite entre l'idé-e(al) de la (techno)science et la pratique (techno) scientifique, la conjonction entre le discours sur la (techno)science, le discours et les présomptions implicites au sein de la (techno)science, il ressort ainsi que la pratique de la (techno)science est rarement mentionnée dans les études scientifiques actuelles. Alors que, très souvent, les phénomènes discursifs sont interprétés comme des actes principalement stratégiques en ce sens que leur performativité et leur réalité sont restreintes à la sphère de la politique scientifique. Toutefois, les « Idées » de Lyotard et les « mythes organisateurs » de Nordmann peuvent être considérés comme des candidats possibles à la conceptualisation de l'interrelation du discours sur la science et de la pratique de la technoscience. Mais, ces deux approches n'ont pas encore été développées de façon plus détaillée (Kastenhofer et Schmidt, 2011, p. 144).

Puis, cherchant des cas empiriques dans lesquels la relation entre l'idé–e(al) de science et la pratique scientifique pourrait être visée, Kastenhofer et Schmidt ont choisi trois influents « (politique)programmes » de la « (techno)science », notamment ceux mis en avant, d'abord par Francis Bacon au XVIIe siècle, puis par Vannevar Bush après la Seconde Guerre mondiale et, enfin les initiatives récentes NBIC portées par Mihail Roco, William Bainbridge et d'autres. Et, partant des descriptions de la recherche scientifique découlant de leurs entrevues avec des scientifiques, ils se sont servis de ces exemples empiriques afin de reconstruire l'idé-e(al) de science qui se dégageait de ces comptes rendus. Ils remarquent ainsi qu'ensemble les modèles de la (techno)science de Francis Bacon et de Vannevar Bush incluent une dynamique représentationnaliste et interventionniste, mais ils les combinent de différentes façons. Selon eux, les descriptions contemporaines de la science les ont aidés à reconstruire deux autres positions différentes de la contemplative/représentationnelle et de l'interventionniste. Il s'agit de celles qu'ils nomment, respectivement, constructivistes et créationnistes. Nos deux auteurs se lancent alors à la reconstruction des différentes positions leur permettant de débattre du lien entre des actions de recherche spécifiques en faisant valoir que ces positions ne font pas obstacle aux actions singulières adoptées (comme théoriser, expliquer, observer, contrôler, représenter, expérimenter, modéliser, concevoir, bâtir, construire), mais forment la façon dont ces actions font sens, se réfèrent et se combinent au sein des cultures (techno)scientifiques spécifiques (Kastenhofer et Schmidt, 2011, p. 145).

Bien qu'ayant procédé à une reconstruction plutôt grossière des différentes positions interventionnistes dans leur analyse, il n'en demeure pas moins que Kastenhofer et Schmidt pensent que celles-ci pourraient servir de point de départ pour répondre à certaines questions intéressantes sur le caractère et les ramifications de la technoscience, en particulier les relations entre la technoscience et le pouvoir (*power*). Ces derniers rendent compte d'une image plus colorée que ne le permettrait une double caractérisation de la (techno)science suivant les types idéaux que la représentation et l'intervention tout en soulignant la pluralité des images de la (techno)science disponibles aujourd'hui, même s'ils reconnaissent au passage que l'analyse de Hacking (1983) va bien au-delà d'une caractérisation binaire (Kastenhofer et Schmidt, 2011, p. 145). Pour différencier la façon dont les acteurs de la politique (techno)scientifique et ceux des sciences naturelles orientent le genre de pouvoir qu'exerce la (techno)science sur le monde physique et social, ils admettent l'influence que l'idé-e(al) de la (techno)science exerce sur les pratiques de recherche et se sont également servis de la reconstruction des quatre positions que sont la contemplative, l'interventionniste, la constructionniste et la créationniste. Ces quatre positions ont été formulées dans le but de décrire les différents types de puissances en notant que la façon globale dont ils sont vus dépend de l'importance cruciale accordée au régime sociopolitique global (Kastenhofer et Schmidt, 2011, p. 145).

Lors de la naissance de la science moderne, la première posture qu'est la contemplative (représentationnaliste) aurait été considérée comme élucidant le changement le plus radical. Changer fondamentalement le monde nous est devenu possible. Définir la place de l'humain dans le monde, collectiviser une compréhension spécifique de la condition humaine ainsi que les conditions naturelles et physiques par des catégorisations fondamentales et déterminer par quels moyens la compréhension peut être atteinte et par quels moyens la vue de la réalité devient floue et déformée seraient les principaux leviers d'action dans ce contexte. Cette posture désignée comme « contemplative » par nos deux auteurs pourrait donc être présentée comme un outil puissant pour la (l'auto-)discipline des esprits. L'attitude interventionniste, quant à elle, exercerait la puissance d'une manière plus visible et tangible. Les sources et les cibles du pouvoir seraient des entités physiques et elles seraient généralement distinctes les unes des autres, comparables aux différents personnages impliqués dans l'exercice du pouvoir souverain. La puissance constructiviste pourrait être liée à la puissance industrielle de l'innovation technologique, la conception et la production. La puissance créationniste, en revanche, serait d'une autre nature puisque le pouvoir de créer de nouvelles formes de vies a, jusqu'ici, été interprété comme un acte de Dieu et du domaine de(s) Dieu(x), un résultat de l'évolution (un processus dépourvu d'acteur) ou pure fiction. Maintenant que même les scientifiques parlent de leurs recherches comme des actes de création (de nouvelles espèces et de nouvelles animations, etc.), marquant ainsi l'application de pratiques d'ingénierie au matériel biologique et aux organismes, on ne sait pas quel genre de signification socio-culturelle devrait être attribué à un tel acte (Kastenhofer et Schmidt, 2011, p. 145–146). En effet, se demandent Kastenhofer et Schmidt (2011) :

> Doit-il être compris comme « jouer à Dieu » ? Ou « bricoler la Nature » (un domaine qui devrait normalement évoluer sans l'implication des acteurs) ? Et, d'ailleurs, quel est le caractère épistémique des actes de création ? D'un point de vue épistémologique, la maxime du physicien américain Richard Feynman « ce que je ne peux pas construire, je ne peux pas le comprendre » relie la posture constructiviste à une ambition épistémique. (Kastenhofer et Schmidt, 2011, p. 146, traduction proposée par T. Guèye)

En tentant de répondre à ces interrogations, ils nous invitent à tourner notre regard vers la maxime de Francis Bacon selon laquelle la perspicacité scientifique et humaine pour contrôler et créer des phénomènes naturels sont les deux faces d'une même médaille, ce qui permet de relier les postures interventionniste et constructiviste à une pratique épistémique. Mais, cela ne répond pas à la question du lien entre la création et la connaissance scientifique. Pour Kastenhofer et Schmidt, c'est Hohlfeld (1988, p. 64) qui offre la meilleure perspective de réponse lorsqu'il lie le récit de Bacon à la recherche qu'ils qualifient de créationniste. En effet, celui-ci soutient que « les généticiens peuvent difficilement ajouter quelque chose au programme idéal de Bacon, la seule différence est : ils peuvent désormais le réaliser » (Traduction proposée par T. Guèye, à partir de la traduction anglaise de Kastenhofer et Schmidt). L'on pourrait aussi soutenir que le programme de Bacon ne distingue pas épistémologiquement ou ontologiquement entre la construction et la création ou les mondes physique et vivant. Il établit plutôt une distinction entre les lois et les phénomènes (Kastenhofer et Schmidt, 2011, p. 146).

D'un autre côté, le caractère créationniste de la nouvelle technoscience pourrait être considéré comme une simple exagération rhétorique. Mais, il serait réducteur d'interpréter les programmes de la technoscience uniquement de cette façon, bien que les relations entre parler de la technoscience et faire de la technoscience soient complexes et multiples. Nous avons vu plus haut que le concept d'Idée de la technoscience de Lyotard construite sur les Idées régulatrices de Kant et le concept de « mythes orientationnelles » de Nordmann sont utiles comme des points de mire pour conceptualiser cette relation, surtout parce qu'ils permettent de conclure que les technosciences n'ont jamais réalisé pleinement l'une des quatre puissances décrites plus haut. Néanmoins, pour eux, la relation entre l'idé-e(al) de la (techno)science plurielle, tel que présenté par Hacking (1983), la pratique (techno)scientifique et les contextes socio-politiques méritent davantage de considération systématique si la relation entre la technoscience et la puissance doit être comprise plus en profondeur, en intégrant les discours épistémologiques, ontologiques et régulateurs.

Quant à leur ambition de sonder la notion de technoscience, ils concluent que la réalisation d'un-e idé–e(al) créationniste dans les pratiques de la recherche pourrait marquer une nouvelle ère. Et, peut-être plus important encore, ils pensent pouvoir observer un changement dans le contexte dans lequel ces quatre positions différentes font sens et sont poursuivies. Ce changement est si fondamental qu'il est difficile à cerner lorsque l'on examine les pratiques matérielles individuelles et la production technoscientifique qui s'appuie sur les succès scientifiques antérieurs. Mais il devient évident dans les textes explicatifs qui accompagnent la science et la technoscience, dans les ensembles actuels de recherches multidisciplinaires et dans les voies par lesquelles la (techno)science fait sens dans la société (Kastenhofer et Schmidt, 2011, p. 147).

D'un autre côté, l'enchevêtrement entre science et technologie catalysé par l'avènement de la manipulabilité à l'échelle nanométrique a interpellé de plus en plus de philosophes depuis le début des années 2000. C'est ainsi que de nouveaux concepts ont été composés afin de coller à la nouvelle réalité nanotechnoscientifique, ou simplement technoscientifique, comme « technologie nouménale[1] » (*noumenal technology*) (Nordmann, 2005) dont le paradigme par excellence selon Nordmann est celui des OGM, « mythe organisateur » (*organising myth*) selon lequel l'âge de la technoscience est tout aussi mythique que celui de la science qui l'a précédée. La première n'étant pas un objet ou un état, mais une « vision organisatrice », une conviction qui établit des idéaux alternatifs et coforme l'action dans une mesure indéterminée par son influence sur les attentes et les priorités, à l'instar du mythe puissant de la science comme legs du Siècle des Lumières (Nordmann, 2010), et l'idée de « connaissance matérielle » (thing knowledge) que nous avons déjà évoquée (Baird, 2003/2004).

Selon Kastenhofer et Schmidt (2011, p. 132) l'idée de « mythe organisateur » implique que lorsque le discursif et le pratique se rencontrent, ils sont presque également réels et formateurs. En effet, soutiennent-ils :

> Lorsque nous concevons la science non seulement comme un système de connaissances théoriques absolu, mais aussi comme une entreprise pratique discursive et sociale, « Idées régulatrices », « types idéaux », « récits », « cadres », « paradigmes » et « mythes organisateur » à l'intérieur et à propos d'une science qui rend possible et forme non seulement la perception et la compréhension du monde, mais aussi comment les scientifiques interagissent avec le monde et comment cette interaction gagne du sens. Et, plus le regard sociétal et scientifique se déplacera vers (la gestion de) un avenir (a-historique) (cp. Nordmann 2010), plus les récits technoscientifiques spécifiques vont gagner en territoires relativement aux pratiques épistémiques et matérielles et à leurs résultats. (Traduction proposée par T. Guèye)

Du coup, les conceptions de la science comme entreprise représentationnelle et celles de la science comme entreprise d'intervention peuvent être comprises comme des Idées régulatrices, des types idéaux, des cadres narratifs ou des mythes organisateurs. Ces deux façons d'en rendre compte pointent vers différents-es idé–e(aux)s de la science basés-es sur différentes représentations de ce qu'est la science et/ou ce vers quoi elle devrait tendre. Elles racontent différentes histoires sur la relation entre la science et le monde physique (représentationnelle ou interventionniste). Celles-ci sont parfois liées aux différents rôles sociétaux et aux significations de la science (classique, humaniste ou la puissante technoscience). Ils peuvent être considérés comme s'excluant mutuellement dans les discours à propos de la science, notamment dans la philosophie de la science, les sciences *technology and society* (STS) ou le discours politique de la science.

Représentationnalisme et interventionnisme perçus comme idé–e(aux)s s'excluent mutuellement dans le sens où les idées sont généralement investies de compétence absolue pour l'interprétation de la constellation spécifique qu'ils portent (dans le cas des idéaux de la science : la relation entre la science, le monde physique et la société) et que ces idéaux ne peuvent guider les actions et les décisions que quand ils sont sans équivoque. C'est pourquoi, pour Kastenhofer et Schmidt, maintenir explicitement deux idé–e(aux)s différents-es sur la même constellation en même temps pourrait paraître schizophrène ou ambigu. Pourtant, dans la pratique quotidienne les actions argumentatives et matérielles reflètent tout le temps les orientations vers plusieurs idé–e(aux)s différents-es au sein de la même communauté ou d'un même champ d'action. Ces orientations multiples sont administrées de diverses façons, par exemple en essayant de concilier différents-es idé–e(aux)s au sein d'un nouvel idéal qui les comprendrait, en différenciant les divers contextes d'actions et en attribuant sélectivement des idé-e(aux)s différents–es à ces divers contextes et/ou par un régime explicitement prospère d'idé-e(aux)s pluriels. Selon nos deux auteurs, le programme de Bacon a déjà tenté de créer un lien de production de la connaissance scientifique et du pouvoir technologique au sein d'un nouveau paradigme qui consistait à combiner « apport de lumière » et « apport de fruits » (Kastenhofer et Schmidt, 2011, p. 132).

Jean-Marc Lévy-Leblond, en revanche, se demande si la technologie ne va pas étouffer la science. Comme pour faire écho aux inquiétudes de Lévy-Leblond, rappelons que le rapport 2007 de l'UNESCO à ce sujet admettait une certaine interdépendance entre science et technologie :

> Pour commencer, doit-on parler des nanosciences ou de nanotechnologies ? Tout au long du présent document, le terme « nanotechnologies » est utilisé pour désigner aussi bien la recherche scientifique fondamentale que la recherche appliquée. De nombreuses activités que l'on serait tenté de qualifier de « fondamentales » n'en font pas moins appel à des outils, des savoir-faire, des matériaux et des techniques qui, a priori, relèvent essentiellement de la technologie (ordinateurs, logiciels, microscopes complexes et appareils pour effectuer des mesures et des manipulations physiques et chimiques). De même, un grand nombre d'activités, que l'on pourrait ranger comme appartenant à l'ingénierie étant donné qu'elles impliquent la mise au point de dispositifs ou de machines, est considérée aujourd'hui par les scientifiques comme « recherche fondamentale » en mécanique de la nature. De ce fait, dans le domaine des nanotechnologies, les sciences et les technologies sont étroitement liées et interdépendantes.
>
> La distinction habituelle entre recherche « fondamentale » et recherche « appliquée » pose également des difficultés en matière de nanotechnologies puisqu'elles amènent à confondre la *recherche effective menée par les scientifiques et les ingénieurs* avec les retombées qu'en escomptent les observateurs, les promoteurs, les bailleurs de fonds et les scientifiques enthousiastes. On confond très souvent, lorsque l'on parle de nanotechnologies, leurs résultats – à savoir leurs bénéfices éventuels et les risques potentiels – avec l'état actuel des connaissances dans les laboratoires et les entreprises. (Rapport UNESCO 2007, p. 5)

Par ailleurs, nous savons que certains spécialistes confortés par la célèbre loi de Gordon Moore (1975) évoquent le déterminisme technologique (miniaturisation) pour définir les nanotechnologies. D'autres se réfèrent à la tradition épistémologique pour diviser les nanotechnologies en « nanoscience » et « nanotechnologie » (Ratner, 2003), reprenant ainsi la distinction classique entre science et technologie. Nous considérons l'activité scientifique comme une rationalité toujours confrontée à des rationalités qui lui sont externes tout en étant susceptibles de la déterminer directement ou indirectement. La rationalité interne aux sciences est souvent tributaire de ce que l'on pourrait considérer comme une rationalité externe, mais susceptible d'être décisive pour l'activité interne. Toute la question des enjeux se trouve ainsi formulée à travers les différentes logiques rationnelles. Ces dernières sont décelables dans les nombreuses définitions en compétition autour des « nanotechnologies » et qui ne leur sont pas nécessairement incompatibles ou contradictoires.

À cette étape de notre analyse, nous avons envisagé la possibilité, induite des « nanotechnologies », d'intégrer une rationalité traditionnellement externe, telle que la raison technologique, non pas en amont ni en aval, mais comme partie intégrante. Celles-ci deviennent ainsi une discipline hybride, lieu d'enchevêtrement entre les sciences et les technologies. D'où notre préférence pour l'idée de « technoscience » ou de « nanotechnoscience », plus à même de rendre compte de cette réalité intrinsèque aux nanos. Nous estimons qu'en cela, elles sont comparables *mutatis mutandis* aux actes de discours théorisés par Austin (1962). Dans ce rôle, les technologies « embarquées », loin d'étouffer les nanosciences, en seraient une partie intégrante et constitutive de leur qualité épistémique. Kastenhofer et Schmidt (2011, p. 126) montrent bien qu'il y a certes différentes manières technoscientifiques de « changer le monde » en ayant recours aux sciences représentationalistes, interventionnistes ou « créationnistes » dans le sens de la fabrication de nouvelles espèces, de nouvelles formes de vie et de nouvelles substances. Mais, il demeure quasi impossible de dissocier représentation et intervention. Une telle perspective, remarquent-ils, met en question fondamentalement les approches actuelles de la politique de la science et de la technologie.

C'est dans cette optique que nous avons souscrit à cette autre façon de rendre compte de l'enchevêtrement quasi consubstantiel entre science et technologie dans le nanomonde, celle qui consiste à le qualifier, comme le fait Gilbert Hottois (et Bruno Latour après lui), de « technoscientifique » ou de « nanotechnoscientifique », comme le fait Nordmann (2004, 2008) après eux. La quasi-fusion qui en découle rappelle les liens étroits qui ont toujours marqué certains types de discours qualifiés d'actes ou de performatifs parce qu'ils accomplissent précisément des choses dans un sens différent de la manière dont nous les considérons habituellement comme accomplies. Afin d'approfondir cette référence au langage, nous allons risquer d'abord l'analogie entre les nanotechnosciences et l'idée de « contexte de performance oral », qui n'est pas sans rappeler la performativité austinienne, développée par le philosophe africain Mamoussé Diagne avant d'examiner le lien que nous établissons avec les actes de discours.

Revenant sur la célèbre affirmation de Léopold Sédar Senghor (1906–2001) selon laquelle « l'émotion est nègre et la raison hellène[2] », Diagne (2005) soutient dans sa *Critique de la raison orale* ce qui suit :

> Certains auteurs ont cru pouvoir caractériser les Noirs comme des hommes de l'émotion et de l'affectivité débordante, ne se doutant pas qu'il y avait peut-être simplement là une des incidences les plus remarquables de l'oralité. La permanence du contexte de performance oral dans lequel baignent les sujets et ses « effets psychiques durables » ne requiert, de ce fait, aucune catégorisation en termes d'essence. La preuve en est que le théâtre ou les récitals publics, ainsi que la pédagogie moderne les exploitent à fond y compris dans les civilisations de l'écrit[3].

Ces propos pourraient s'appliquer aux nanotechnosciences à propos desquels il ne serait pas impertinent de parler d'une sorte de permanence du contexte de performance technologique. La permanence de ce contexte dans lequel baignent les acteurs pourrait laisser penser qu'il y aurait une relation ontologique entre science et technologie à l'occasion de leur enchevêtrement dans les nanotechnosciences en particulier. Mais, il n'en est rien puisque le moment de l'expérimentation dans les nanotechnosciences, tout comme celui du recours à l'image dans l'orature, correspond à l'heure cruciale de la médiation. En effet, selon Diagne :

> Le passage par l'univers des analogies symboliques est la médiation, moyen terme par lequel le non-initié accède à un niveau de réalité ou de connaissance à partir de ses pré-requis. L'image ou la dramatisation qui les met à sa portée constitue justement l'artifice par lequel ce qui ne lui était pas accessible le devient par les moyens de l'illustration et de la mise en scène. Si toute *païdéia* est un compromis avec le principe de la médiation, c'est parce que son objectif stratégique est de rendre accessible l'inaccessible. Pour cela elle doit commencer par « le mimer dans l'accessible », selon la belle formule de Michel Serres. (Diagne, 2005, p. 176)

Aussi, les nanotechnosciences, telles que nous les connaissons aujourd'hui, constituent-elles un moment crucial (au sens de la *crux* ou *crucis*, du carrefour des chemins) du développement des nanosciences et des nanotechnologies. Elles s'imposent comme moments de passage ou médiatrices privilégiés entre l'inaccessible ou le non-encore-accessible du nanomonde et sa théorisation ou son expression technologique achevée, ou encore son entéléchie, pour parler comme Aristote.

On peut dire qu'autant le but de l'orateur est de « faire passer quelque chose du non-connu au connu, et quelqu'un du statut d'inculte à celui d'initié » (Diagne, 2005, p. 177), autant le but du « chercheur » est de faire advenir de l'inconnu quelque chose de connaissable. Cela fait que les nanotechnosciences assument une double fonction, à la fois expérimentale (pour prouver ou faire quelque chose) et heuristique (pour trouver quelque chose).

Terminons sur une autre analogie dans le même registre en nous référant cette fois-ci aux nanotechnosciences comme performatifs. Bruno Ambroise nous explique que:

> Les performatifs forment d'une certaine façon la première strate de toute la constellation d'activités linguistiques mises au jour par Austin. On les identifie en montrant que certains énoncés sont tout à fait sensés, sans pour autant répondre aux canons véri-conditionnels posés par le positivisme logique: ils sont grammaticalement bien formés, ils ont d'ailleurs la forme d'assertions, mais ils n'affirment rien que l'on puisse vérifier. (Austin, 1979, p. 234–252)

En réalité, ces énoncés ne portent sur rien de palpable dans notre monde, mais posent littéralement les actions qu'ils expriment. Ainsi, lorsque quelqu'un dit : « Je te promets de faire x », cela n'exprime pas la description de la promesse de faire ce x, mais l'action de ce x qui se réalise dans les mots qui affirment faire x. C'est pourquoi ce type d'énonciations n'est ni descriptif ni prescriptif, mais plutôt performatif. Autrement dit, ils agissent sur le monde et dans le monde qu'ils aspirent à transformer. C'est bien cela qui inspire ce commentaire de Denis Vernant selon lequel « un acte de discours est un acte susceptible de réussir ou d'échouer. » De l'avis d'Austin:

> Alors que « l'illocution est un acte qui, *en plus* de tout ce qu'il fait en tant qu'il est aussi une *locution* (i.e. en tant qu'il *dit* quelque chose), produit quelque chose EN disant (d'où le préfixe *il*). » L'acte perlocutoire peut inclure d'une certaine manière des conséquences – ainsi lorsque nous disons « Par l'acte *x*, je faisais *y* ». L'acte, en réalité, entraîne toujours des conséquences considérables (plus ou moins considérables) et certaines d'entre elles peuvent être imprévues [*unintentional*]. Il n'y a pas de limite à l'acte physique minimum. Que l'acte lui-même comporte la série indéfiniment longue de ses « conséquences », c'est là – ou ce devrait être – un lieu commun essentiel de la théorie du langage qui touche à l'« action » en général. (Austin, 1970, p. 118)

Le philosophe du discours nous recommande de distinguer l'illocutoire du perlocutoire et de faire la différence entre « en disant cela, je l'avertissais » et « par le fait de dire cela, je le convainquis, le surpris, le retins » (Austin, 1970, p. 119). En effet pour lui, « J'ai ordonné et il a obéi » diffère de « Je l'ai fait obéir » puisque cette dernière formule implique que d'autres moyens, supplémentaires ont été employés pour que la conséquence puisse m'être attribuée. Il entend ainsi les incitations, et même l'influence personnelle comme équivalant à une contrainte. Aussi, dit-il : « Très souvent même intervient un acte illocutoire distinct du simple commandement: « Je le lui ai fait faire en affirmant x. » » (Austin, 1970, p. 125). Par analogie, on pourrait penser les nanotechnosciences comme cet espace illocutoire et perlocutoire où les hypothèses et les applications technoscientifiques peuvent contribuer à l'issue technologique ou scientifique qui pourrait en découler. Dans la même optique, un parallèle est possible entre l'acte perlocutoire et les méthodes de la technologie qui cherchent à créer des dispositifs dans le but de leur faire accomplir des tâches précises.

Enfin, la complexité des relations découvertes par Austin ne nous autorise pas à simplifier à outrance l'analogie possible entre science et acte illocutoire tout comme technologie et acte perlocutoire, mais nous avons des raisons de penser qu'une telle perspective mériterait d'être approfondie… En outre, les nanotechnosciences se distinguent de la science « pure » autant que les performatifs se démarquent des assertifs et des constatifs. En fait, dans cet univers de l'infiniment petit, il n'est plus question vraiment de vérité ou de fausseté, mais plutôt, à l'instar des actes illocutoires, de réussite ou d'échec.

Selon Ambroise (Thèse de Doctorat, 2005) l'usage des mots dans une langue donnée, sous une forme donnée et selon des règles préétablies se fait en vue d'exprimer, de donner un sens, ou de référer à quelque chose. À partir de ce moment, on peut dire que l'on est passé de la simple itération à une structure plus complexe faite de mots ou constituant un langage. On se hisse ainsi au niveau de « ce qu'Austin appelle « la parole » » (Ambroise, 2005, p. 86). Si le but ultime de cette « parole » est de « signifier quelque chose », pour les nanotechnosciences, à l'instar des « déclarations » searliennes, il s'agit de faire quelque chose tout en étant capable à tout moment de produire des explications, ou des dispositifs matériels socialement ou scientifiquement orientés selon les cas et les besoins. À ce titre, les nanotechnosciences sont une sorte de contexte de performativité favorable à la fois à l'émergence des théories et des technologies. « L'illocution est un acte qui, en plus de tout ce qu'il fait en tant qu'il est aussi une locution (i.e. en tant qu'il dit quelque chose), produit quelque chose EN disant (d'où le préfixe il). » Il peut être décomposé en promissifs et en expositifs. Des premiers, voici ce que nous dit Austin :

> La troisième classe, celle des promissifs, est caractérisée par le fait que l'on promet, ou que l'on prend en charge quelque chose. Ces énonciations nous *engagent*

> à une action, mais elles comportent aussi des déclarations ou manifestations d'intentions, qui ne sont pas proprement des promesses, ainsi que des attitudes assez vagues qu'on pourrait appeler des « épousailles » (le fait de se ranger du côté de quelqu'un par exemple). Il est clair que cette classe entretient des rapports avec les verdictifs et les exercitifs. (Austin, 1970, p. 154)

Quant aux seconds, les expositifs, pour lui ce sont des formulations servant à exposer un point de vue sur le monde, à développer un argument, à clarifier les mots que l'on utilise, ou ce à quoi on les rapporte (Austin, 1970, p. 154). À ce titre, à notre avis, en tant qu'illocutoire, ils sont comparables aux théories scientifiques. Comparant les promissifs aux expositifs, Austin estime que :

> Jurer, promettre, garantir qu'il en est ainsi, sont des actes qui fonctionnent comme des expositifs. Donner tel nom, définir, analyser, et tenir pour établi, d'une part; donner son appui, se dire d'accord, désapprouver, maintenir, et défendre, d'autre part, forment deux groupes d'illocutions qui semblent à la fois expositifs et promissifs. (Austin, 1970, p. 160)

Faisant la synthèse de sa réflexion sur sa classification, Austin considère que l'« on peut dire, en résumé, que le verdictif conduit à porter un jugement, l'exercitif à affirmer une influence ou un pouvoir, le promissif à assumer une obligation ou à déclarer une intention, le comportatif à adopter une attitude, l'expositif à manifester plus clairement ses raisons, ses arguments, bref à élucider la communication. » (Austin, 1970, p. 163). En dépouillant les univers lexicaux des cinq classes d'énonciation, on se rend compte que la plupart des actions décrites par l'activité nanotechnoscientifique pourrait appartenir au même univers lexical que l'expositif, le promissif, l'exercitif et le verdictif à des degrés divers. En effet, en nanotechnoscience aussi, on « répond », on « démontre », on « concède », on « illustre », on « tient pour acquis » et on « pose comme postulat » (Austin, 1970, p. 153–154), mais aussi on essaie, on crée, on teste, etc. Dans l'univers de Recherche & Développement Nanotechnoscientifique (R&DNTS) aussi, il n'est plus question de vérité ou de fausseté, mais plutôt, à l'instar des actes illocutoires et des perlocutoires, hormis pour les assertifs, de réussite ou d'échec. Il importe de revenir une dernière fois sur ces propos d'Austin afin de clore provisoirement notre présent propos :

> Distinguer: « J'ai ordonné et il a obéi » de « Je l'ai fait obéir ». Cette dernière formule implique que d'autres moyens supplémentaires ont été employés pour que la conséquence puisse m'être attribuée: incitations, et même (fréquemment)

> influence personnelle équivalant à une contrainte. Très souvent même intervient un acte illocutoire distinct du simple commandement: « Je le lui ai fait faire en affirmant *x*. » (Austin, 1970, p. 125)

Si l'on tient compte de la présente précision d'Austin, on pourrait considérer les nanosciences comme cet espace performatif où les hypothèses et les applications « technologiques » peuvent influencer ou produire une issue qui peut être technologique ou scientifique. On pourrait, il nous semble, dire la même chose de la science théorique aussi. C'est ce qui rendrait possible son ustencilisation par la technologie. Dans la même optique, il existe une certaine convergence entre les nanotechnologies et l'acte perlocutoire. Celles-ci adoptent les méthodes de la technologie cherchant à créer des dispositifs dans le but de leur faire accomplir des tâches précises. Bien entendu, ces questions pourront faire l'objet d'un traitement plus approfondi dans une optique heuristique similaire à celle que donne Austin à sa philosophie des actes de discours. Toutefois, nous devons retenir les critiques qui lui ont été adressées autant par Vanderveken que Vernant sur le caractère monologique de son analyse qui, selon eux, se centre trop exclusivement sur l'acte du seul locuteur.

Dans le but de jeter les bases d'une philosophie digne des nanotechnosciences, nous suivrons les pistes tracées par Denis Vernant (2009) dans *Discours et vérité*. Cependant, alors que ce dernier est préoccupé par la vérité qu'il tente de fonder en suivant la piste des Mégariques qui concevaient déjà la pragmatique des actes véridictionnels comme une étape dans le processus d'établissement du vrai qui est de nature foncièrement dialogique, la partie des nanos qui nous intéresse s'évalue principalement en termes de réussite et d'échec. Le but du philosophe français, en effet, est d'établir par sa logique dialogique de la véridicité (Vernant, 2009, p. 9) le vrai, en explicitant les règles formelles d'un jeu véridictionnel qui rend compte aussi bien de la validité logique que des vérités empiriques, des dialogues idéaux que des discussions prosaïques. Cette posture prend ses distances d'avec la façon monologique dont, estime-t-il, on a trop souvent traité la question de la vérité, tout comme elle se démarque de l'idée aristotélicienne selon laquelle la validité d'un raisonnement dépendrait de sa correspondance à un fait, et celle des Stoïciens qui veut qu'un raisonnement ne soit valide que s'il est conforme à la forme canonique d'une trope (Vernant, 2009, 155). C'est ainsi que Vernant accuse l'oubli du fait que la vérité résulte toujours d'un processus de recherche qui repose sur l'interrogation et le questionnement, entre autres, autrement dit le dialogue. À l'instar des Mégariques, donc, le philosophe grenoblois estime que tout usage de la rationalité serait dialectique, en d'autres termes, dialogique. C'est cet aspect de la recherche de la vérité que souhaite préciser Vernant avant de proposer sa logique de la véridicité qu'il veut apte à rendre compte tant de la dimension formelle de la validité que celle matérielle de la vérité. En ce qui nous concerne, la dimension transactionnelle de la véridicité développée par le philosophe français nous paraît particulièrement intéressante pour la philosophie des nanotechnosciences que nous souhaitons sortir de l'impensé des théories philosophiques sur la technoscience en général, mais sur les nanos en particulier. En fait, pour l'auteur de *Discours et vérité* :

> La *véridicité* résulte d'un *accord dialogique* qui suppose au niveau interactionnel que les interlocuteurs reconnaissent leur consistance mutuelle et au niveau transactionnel qu'ils acceptent mutuellement le jugement d'un tiers qui atteste la vérité des propositions atomiques sur le monde en question. Il importe donc de construire un système de dialogue qui permette d'apprécier conjointement la validité logique des raisonnements ainsi que la vérité matérielle des propositions atomiques en cause par appel à une procédure de vérification externe communément reconnue comme tiers-juge. (Vernant, 2009, p. 157)

Bien que suggestive, la conception du praxéologue ne nous semble pas prendre suffisamment en compte toute l'importance que pourrait revêtir la transaction dans l'optique d'une philosophie des nanotechnosciences, par exemple. Nous verrons qu'il aura l'occasion de préciser sa conception de la transaction. Mais, selon nous, plutôt que d'être une finalité, comme le conçoit le philosophe grenoblois ici, la transaction serait un moyen et non une fin. En effet, nous pensons que dans la perspective de la construction d'une « nanophilosophie », il serait essentiel de considérer tous les aspects susceptibles de traiter la question dans sa complexité. C'est pourquoi, en plus de devoir traiter l'enchevêtrement *sui generis* aux nanotechnosciences, il faudrait considérer sa dimension interactionnelle et transactionnelle tant interne qu'externe. En effet, comme le dit fort à propos Jan C. Schmidt (2011), les perspectives internaliste et externaliste (société, économie) sur la science sont entrelacées. « La connaissance technoscientifique est supposée être, à long terme, un instrument adéquat pour obtenir un avantage concurrentiel sur le marché mondial, afin d'assurer la croissance et la richesse, et résoudre des problèmes sociétaux. » (Schmidt, 2011, p. 108–109, traduction proposée par T. Guèye). Nous présumons aussi que dans l'activité nanotechnoscientifique, l'interaction, comme l'a si bien vu Robert (1993) est à la fois verticale et horizontale, mais la transaction, loin d'être un critère d'aboutissement, sert la Recherche et Développement Nanotechnoscientifique (R&DNTS) ou la dessert. Son efficacité dépend de l'intérêt qu'elle suscite auprès de la société, des politiques, des bailleurs de fonds, des industriels, des communautés technoscientifiques et des moyens technologiques du moment. C'est au terme des interactions transactionnelles qui peuvent impliquer, à l'externe, toutes ces parties ou certaines d'entre elles que l'activité technoscientifique en interne devient possible, même si cet engouement ne garantit en rien le succès des entreprises de recherche et développement visées. Il peut, à tout le moins, les rend-elle possible. Ceci signifie un lien entre le contexte de découverte et celui de la justification tel que certains peuvent parler d'enchevêtrement, là où d'autres préfèrent parler d'entrelacement (Schmidt (2011). Le succès du second dépend quasi intrinsèquement du degré d'implication collaborative du premier et de l'issue des transactions entre les différentes parties concernées.

À cet égard, nous convenons avec Vernant (2009, p. 217) que « la connaissance n'est pas contemplation pure, exercice exclusivement intellectuel, mais activité fondamentalement intéressée, pratique interactionnelle et transactionnelle. » En tant qu'interaction, elle s'avère une procédure intersubjective et dialogique de constructions symboliques et rationnelles. Et, dans sa dimension transactionnelle, elle se déploie en un constant échange actionnel co-construit par les agents. Ainsi, d'un point de vue biologique, la transaction produit les systèmes d'adaptation de l'organisme à son environnement. Considérée sous le paradigme de la science, elle est méthodologiquement et technologiquement réglée par l'expérimentation ou l'exploration, soumises aux intérêts culturels, économiques ainsi que socio-politiques du moment. De ces constatations, Vernant déduit que nous ne pouvons appréhender nos mondes qu'à travers des constructions symboliques et sub-symboliques, que ce soient les stratégies perceptives que l'humain a élaborées au cours de son évolution, ou les théories scientifiques les plus sophistiquées. Ceci fait de nos versions de mondes des modalités provisoires, plurielles et contingentes « par lesquelles nous opérons nos inter- et transactions dans les mondes que nous partageons. » Toutefois, le praxéologue français distingue deux types de transactions : la première, « intersubjective » se définit comme le « mouvement par lequel les interlocuteurs se reconnaissent mutuellement comme co-locuteurs dans leurs dimensions psychologique, sociale, idéologique, etc. et construisent ensemble une image commune de leur monde. » (Vernant, 2009, p. 142). La seconde « *intramondaine* met en cause le rapport des co-agents au *problème* [*aufgabe*] qu'ils rencontrent dans la situation qu'ils partagent. » (*Ibid*, p. 142).

Mais, selon Vernant, il est important de prendre ce dernier niveau comme le seul qui assigne un sens praxéologique, autrement dit une fonction pratique aux objets qui conditionnent notre activité quotidienne (Vernant, 2009, p. 219). Moins préoccupé par la vérité qui porte sur ce qui est dit que par la véridicité du dire, c'est-à-dire l'acte d'énonciation assumé par le locuteur, Vernant soutient que l'établissement de la vérité scientifique résulte d'un effort intersubjectif, voire collectif, de ce qu'il nomme, selon l'expression empruntée à Bachelard, l'« union des travailleurs de la preuve » qui associe les membres de la « société théoricienne » et ceux de la « société technique ». C'est ainsi que se produit un monde nouveau, une phénoménotechnique, tel que le qualifie Bachelard dans le *Nouvel esprit scientifique*, né du travail à face de Janus, à la fois théorique et pratique, déductif et expérimental. De cette combinaison découle la construction progressive et effective de la réalité scientifique. Le philosophe grenoblois nous invite d'ailleurs à noter que cette activité scientifique de création de mondes arpente les formes dialogiques en s'ouvrant toujours sur une question qui, à son tour, suscite un problème (Laudan, 1977). La question se déploie alors en un dialogue entre raison et expérience qui fait que peu importe le point de départ de l'activité scientifique, celle-ci ne peut pleinement convaincre qu'en quittant son domaine de base. Selon l'heureuse formulation de Bachelard, « si elle expérimente, il faut raisonner ; si elle raisonne, il faut expérimenter ». L'on comprend mieux alors le parti-pris de Vernant pour qui expérience première et expérimentation scientifique ne sauraient se confondre, tout comme le réel fantasmé se distingue de la réalité déduite et construite. Ceci finit de conforter le logicien isérois dans l'idée que « la vérité scientifique est bien le résultat d'un double effort : interactionnel pour élaborer des hypothèses et établir déductivement des lois, transactionnel pour construire expérimentalement les faits. » (Vernant, 2009, p. 222).

Partageant jusqu'à un certain point l'idée du praxéologue selon laquelle l'on ne saurait séparer les deux dimensions du dialogue que sont l'interaction qui se combine à la transaction qui lui donne sens, sans selon nous en être l'instance arbitrale ultime. Nous convenons avec lui qu'il serait idéaliste de croire qu'il existerait des dialogues purement rationnels entre agents libérés de toute attache et de toute préoccupation prosaïques. Comme lui, nous admettons la possibilité que la véridicité s'exprime dans et par la langue, le discours et le dialogue. Mais, pour lui, sa validation requiert la sanction du niveau transactionnel de nos pratiques collectives. Cette sanction gouvernerait ainsi nos rapports mutuels de même que notre relation conjointe au monde que nous co-construisons.

Cependant, même si, à l'instar du sens et de la référence, la vérité se construit dans et par l'interaction dialogique, à notre avis, contrairement à ce que soutient Vernant, elle ne recevrait pas sa sanction dans les transactions qu'opèrent les agents dans le monde dans lequel ils co-agissent (Vernant, 2009, p. 231). Selon nous, celles-ci ne sont pas des fins en-soi, mais bien des moyens susceptibles de déterminer l'échec ou la réussite des objectifs protéiformes propres à chaque partie prenante. Les finalités d'une transaction sont multiples par définition et reflètent la diversité des intérêts « monnayables » des acteurs en présence. Toutefois, nous n'avons aucun mal à convenir du fait que les transactions soient à la base des interactions humaines. Nous interagissons en vue de réaliser un ou plusieurs objectifs, et à cette fin une négociation *a minima* bipartite sous forme d'interaction est nécessaire.

Il peut y avoir des perdants, des gagnants ou des « ni-perdants-ni-gagnants » dans une transaction qui peut ainsi être équitable ou carrément déséquilibrée, faite au détriment de l'une ou plusieurs des parties en présence. Toutefois, il arrive qu'elle soit relativement satisfaisante pour toutes les parties. Cette dimension transactionnelle des relations humaines est exacerbée dans les politiques changeantes de la science qui sont fonction des résultats promis et attendus de part (technoscientifiques) et d'autres (politiques, industriels, investisseurs, etc.). Ainsi, dans une négociation impliquant d'un côté les chercheurs avec leurs promesses et de l'autre les parties de la société intéressées par celles-ci pour au moins autant de raisons qu'il pourrait y avoir de parties prenantes, la transaction se fait en amont et s'effectue ainsi en externe relativement à l'activité technoscientifique proprement dite. Afin de travailler sur un projet quelconque ou d'en faire avancer un, le technoscientifique a besoin de financement, ce qui le sort de façon récurrente de son domaine d'activité habituel et l'amène à faire de la communication autour de ses travaux en recourant à la vulgarisation et à des projections à la pertinence parfois douteuse. Le but du jeu est de susciter l'intérêt pécuniaire, social ou politique susceptible d'ouvrir la porte des budgets alléchants, de nature à maintenir les activités (centres d'intérêt) des chercheurs à flot.

L'autre transaction quant à elle se passe à l'interne, entre le technoscientifique, ses théories, ses technologies et ses objets. Une fois le crédit nécessaire accordé à son projet et les financements requis versés, un autre genre de négociation attend les chercheurs. Il s'agit d'une négociation entre l'humain et la Nature que l'on pourrait qualifier aussi de transactionnelle, mais à visée objective, dans la mesure où les résultats escomptés par les acteurs dépendent à la fois de leurs projets, des connaissances dont ils disposent, de leur créativité, de la qualité des instruments dont ils se servent et de la nature de leurs objets. Bien qu'en interne seule la subjectivité des chercheurs soit engagée, ils sont quand même confrontés à des objets sur lesquels seuls leur savoir, leur imagination et les instruments adéquats dont ils pourront disposer leur permettront de faire la différence, lorsque c'est possible. Les fins des transactions internes peuvent être diverses et variées selon ce qui est visé comme résultat, mais certains résultats peuvent se révéler parfois surprenants, autrement dit inattendus.

En définitive, ce que permettent les nanotechnosciences, c'est de créer et de faire fonctionner des dispositifs qui ne sont pas nécessairement *théoriquement* ou *socialement orientées* (je souligne) (cf. les différentes preuves de la manipulabilité atomique sans aucune conséquence sociale ou industrielle précise – le déplacement d'atomes de xénon pour former le sigle IBM réalisé par Don Eigler en 1989, la nanoguitare qui inspire à Nordmann (2005), au moins en partie, le concept de « technologie nouménale »).

Pour terminer, revenons-en au problème que pose Jean-Marc Lévy-Leblond, qui ne voit pas d'un bon œil ce qu'il considère comme la captation de la science par des technologies déterminées directement par une rationalité commerciale. Selon lui, c'est le développement de la science en tant qu'activité explicative qui nous permet de savoir « comment ça marche ». Un des exemples qui lui permet d'illustrer son propos est le suivant :

> (…) il y a un peu plus d'une dizaine d'années, des expérimentateurs ont montré qu'on sait et qu'on peut fabriquer des corps supra-conducteurs, des choses très compliquées, des pyramides bizarroïdes, qui sont supra-conducteurs à des températures toujours très basses, mais industriellement accessibles : celles de l'azote liquide, c'est-à-dire -100°C ou quelque chose comme cela. Eh bien, fabriquer industriellement un litre d'azote liquide, c'est très facile et ça coûte à peu près le prix d'un litre de bière… Du coup, évidemment, cela devient industriellement très prometteur, sauf que nous ne comprenons toujours pas comment ça marche.[4] (Lévy-Leblond, 2000)

C'est ainsi que le physicien français finit de se convaincre que la technoscience étouffera littéralement la science si cette tendance lente, progressive et peu réversible n'est pas renversée. D'après lui, afin de mettre un terme à cette situation, on pourrait tenter de dire : « bon très bien, il n'y a qu'à laisser les nouveaux techniciens ingénieurs développer leur affaire. » Mais, ils ne peuvent avancer dans leurs projets sans l'apport des savoirs directement fournis par la recherche théorique et « cette demande, cette exigence est remontée à l'intérieur des institutions de recherche, au point qu'elle constitue à présent l'essentiel du travail des scientifiques, un travail à relativement court terme. » (Lévy-Leblond, 2000).

Pour ce qui est de la possibilité de changer cet état de fait, le ton du philosophe français est plutôt pessimiste : « Je ne dis pas que les choses vont changer du jour au lendemain, nous sommes face à un mouvement de transformation lent, à mon avis profond et je le crains peu réversible, mais est tellement progressif qu'on ne le décèle pas de jour en jour. » (Lévy-Leblond, 2000). Nonobstant cette forte tendance technocratique, la science doit-elle se laisser abandonner à ce sort funeste auquel elle semble vraisemblablement condamnée si l'on en croit Lévy-Leblond? Telle est la question ! Et, c'est là que la philosophie des sciences aurait une carte importante à jouer. D'où la nécessité pour les philosophes des sciences et des technologies d'être présents sur tous les débats autour des nanotechnosciences afin de construire une philosophie digne de la dynamique technoscientifique actuelle. Contrairement au physicien de l'Hexagone, Schmidt (2011) estime que la thèse technoscientifique souligne plutôt la prédominance de la science dans les sociétés de la connaissance. Pour lui, citant Roco et Bainbridge :

> Une scientifisation a lieu, en particulier une scientifisation de la technologie et de la société en général. La nano-technoscience en est un bon exemple. La nano-technoscience est, d'une part basée sur la pointe du progrès des sciences naturelles. D'autre part, son but est « d'améliorer la performance humaine. [... la Nano-technoscience en tant que noyau] des technologies convergentes pourrait réaliser des améliorations considérables dans les capacités humaines, des avantages pour la société, de la productivité pour la nation, et une meilleure qualité de la vie – un tournant dans l'évolution des sociétés humaines » (Roco et Bainbridge 2002). (Schmidt, 2011, p. 109, traduction proposée par T. Guèye)

Au fond, la philosophie des sciences, plutôt que de ne s'occuper que de « cadavres » tel un médecin légiste (ce qui n'est pas sans rappeler l'oiseau de Minerve de Hegel), devrait aussi s'intéresser aux corps de la science en évolution en se donnant les moyens d'une véritable philosophie de la technoscience ou de la nanotechnoscience. Peut-être que l'approfondissement de cette piste de réflexion, après l'ébauche de ce que nous qualifierons ici de « transactionalisme », permettra-t-il d'aller vers une pensée plus élaborée et inclusive susceptible de porter les nanotechnosciences, voire l'ensemble de la technoscience, afin de mieux aborder les questions politiques, épistémologiques et éthiques subséquentes dont le transhumanisme et le posthumanisme ne sont pas des moindres ?

Notes

1. Selon Nordmann, en effet : « Les *noumènes* sont distincts des *phénomènes.* Alors que ces derniers sont les choses telles qu'elles nous apparaissent et que nous les vivons, les *noumènes* sont les philosophiquement infâmes et mystérieuses choses-en-soi. La « technologie *nouménale* » mentionnée dans le titre de cet article apparaîtrait donc comme une contradiction dans les termes: la technologie est une création humaine qui implique la connaissance humaine et sert les besoins humains; ceci l'enracine fermement dans des phénomènes et il semble absurde de parler de technologie qui

existe au-delà de la perception humaine et d'expérience parmi les choses-en-soi. Le monde *nouménal* est de nature incomprise, inexpérimentée, et incontrôlée, c'est la nature au sens de non cultivée, d'étrange altérité *(uncanny otherness)*. En parlant de la « technologie *nouménale* » cet article soutient que certaines technologies se dérobent à l'appréhension humaine, à sa perception et son contrôle, et donc revêtent le caractère de cette étrange altérité. » (Nordmann, « Noumenal Technology : Reflections on the Incredible Tininess of Nano » *in Techné* 8:3, Printemps 2005, p. 3, notre traduction).

2. Léopold Sédar Senghor écrit dans le chapitre intitulé « Ce que l'Homme noir apporte » de l'ouvrage collectif *L'Homme de couleur*, paru chez Plon en 1939, vol. 295 : « Sensibilité émotive. L'émotion est nègre, comme la raison hellène. Eau que rident tous les souffles ? « Âme de plein air » (I) battue des vents et d'où le fruit souvent tombe avant maturité ? Oui en un sens. Le Nègre aujourd'hui est plus riche de dons que d'œuvres. Mais l'arbre plonge ses racines loin dans la terre, le fleuve coule profond, charriant des paillettes précieuses ». Reproduit dans *Liberté I : Négritude et humanisme* (1964).
3. Mamoussé Diagne (2005). *Critique de la raison orale : les pratiques discursives en Afrique noire*, Éditions Khartala, p. 182. Selon le commentaire que l'auteur fait de ce passage, « c'est ainsi que dans la chanson de geste (comme elle devait être récitée), existe, selon Zumthor, « *une tension entre son "moment lyrique" et son "moment narratif"* ». Selon cet auteur, « *il en résulte une efficacité particulière, dans l'ordre de la persuasion et de l'éveil du désir* » (1985, p. 173). » *Ibid.*, note de bas de page, p. 182.
4. Lévy-Leblond (2000). « La technoscience étouffera-t-elle la science? », Conférence donnée le 27 janvier 2000 dans le cadre du *café des sciences et de la société*, éditée par la Mission Agrobiosciences, avec le soutien de la Société du Sicoval, communauté d'agglomération du Sud-est toulousain.

Références

Ambroise, Bruno (2005). Thèse de doctorat, *Les pouvoirs du langage : La contribution de J.L. Austin à une théorie contextualiste des actes de parole*, sous la direction de Francis Wolff (ENS).

Austin, J. L. (1970). *Quand dire, c'est faire*, Paris: Seuil, (Traduction française) [Version originale (1962). *How to do things with Words?*, Oxford University Press].

Austin, J. L. (1979). « Performative Utterances » [1956], in *Philosophical Papers*, Oxford: Oxford University Press, p. 234–252, traduction de B. Ambroise.

Baird, Davis (2003). « Thing Knowledge: Outline of a Materialist Theory of Knowledge », in *Philosophy of Scientific experimentation*, ed. H. Radder, 39–68. Pittsburgh, PA: University of Pittburgh Press. Texte accessible sur le lien suivant: http://lemida.biu.ac.il/pluginfile.php/183261/mod_resource/content/2/Baird%202003.pdf

Baird, Davis, Alfred Nordmann et Joachim Schummer (2004). *Discovering the Nanoscale*. Amsterdam: IOS Scientific Publishers. Disponible en ligne sur : http://cms.ifs.tu-darmstadt.de/fileadmin/phil/nano/nano.html

Cressler, John D. (2017). *Silicon Earth: Introduction to the Microelectronics and Nanotechnology Revolution*, Cambridge: Cambridge University Press.

Diagne, Mamoussé (2005). *Critique de la raison orale: les pratiques discursives en Afrique noire*, Paris: Éditions Khartala.

Eigler, Donald M.; Schweizer, Erhard K. (1990). « Positioning Single Atoms with a Scanning Tunneling Microscope », *Nature*, n° 344, p. 524–526.

Hacking, Ian (1983). *Representing and Intervening*, Cambridge: Cambridge University Press.

Hohlfeld R. (1988). « Biologie als Ingenieurskunst. Zur Dialektik von Naturbeherrschung und synthetischer Biologie », *Ästhetik und Kommunikation*, n° 69, p. 61–67.

Hottois, Gilbert (2004). *Philosophies des sciences, philosophies des techniques, sous l'égide du Collège de France*, Paris : Odile Jacob.

Joachim, Christian et Plévert, Laurence (2008). *Nanosciences : La révolution invisible*, Paris : Seuil.

Kastenhofer, Karen et Schmidt, Jan C. (2011). « Technoscientia est Potentia? Contemplative, interventionist, constructionist and creationist idea(l)s in (techno)science », *Poiesis Praxis*, N° 8, p. 125–149.

Laudan, Larry (1977). *Progress and its Problems*, Berkeley: University of California Press [publié en français en 1987 sous le titre *La dynamique de la science*, Bruxelles : Pierre Mardaga éditeur].

Lévy-Leblond, Jean-Marc (2000). « La technoscience étouffera-t-elle la science ? », Conférence donnée le 27 janvier 2000 dans le cadre du *Café des sciences et de la société*, Édité par la Mission Agrobiosciences, avec le soutien du Sicoval, communauté d'agglomération du sud-est toulousain.

Lyotard, Jean-François (2003). *Political Writings*, Minnesota : University of Minnesota Press Minneapolis.

Moore, Gordon Earle (1965). « Cramming more components onto integrated circuits », *Electronics*, Volume 38, Number 8, April 19, Accessible en ligne par ce lien: http://www.pdfdownload.org/pdf2html/view_online.php?url=http%3A%2F%2Fdownload.intel.com%2Fmuseum%2FMoores_Law%2FArticles-Press_releases%2FGordon_Moore_1965_Article.pdf

Moore, Gordon Earle (1975). « Progress in Digital Integrated Electronics », *IEEE Text Speech*, p.11–13

Nordmann, Alfred (2004). « Molecular disjunctions : Staking claims at the nanoscale », in *Discovering the Nanoscale*, eds. D. Baird, A. Nordmann, and J. Schummer, p. 51–62. Amsterdam: IOS Press.

Nordmann, Alfred (2006). « Collapse of distance: Epistemic strategies of science and technoscience », *Danish Yearbook of Philosophy*, 41, p. 7–34.

Nordmann, Alfred (2008). « No future for nanotechnology? Historical development vs. global expansion », *Emerging Conceptual, Ethical and Policy Issues in Bionanotechnology*. Springer Netherlands, p. 43–63.

Nordmann, Alfred (2012). « Object lessons: towards an epistemology of technoscience », *Scientiæ Studia*, São Paulo, v. 10, special issue, p. 11–31.

Ratner, Mark & Daniel (2003). *Nanotechnologies : la révolution de demain*, Paris : Campus Press, Traduction française par Nathalie Audard et Erick Seinandre *(Nanotechnology : A Gentle introduction to the Next Big Idea*, pour la version anglaise, Pearson Education, Inc., 2003)

Robert, Serge (1993). *Les mécanismes de la découverte scientifique : une épistémologie interactionniste*, Ottawa : Presses de l'Université d'Ottawa.

Schmidt, Jan C. (2011). « Toward an epistemology of nano-technosciences: Probing technoscience from a historical perspective: on today's surprising prevalence and relevance of Francis Bacon », *Poiesis Praxis*, n°8, p. 103–124.

UNESCO (2007). *Éthique et politique des nanotechnologies*, Paris : UNESCO http://unesdoc.unesco.org/images/0014/001459/145951f.pdf

Vernant, Denis (2009). *Discours et vérité: analyses pragmatique, dialogique et praxéologique de la véridicité*, Paris: J. Vrin.

Index

A

B

C

D

E

F

G

H

I

J

K

L

M

N

O

P

Q

R

S

T

U

V

W

www.ingramcontent.com/pod-product-compliance
Ingram Content Group UK Ltd.
Pitfield, Milton Keynes, MK11 3LW, UK
UKHW022223051026
15624UKWH00002B/324

9 781433 159008